国家自然科学基金面上项目（51574093，51774101）
国家科技支撑计划项目（2012BAB08B06）
贵州省高层次创新型人才培养项目［合同编号：黔科合人才（2016）4011 号］

静动载荷作用下岩石破坏过程数值试验与应用

Numerical Test and Engineering Application on Failure Process of Rock under Static-Dynamic Loading

左宇军　朱万成　邬忠虎　潘　超　著

科学出版社
北　京

内 容 简 介

本书以数值试验为主要研究手段，对岩石在静动载荷作用下的破坏过程进行深入系统研究。介绍岩石在动载荷作用下的破坏过程数值分析原理、破坏过程影响因素、岩石层裂过程、SHPB试验、巷道破坏过程数值分析、动载荷对卸压孔与锚杆联合支护影响的数值模拟及采动影响下断层活化诱导煤与瓦斯突出数值分析，通过对岩石静动载荷特性研究，将为寻求我国深部开采工程稳定和破碎的新理论和新方法提供科学的分析手段，也为岩体工程的抗裂设计、控制爆破技术、安全开采技术和地震工程等提供新的理论指导。

本书可供从事采矿工程、土木工程、隧道与地下工程、岩体力学、防护工程等工作的科技人员和高等院校相关专业的师生参考。

图书在版编目(CIP)数据

静动载荷作用下岩石破坏过程数值试验与应用=Numerical Test and Engineering Application on Failure Process of Rock under Static-Dynamic Loading/左宇军等著. —北京：科学出版社，2018

ISBN 978-7-03-058015-3

Ⅰ. ①静… Ⅱ. ①左… Ⅲ. ①静载荷－作用－岩石破坏机理－数值试验 ②动载荷－作用－岩石破坏机理－数值试验 Ⅳ. ①TU45

中国版本图书馆CIP数据核字(2018)第131814号

责任编辑：李 雪 武 洲 / 责任校对：王萌萌
责任印制：张 伟 / 封面设计：无极书装

科学出版社 出版
北京东黄城根北街16号
邮政编码: 100717
http://www.sciencep.com
北京教图印刷有限公司 印刷
科学出版社发行 各地新华书店经销
*
2018年8月第 一 版 开本：720×1000 B5
2018年8月第一次印刷 印张：14
字数：300 000

定价：98.00元

(如有印装质量问题，我社负责调换)

前言

在工程实践及自然界中，如矿岩开挖、岩爆、滑坡，有相当一部分岩石在承受动载荷作用之前，已经处于一定的静应力或地应力状态之中，这些问题都属于静动载荷作用理论所研究的范畴。研究静动载荷作用下岩石破坏过程对于揭示岩爆和煤与瓦斯突出等矿山动力灾害的机理具有重要意义。

岩石力学问题的研究主要分为理论分析、试验研究和数值模拟 3 个方面。实践证明对于巷道稳定性和煤与瓦斯突出等问题，静载荷作用举足轻重，但它不能阐明全部机理，外部载荷的动态扰动往往是岩爆等岩体失稳破坏的关键性因素。以往岩石力学的研究都采用静载荷作用下的强度准则。现在随着高速电子计算机和数值计算方法的发展，数值模拟的重要性日益凸显。静动载荷作用下岩石的力学特性与破坏机理是一项新的研究课题，静动载荷作用下岩石破坏过程的数值试验研究为深部开采中岩体稳定性及煤与瓦斯突出等问题提供了一种新的思路和方法。

本书首先采用基于细观损伤力学基础上开发的动态版 $RFPA^{2D}$ 数值模拟软件，对动载荷作用下影响岩石破坏的因素进行数值模拟研究。并以岩石层裂破坏为例，采用动态版 $RFPA^{2D}$ 数值模拟软件，对冲击载荷作用下非均匀性介质中应力波反射诱发层裂过程进行数值模拟，对其影响因素如应力波性质(应力波延续时间、应力波峰值和应力波波形)、材料性质(均质度、压拉比)、自由面和围压分别进行数值分析和比较。其次，采用动态版 $RFPA^{2D}$ 数值模拟软件对大直径 SHPB 装置中压杆的应力波弥散效应进行二维数值分析，并从以下 3 个方面讨论波形弥散的影响：①SHPB 装置中压杆直径和杆长对弥散结果(主要是升时)的影响；②加载波形对弥散结果的影响；③压杆中的波形弥散对试验结果，如应力-时间曲线、应变-时间曲线、应力-应变曲线和应变速率-时间曲线的影响。最后，将以上研究成果，结合深部开采中巷道围岩稳定性和煤与瓦斯突出进行应用分析。

本书第 1 章为绪论，介绍研究对象的重要意义和国内外研究现状；第 2 章为岩石的动力学特性；第 3 章为静动载荷作用下岩石的本构模型；第 4 章为动载荷作用下岩石破坏过程数值分析原理；第 5 章为动载荷作用下岩石破坏过程影响因素分析；第 6 章为动载荷作用下岩石层裂过程数值模拟；第 7 章为非均匀性介质 SHPB 试验数值分析；第 8 章为动载荷作用下巷道破坏过程数值分析；第 9 章为动载荷对卸压孔与锚杆联合支护影响的数值模拟；第 10 章为采动影响下断层活化诱导煤与瓦斯突出数值分析；第 11 章为结论和展望。

本书是在国家自然科学基金面上项目(51574093，51774101)、国家科技支撑计划项目(2012BAB08B06)、贵州省高层次创新型人才培养项目[合同编号：黔科合人才(2016)4011 号]的资助下完成的，在此特别表示衷心的感谢！

本书的主要内容是著者在其博士论文《动静组合加载下的岩石破坏特性研究》的基础上，沿用论文中的主要学术观点，在博士后期间完成的。在研究过程中得到了博士生指导老师李夕兵教授和博士后指导老师唐春安教授的帮助和精心指导，在此对两位恩师表示深深的感谢！此外，著者的研究生邬忠虎、潘超、宋希贤等梦思通研究团队成员都参加了与本书内容相关的研究工作，在此也对他们表示感谢！在本书的撰写过程中，参阅了国内外相关专业的大量文献，在此向所有论著的作者表示由衷的感谢！

由于作者水平有限，书中疏漏之处，恳请读者批评指正！

著　者

2018 年 1 月于贵州

目　录

第1章　绪　　论

1.1　研究背景和意义

在工程实践及自然界中，如矿岩开挖、岩爆、滑坡，有相当一部分岩石在承受动载荷作用之前，已经处于一定的静应力或地应力状态之中，这些问题都属于静动载荷作用理论所研究的范畴。特别是已成为我国乃至世界矿业界特别关注的深部岩体开采问题，受一定的高地应力和开采扰动作用，是典型的静动载荷作用问题[1]。目前，建立在经验和经典线性力学基础上的现行设计规范只适合于浅部小载荷的巷道支护设计，即目前浅层开采及地表的工程项目运用现有的力学体系尚可以达到设计标准和安全要求，然而对于深部岩体工程，现行的力学体系已不能或只能部分应用于设计中，因为此时深部问题已不再是我们熟悉的各因素叠加的线性科学体系，而是非线性科学体系[2]。这就要求我们寻求评价深部岩体工程稳定和破碎的新理论和新方法。

静动载荷作用下岩石破坏模型是静动载荷作用研究值得关注的一个方向[1]。静动载荷作用下岩石破坏过程研究与矿岩的安全高效采掘、岩体工程的抗裂设计、控制爆破技术、石材加工技术和地震工程等有关。例如，①放炮落煤是目前诱发巷道围岩冲击地压的一个主要因素。据统计，国内采用炮采的矿井50%以上都存在着严重的冲击地压或煤与瓦斯突出等巷道围岩动力失稳破坏问题[3]。而煤系地层一般都赋存了很高的构造应力。防止巷道围岩动力失稳破坏的对策之一是在巷道设计时，尽量将巷道纵轴方向与水平最大压应力方向平行布置，避免互相垂直[4]，从某种程度上来说，就是改变巷道所处的静应力状态，从而改变动载荷作用下围岩的裂纹扩展方向。②在动力扰动下的层裂屈曲岩爆中，硐室表面附近存在周向压应力，当应力达到一定大小，初始裂纹将会平行或向最大主应力方向扩展[5, 6]，在一定动力扰动下，压缩方向的裂纹会继续扩展，引起岩爆[1, 6]。③在控制爆破中，初始应力场的存在改变了爆轰波的传播规律，同时对裂纹发展起着导向作用[7]。④在地震学中，研究处于地应力的断层在地震过程中的扩展方向可以给城市规划、构筑物的布置提供依据[8]。这些问题都与静动载荷作用下岩石破坏过程有关，要求研究静动载荷作用下岩石破坏过程中裂纹的扩展方向。

从上述情况来看，静动载荷作用下岩石破坏过程是采矿和岩土工程领域具有重要现实意义的研究课题。研究静动载荷作用下的岩石破坏过程，可以进一步揭示静动载荷作用下的岩石力学与破坏特性，对重新寻求评价岩体工程稳定、岩石

破碎和采矿技术的新理论和新方法具有很高的研究价值；同时对于研究岩石、混凝土等材料的断裂破坏机理，提高对岩体破裂方向的控制，给岩体工程的抗裂设计和切割、预裂控制爆破技术等设计提供依据具有重要的指导意义。该问题的研究也是相关重大灾害事故研究的应用基础性课题，是国家自然科学基金项目指南中鼓励研究的方向。

1.2 静动载荷作用破岩

自 1962 年在奥地利成立“国际岩石力学学会”以来，岩石力学得到了很大发展。目前在岩石力学领域中，对岩石在静载荷作用下破坏的研究已经比较深透，对动载荷作用下的岩石本构特征及应力波在岩体中的传输的研究也取得了很大的进展，其理论和科研成果被广泛地应用于地质、矿业、水利电力、建筑、交通与国防等领域，为经济和国防建设的发展作出了重要贡献[9-18]。理论和试验研究都表明，岩石在承受静动载荷作用时，其本构关系和力学特性有很大差异[19-24]。同样， 静动载荷作用下岩石的破坏问题也普遍存在于上述领域中，许多研究者还相继提出了多种相关理论[25]，然而，这些研究基本限于只承受静载荷或动载荷作用的岩石力学问题。真正对静动载荷作用问题展开专门研究是近几年的事情[1,26,27]。在试验方面，主要利用 INSTRON 电液伺服材料试验机研究了一维和二维静动载荷作用下岩石破坏与失稳的一些规律；在理论方面，主要应用突变理论和损伤力学分析了一维静动载荷作用下岩石失稳与破坏的机理，建立了静动载荷作用下岩石的本构模型和一维静动载荷作用下岩石断裂的突变理论准则与强度破坏准则；在工程应用方面，以单轴静动载荷作用试验为依据，对岩爆岩块弹射速度进行了理论近似确定。从目前的研究情况来看，对静动载荷作用下岩石破坏问题的相关研究还存在以下不足：

(1) 由于试验条件所限，只研究了低应变速率或中应变速率条件下一维和二维的情况，高应变速率和三维静动载荷作用下的试验研究还有待进行。

(2) 岩石结构的复杂性，导致岩石力学问题研究的复杂性，静动载荷作用的理论分析主要是采用一维模型表达原本是三维的岩石力学问题，如静动载荷作用下岩石的损伤和突变机理分析。由于数学上的困难，尽管有关二维和三维岩石破裂过程分析的研究受到了关注，但研究进展却极其缓慢。

(3) 建立的岩石静动载荷作用本构模型、破坏准则还不能很好地反映岩石在静动载荷作用过程中出现的非线性现象，并且建立的理论模型的参量较多，较难确定，所以，模型一般难以具体实施。

此外，静动载荷作用下岩石破坏具有瞬时完成的特点，且相关测试比较困难，因此，目前静动载荷作用下岩石破坏问题的研究主要关注岩石破坏与失稳的结果，对静动载荷作用下岩石破坏过程的研究显得相对不足。

在岩石力学研究中，裂纹扩展引起的岩石破坏是一个很重要的课题[28]。岩体的破裂与失稳过程实际上是在一定载荷作用下通过起裂、裂隙扩展、连接并形成宏观的贯通破裂面而完成[28]。所以，研究静动载荷作用下岩石的破坏过程同样要研究静动载荷作用下岩石的起裂、裂隙扩展、连接与贯通过程。

1.3 岩石裂纹扩展试验与测试

目前，人们对岩石或含裂隙岩体在静载荷作用下有关裂纹的扩展规律的研究做了很多工作，对动载荷作用下有关裂纹扩展的研究也取得了一定的进展。在试验方面，主要是利用扫描电子显微镜(scanning electron microscope，SEM)和光学显微镜等仪器[29, 30]，进行细观结构观察，分析岩石的细观破坏机制及其与宏观力学行为的关系；或利用各种试验装置研究裂纹的扩展方向与围压等的关系[2]、裂纹形成与扩展及裂纹的止裂与控制等内容[31]。近年来，节理裂隙岩体中，节理、裂隙在外载荷下的连接、贯通过程吸引了众多学者的广泛关注并取得了一些研究成果[32-36]。动循环载荷作用下含裂隙类岩石材料的动变形、动强度特性虽然已有一些研究成果[37, 38]，但是，对动载荷作用下节理裂隙、岩体裂隙扩展、贯通过程及其与裂隙空间位置关系的研究才刚刚开始[39]。针对越来越多的煤矿和金属矿进入深部开采后所表现出的一系列工程灾害问题，对深部岩体力学基础问题进行了大量研究[40]。例如，在深部开采有关的静动载荷作用试验方面，主要研究了二维静动载荷作用下岩石裂纹的扩展方向，而一维和三维静动载荷作用下岩石裂纹的扩展方向有待研究[1]；在爆破研究方面，通过对存在不同初始应力场的几种材料的室内试验和地下矿山爆破实例的分析，研究了附加载荷下介质爆破特性、爆破裂纹扩展规律及高应力岩巷的控制爆破机理与技术[7, 41-43]，认为初始应力场对介质爆破特性和裂纹的扩展方向有较大的影响。此外，与静动载荷作用有关的岩体地震动力破坏问题，讨论了地应力和地形对岩体地震动力破坏的重要影响[44]，并指出研究岩体在地震动力作用下的破坏机制需要结合岩石力学、工程地质、地震工程、地震学等诸多学科，进一步探讨定量的分析方法，进行主要影响因素的量化计算。

在测试方面，尽管由于动载荷作用下岩石破坏具有瞬时完成的特点，研究动态应力场和动载荷作用下裂纹的扩展过程有较大的难度，但是众多学者还是做了不少工作。为了验证爆破数值模拟计算的结果，不少学者通过动光弹、超动态量测系统、高速自动分幅全息干涉法等研究爆炸应力场[45, 46]；为了研究岩石爆破与动载荷作用下的破裂过程，一些学者采用高速摄影和高性能数码摄像等技术来研究爆破鼓包和裂纹的扩展规律[39, 47, 48]。此外，美国等发达国家在石油开采中广泛应用测震技术分析水压致裂过程[49]，认为其与传统的测试方法比较，可以实时监测岩层破裂带扩展过程并能以高精度测量破裂带几何参数，如破裂带的长、宽和高[50, 51]，而且能估计破裂带扩展方向及速率。

上述试验研究和现场观测，由于设备和方法的差异，得到的结果往往具有一定的差别；受条件限制，所得结果有时不能完全反映岩石等非均匀性材料的破裂规律，或者获得的信息很有限。此外，研究岩石的静动载荷作用需要各种辅助设备，这些辅助设备给岩石破坏过程的观察带来了困难[1]。因此，由于试验手段的限制，以往试验主要着眼于给定静载荷、动载荷或静动载荷作用下岩石的断裂破坏与失稳结果，而不太关心上述载荷作用下起裂后裂纹的扩展趋势。

1.4 岩石裂纹扩展理论

在理论上，人们基于断裂力学提出了许多有关裂纹扩展的理论和模型。例如，冲击载荷作用下裂纹的起始判据[52, 53]，可作为裂纹扩展方向判据的应变能密度因子判据[54]；Ⅰ型裂纹的扩展方向及其稳定性分析[55]。此外，有学者还在分形几何(fractal geometry)[30]、声发射[56]和能量耗散[57]等方面研究了裂纹的扩展。

从目前的理论研究来看，断裂力学与断裂动力学的出现为研究裂纹的扩展提供了重要的理论依据。根据文献[58]与文献[59]可以认为，静动载荷作用下岩石的破裂与失稳研究属于断裂力学的正问题，着眼于如何控制、防止或诱发给定载荷下材料的断裂破坏，而不甚关心载荷作用下起裂后裂纹的扩展趋势和最终的扩展结果；而静动载荷作用下岩石的破坏过程中，裂纹扩展方向的控制属于断裂力学的逆问题，与前者恰恰相反，它关心的是载荷的变化如何影响裂纹的扩展，在确保裂纹扩展方向的前提下，求解加载荷方式。对于岩石静动载荷作用问题，人们目前关心的主要是断裂动力学的正问题，对断裂动力学的逆问题重视不够。限于目前的研究现状，本书也只着眼于对正问题的研究，力求为以后逆问题的研究提供理论和试验基础。同时，也注意到，断裂力学理论有其局限性。例如，当岩石、混凝土裂缝端部产生的微裂缝区和亚临界扩展长度较大而不能忽略时，用线弹性断裂力学分析岩石类试样中的裂纹扩展就不再合适了[60]；裂纹从萌生、扩展到最后的失稳是一个过程，而断裂力学则只研究固体中裂纹型缺陷扩展的规律，却无法研究分析宏观裂纹出现以前材料中的微缺陷或微裂纹的形成及其发展对材料力学性能的影响，而且许多微裂纹的存在并不能简化为宏观裂纹；对于岩石来说，要研究其受力后裂纹的扩展过程，不但要研究已存在裂纹(如断裂力学试样中的预制裂纹)的扩展规律，而且往往要研究新裂纹的萌生、裂纹的扩展及裂纹间的贯通。损伤力学的产生从某种程度上弥补了断裂力学的这种不足。但是，值得一提的是岩石类材料的非均匀性是一个不容忽视的因素，而基于岩石宏观层次建立的损伤力学模型往往是把岩石视为均匀性材料，只是引入了损伤内变量描述宏观结构单元的损伤特征，无法了解岩石细观结构对于外部载荷的响应。

1.5 动态扰动作用下岩石破裂过程的研究现状

作为开展对动态扰动触发深部岩体失稳破裂研究的基础，岩石和岩体在动载荷作用下变形、损伤与破裂过程的研究是其重要的基础。动载荷作用下岩石破裂过程实际上就是动态扰动激发的应力波在岩石中传播诱致岩石破裂的过程，这是岩石动力学的重要方面，与采矿工程、土木工程及某些军工领域的发展密切相关，因此，它的发展也引起了现代采矿、土木、石油、水电、建筑及地球物理等专业人员的浓厚兴趣和关注[61,62]。因此，应力波诱致岩石破裂的研究一直是一个比较活跃的领域[63]。本节从试验研究和理论及数值模拟研究着手，对动载荷作用下岩石破裂问题的研究现状予以综述，并就有关问题说明自己的观点。

岩石动力学试验技术是岩石动力学理论及其工程应用研究的基础，而试验设备是岩石动力学研究的手段。岩石动力学试验设备按照驱动类型主要分为：①液压试验系统；②分离式霍布金森压杆(split Hopkinson pressure bar，SHPB)试验系统；③射弹试验系统；④落锤试验系统。这几种试验系统可以提供多种应变速率，下面分别介绍应用最为广泛的液压试验系统、SHPB 试验系统和射弹试验系统。

1)液压试验系统

液压试验系统是以液体作为内在驱动力传递媒介的试验系统的统称。这一类试验系统通常用来进行静载荷作用下的试验，应变速率量级为$10^{-6}\sim10^{-2}s^{-1}$。在辅助以反应快速的油泵和阀后，可以完成动态试验。在压缩情况下，该类试验系统的加载速率可以达到 $10^{-1}s^{-1}$；在拉伸条件下，可以接近 $10^{0}s^{-1}$。这一类设备的优点是：如果刚度足够，通过增加电液伺服阀及合适的电子装置，可以实现比较恒定的应变速率或加载速率。在快速加载条件下，由于试验所用的时间很短，通过直接反馈控制得到恒定应变速率的方法实施起来难度很大，应变速率在很大程度上依赖于试验机刚度及试件的刚度。中国科学院武汉岩土力学研究所研制的 RDT-10000 型岩石高压动力三轴仪[64]，轴向载荷达 2.2MN，三轴围压达 1000MPa，可进行岩石或其他固体材料在中等应变速率下的动力学性质测试。王武林等[65]用该设备对闪长岩与莫安质岩，分别以 $10^{4}MPa\cdot s^{-1}$ 、$10^{3}MPa\cdot s^{-1}$ 和 $10MPa\cdot s^{-1}$ 3 种加载速率对岩石试样进行加载试验，获得破坏强度与加载速率的关系。文献[66]用类似的快速加载设备系统地研究了加载速率在 $10^{-4}\sim10^{2}MPa\cdot s^{-1}$ 时花岗岩的抗压、抗拉和抗剪破坏特征，得出了强度随加载速率变化的规律，并提出了花岗岩的动力破坏准则。李海波等[67, 68]的试验结果表明，当应变速率从 $10^{-4}\,s^{-1}$ 增加到 $10^{2}\,s^{-1}$ 时，花岗岩的抗压强度约增加 15%，但弹性模量、泊松比和内摩擦角随应变速率的增加没有明显的变化趋势。左宇军等[69]用 INSTRON 电液伺服疲劳试验机，通过不同的加载频率及加载波形，完成了应变速率由 10^{-4}～$10^{-1}\,s^{-1}$ 4 个数量级范围内岩石的准动态强度试验，并研究了静动载荷作用下岩石的本构关系。张静宜和徐纪成[70]用 INSTRON 电液伺服疲劳试验机开展了中等应变速率条件下岩石动态断裂韧度的测试，研究了断裂韧度的应变速率依赖性。

2) SHPB 试验系统

SHPB 试验系统已广泛应用于研究岩石及其他工程材料在应变速率为 10^{1}～$10^{4}\,s^{-1}$ 下的动力性能与本构关系。SHPB 装置的基本原型是由霍布金森于 1914 年提出的，当初是用雷管直接作用于试样，没有输入杆，它可能是测试瞬态脉冲应力的第一种方法，仅可用于测量冲击载荷的脉冲波形；直到 1949 年，Kolsky 将压杆分成两段，通过加速的质量块、短杆撞击或炸药爆轰产生加速脉冲，将试样置于输入杆和输出杆中间，利用这一装置可测量材料在冲击载荷作用下的应力-应变关系[71]；1968 年，Kumar 首次使用短岩石试样在 SHPB 装置上进行了岩石动态强度试验；稍后不久，Hakalehto 用这种装置进行了岩石在冲击载荷作用下的动态性能试验[72]；1972 年，Christensen[73]又研制成功了一种对岩石加围压的三轴 SHPB 装置，可在不同围压下对岩样进行动态冲击试验；1980 年，周光泉对分段 Hopkinson 杆实验技术的最新发展做了综述，介绍了产生高应变率的几种常见加载方法。在国内，20 世纪 80 年代之后，朱瑞赓和吴绵拔[75]、章根德[76]、王武林和黄理兴[77]、于亚伦等[78-80]、王靖涛[81,82]、周光泉[74]、赵明阶和吴德伦[83]、吴德伦和叶晓明[84]、李夕兵等[85-91]、单仁亮等[92,93]、东兆星和单仁亮[94]、乔河等[95,96]都使用 SHPB 等试验设备对岩石的动态力学性质进行了广泛的试验研究，并基于试验结果提出了高应变速率条件下的岩石本构关系。于亚伦等[79,97]开展了三轴状态(有围压)条件下岩石的 SHPB 冲击破坏试验，对岩石试样的破坏类型进行了分类，得出了岩石动态破坏强度，画出了动态三轴、动态单轴和静态单轴的破坏强度比较曲线，并以最大剪应力条件建立了岩石的破坏判据，以及三轴动态破坏强度、单轴动态破坏强度与围压的关系式。章根德[98]用 SHPB 装置研究岩石的动态特性时，发现应力波通过破裂岩石试样时会产生衰减和岩石动态强度的降低，还分析讨论了影响动态强度的一些因素。Shan 等[99]用 SHPB 装置测试了大理岩和花岗岩的应力-应变曲线，并分析了岩石的变形与破裂特征。Meng 和 Li[100]从波分离技术对 SHPB 装置进行改进，以减少试验过程中波的衰减作用。文献[101]采用轴对称动态有限元 HONDO 程序对大直径 SHPB 装置中压杆横向泊松效应引起的应力波弥散进行二维数值分析，认为大直径 SHPB 装置弥散效应对试验结果的影响很大，必须予以考虑。李夕兵等[102,103]介绍了钟形及理想半正弦波加载进行岩石类脆性材料动态测试的试验技术，认为半正弦波加载可以明显减小岩石 SHPB 试验的波形振荡，并应用 LSDYNA 非线性动力分析有限元程序对该问题进行了数值模拟，证实和显示 SHPB 试验半正弦波加载的优越性。Li 等[104]对 SHPB 装置进行了改进，在中-高应变速率条件下，大大提高了轴压、围压的测量范围，并研发了国内外首个能够实现静动载荷作用的大尺寸(直径为 75mm)SHPB 装置，考虑了静动载荷作用条件下单轴及三轴静态预应力状态对于动载荷作用下岩石破裂过程的影响，为研究动态扰动触发高应力硬岩的破裂机制提供了试验条件。

3) 射弹试验系统

射弹试验装置是利用分子量级的气体驱动，进行高速碰撞试验的专用设备。借助于射弹试验装置可以获得更高的加载速率。试验时将飞片粘贴于弹丸上，高压气体的突然释放推动弹丸沿抽成真空的炮管运动。当高速的弹丸碰撞到靶板时，产生一个较高的压力脉冲，由应力量计记录一组压力信号，不同的撞击速度产生不同的压力峰值。根据这一系列压力信号，进行材料的动态特性分析。杨军和王树仁[105]、Yang 等[106-111]选用一级轻气炮撞击的飞片试验技术，测试了大理岩试样在高应变速率(10^4～$10^5 s^{-1}$)条件下的变形特征，并探讨了冲击波作用下岩石破坏过程的能量耗散过程。信礼田和何翔[112]使用一级压缩空气炮进行高速平面撞击试验，分别测量了砂岩、花岗岩和石灰岩试件组成的靶板中的应力脉冲波形，得到岩石的动态本构关系，了解了岩石在强冲击载荷下的某些力学性质和变形特征。Dancygier 和 Yankelevsky[113]采用此类装置对高强混凝土进行动态冲击试验，通过气枪对弹头进行加速，射向设置在一定距离的混凝土板从而进行冲击破坏，试样采用宽 400mm、厚分别为 40mm 和 60mm 的正方形混凝土板，弹头的速度分别达到 $85m\cdot s^{-1}$ 和 $230m\cdot s^{-1}$，得到的应变速率为 10^3～$10^4 s^{-1}$。Grotes 等[114]采用类似的试验装置将直径 76.2mm、厚 10mm 的圆盘置于射弹的前部，进行冲击试验，用氦气对弹头进行加速，研究的应变速率量级为 $10^4 s^{-1}$。另外，Gran 等[115]利用爆炸气体做动力，分别施加在轴向和径向，对直径 149.2mm、高 301.6mm 的圆柱体进行动载荷试验，得到的应变速率为 0.02～$20s^{-1}$。这一类设备原理简单、易于改造，适用的应变速率范围较大，适应能力强，有着良好的发展前景。

试验工作为我们提供了动载荷作用下岩石的力学响应的基本资料，尤其使人们认识到了岩石弹性模量和强度等物理力学参数应变速率效应的存在。然而，由于动态冲击试验在很短的时间内完成，一般难以对岩石试样中应力波传播及诱致岩石破裂的过程进行直接观测。在这种情况下，数值模拟和数值试验方法的优势得以凸显。数值试验不仅仅是对已知现象和过程的再现，更重要的在于对未知过程及现象的探索。

1.6 岩石破裂过程数值分析

岩石这种非均匀性介质在静动载荷作用下宏观裂纹的扩展与破坏，也是各种不同尺度缺陷或微裂纹扩展、相互作用、聚合乃至贯通的宏观表现。但与岩石工程灾害密切相关的岩石破裂过程与失稳，往往是通过实验室小型岩石试样的单纯静载荷或单纯动载荷试验来理解的。然而，岩石破裂过程与失稳不仅与岩石的非均匀性有关，而且还涉及破裂过程中诸多通过现有测试技术难以观测的非线性现象(如岩石在破裂过程中的应力场，岩石微破裂演化过程的自组织临界现象、突变等[116, 117])，并且，静动载荷作用下岩石破裂过程的演化比单纯静载荷或动载荷作用时还要复杂得多。这些复杂现象想要用解析理论进行描述是相当困难的，甚至是不可能的。因此，发展一种能够充分考虑岩石介质非均匀性并能充分考虑在静动载荷作用下缺陷之间相互作用的岩石破裂过程分析数值试验方法，进行岩石破裂过程及其工程灾害诱发机理的数值试验研究，无疑是解决这一问题的良方[118]。

随着计算机技术的发展，数值模拟方法在岩石力学与工程中得到了越来越广泛的应用，由此也产生了许多数值模拟方法。数值模拟方法可以综合考虑多方面因素，而且其计算结果直观、可视化，有代表性的，如 1984 年邹定祥提出了露天矿台阶深孔爆破破碎过程的三维数学模型[119]。将岩体视为各向同性弹性体，柱状药包在岩石中形成的爆破应力场被看成是等效球状药包爆炸形成的应力场的叠加，然后根据应力波理论得出应力波能量的三维分布，从而求得岩石的爆破块度分布。爆破数学模型研究主要关注爆破后的结果，而应用细观损伤力学研究开发的岩石破裂过程分析(rock failure process analysis，RFPA)数值模拟软件[120-122]，由于考虑了材料的非均匀性，具有跟踪裂纹扩展、贯通的分析功能，已在裂纹相互作用、矿柱破坏、岩爆机制、岩层移动、煤与瓦斯突出、混凝土和复合材料的断裂方面得到了初步的应用，但目前应用主要是针对二维静力学和动力学的基本力学问题及三维静力学问题，而对静动载荷作用下岩石破坏过程有待进一步研究。

此外，由于经济和社会发展的需要，我国目前相继建设和即将建设许多大型的岩土工程，需要巨大的计算规模和强大的计算能力。因此，采用并行计算技术，发展岩石破裂过程分析系统，提高计算速度和容量，对于深入分析岩土工程中细观破坏本质、工程灾害分析及稳定性评价等都有积极的意义[123]。并行计算在国外得到了很大发展，自从 Noor 和 Fulton 发表了第一篇关于有限元并行计算的文章以来，有限元并行处理技术几乎与并行计算机同步发展。在国内，受到硬件水平的限制，有限元结构分析并行处理方面起步较晚，并行计算还处于发展阶段[123]。目前，关于大规模岩石破裂过程分析的研究还非常少见。东北大学岩石破裂与失稳研究中心和大连大学材料破坏力学数值试验研究中心合作，研究开发了 RFPA

数值模拟软件，实现了1000万单元的有限元应力分析，建立了静应力下三维岩石破裂过程并行分析(RFPA^{3D}-Parallel)数值模拟软件[123]，但利用并行计算技术求解二维岩石破裂过程分析(RFPA^{2D})数值模拟软件中的静力学问题和动力学问题，以及三维岩石破裂过程分析(RFPA^{3D})数值模拟软件中的动力学问题的研究才刚起步，利用并行计算技术对静动载荷作用下岩石破坏过程的研究还很少见。

参考文献

[1] 左宇军. 动静组合加载下的岩石破坏特性研究[D]. 长沙: 中南大学, 2005

[2] 蔡美峰, 何满潮, 刘东燕, 等. 岩石力学与工程[M]. 北京: 科学出版社, 2002

[3] 姜耀东, 赵毅鑫, 宋彦琦, 等. 放炮震动诱发煤矿巷道动力失稳机理分析[J]. 岩石力学与工程学报, 2005, 24(17): 3131-3136

[4] Zuo Y J, Li X B, Zhou Z L. Determination of ejection velocity of rock fragments during rock burst under consideration of damage[J]. Journal of Central South University of Technology, 2005, 12(5): 618-622

[5] 冯涛, 潘长良. 洞室岩爆机理的层裂屈曲模型[J]. 中国有色金属学报, 2000, 10(2): 287-290

[6] Dyskin A V, Germanovich L N. Model of rockburst caused by cracks growing near free surface[C]. Rotterdam: Balkema, 1993

[7] 肖正学, 张志呈. 初始应力场对爆破效果的影响[J]. 煤炭学报, 1996, 21(5): 497-501

[8] 陈红旗, 黄润秋, 彭建兵. 工程场地地震地裂灾害评价及其防治[J]. 岩土工程学报, 2003, 25(5): 574-577

[9] 李夕兵, 古德生. 岩石冲击动力学[M]. 长沙: 中南工业大学出版社, 1994

[10] Grady D E, Kipp M E. Dynamic rock fragmentation[J]. Fracture Mechanics of Rock, 1987, 28(8): 429-475

[11] 李海波, 赵坚, 李俊如, 等. 三轴情况下花岗岩动态力学特性的实验研究[J]. 爆炸与冲击, 2004, 24(5): 470-474

[12] Zukas J A, Nicholas T, Swift H F, et al. Impact dynamics[J]. Journal of Applied Mechanics, 1983, 50(3): 702

[13] Buchar J. Behaviour of rocks under high rates of strain[J]. International Journal of Acta Technica Csav, 1981, 18(5): 616-625

[14] 杨军, 金乾坤, 黄风雷. 岩石爆破理论模型及数值计算[M]. 北京: 科学出版社, 1999

[15] 于亚伦. 用三轴SHPB装置研究岩石的动载特性[J]. 岩土工程学报, 1992, 14(3): 76-79

[16] 王礼立. 应力波基础[M]. 北京: 国防工业出版社, 1985

[17] Zhao J, Li H B, Wu M B, et al. Dynamic uniaxial compression test on granite[J]. International Journal of Rock Mechanics and Mining Sciences, 1999, 36(2): 273-277

[18] 于滨, 刘殿书. 爆炸载荷下花岗岩动态本构关系的实验研究[J]. 中国矿业大学学报, 1999, 28(6): 552-555

[19] Zhang Z X, Kou S Q, Yu J, et al. Effects of loading rate on rock fracture[J]. International Journal of Rock Mechanics and Mining Sciences, 1999, 36(5): 597-611

[20] Olsson W A. The compressive strength of tuff as a function of strain rate from 10^{-6} to 10^{3} /sec[J]. International Journal of Rock Mechanics and Mining Sciences & Geomechanics Abstracts, 1991, 28(1):115-118

[21] Grady D E, Hollenbach R E, Schuler K W, et al. Strain rate dependence in dolomite inferred from impact and static compression studies[J]. Journal of Geophysical Research, 1977, 82(8):1325-1333

[22] 陈静曦. 动、静载作用下裂纹扩展的异同点[J]. 岩土力学, 1990, 11(2): 73-77

[23] Yale D P, Mobil R, Corp D, et al. Static and dynamic rock mechanical properties in the Hugoton and panoma fields, Kansas[C]. Proceedings of the Mid-continent Gas Symposium. Amarillo, 1994

[24] Heerden W L B. General relations between static and dynamic moduli of rocks[J]. International Journal of Rock Mechanics and Mining Sciences and Geomechanics Abstracts, 1987, 24(6): 381-385

[25] 黄承贤, 宋大卫. 在围压下岩石弹性波速的研究[J]. 岩土工程学报, 1991, 13(2): 32-41

[26] Dyskin A V. On the role of stress fluctuations in brittle fracture[J]. International Journal of Fracture, 1999, 100(1): 29-53

[27] Li X, Ma C. Experimental study of dynamic response and failure behavior of rock under coupled static-dynamic loading[C]. Rotterdam: Mill Press, 2004

[28] Wong R H C, Chau K T, Tang C A, et al. Analysis of crack coalescence in rock-like materials containing three flaws—Part I: Experimental approach[J]. International Journal of Rock Mechanics and Mining Sciences, 2001, 38(7): 909-924

[29] 尚嘉兰, 孔常静, 李廷芥, 等. 岩石细观损伤破坏的观测研究[J]. 实验力学, 1999, 14(3): 373-383

[30] 谢和平, 陈至达. 分形(fractal)几何与岩石断裂[J]. 力学学报, 1988, (3): 74-81

[31] 黄理兴. 动荷载作用下岩石裂纹的扩展与控制[J]. 水利学报, 1988, (1): 55-60

[32] 李宁, 张平, 陈蕴生. 裂隙岩体试验研究进展与思考[C]. 中国岩石力学与工程学会. 中国岩石力学与工程学会第七次学术大会论文集. 北京: 中国科学技术出版社, 2002

[33] Vásárhelyi B, Bobet A. Modelling of crack initiation, propagation and coalescence in uniaxial compression[J]. Rock Mechanics and Rock Engineering, 2000, 33(2): 119-139

[34] Wong R H C, Lin P, Chau K T, et al. The effects of confining compression on fracture coalescence in rock-like material[J]. Key Engineering Materials, 2000, 183-187(187): 857-862

[35] Sahouryeh E, Dyskin A V, Germanovich L N. Crack growth under biaxial compression[J]. Engineering Fracture Mechanics, 2002, 69(18): 2187-2198

[36] Dyskin A V, Sahouryeh E, Jewell R J, et al. Influence of shape and location of initial 3-D cracks on their growth in uniaxial compression[J]. Engineering Fracture Mechanics, 2003, 70(15): 2115-2136

[37] Li N, Chen W, Zhang P, et al. The mechanical properties and a fatigue-damage model for jointed rock masses subjected to dynamic cyclical loading[J]. International Journal of Rock Mechanics and Mining Sciences, 2001, 38(7): 1071-1079

[38] 李海波. 花岗岩材料在动态压应力作用下力学特性的实验和模型研究[J]. 岩石力学与工程学报, 2001, (1): 136

[39] 张平, 李宁, 贺若兰, 等. 动载下 3 条断续裂隙岩样的裂缝贯通机制[J]. 岩土力学, 2006, 27(9): 1457-1464

[40] 周宏伟, 谢和平, 左建平. 深部高地应力下岩石力学行为研究进展[J]. 力学进展, 2005, 35(1): 91-99

[41] 谢源, 刘庆林. 附加载荷下介质爆破特性的全息动光弹试验研究[J]. 工程爆破, 2000, 6(2): 11-15

[42] 谢源. 高应力条件下岩石爆破裂纹扩展规律的模拟研究[J]. 湖南有色金属, 2002, 18(4): 1-3

[43] 高全臣, 赫建明, 冯贵文, 等. 高应力岩巷的控制爆破机理与技术[J]. 爆破, 2003, 20(S1): 52-55

[44] 梁庆国, 韩文峰, 谌文武, 等. 岩体地震动力破坏问题研究[J]. 岩石力学与工程学报, 2003, 22(S2): 2783-2788

[45] 龚敏, 于亚伦. 全息干涉与动力光弹法结合进行相信炮孔动态应力场的定量分析[C]. 中国工程爆破协会. 第七届全国工程爆破技术会议论文集. 北京: 中国科学技术出版社, 1997

[46] 丁希平. 深孔台阶爆破应力场及若干设计参数的数值分析研究[D]. 北京: 铁道部科学研究院, 2001

[47] 黄政华, 左廷英, 吴晓梦. 高台阶爆破过程的高速摄影观测[J]. 矿冶工程, 1997, 17(4): 1-5

[48] 刘晓东, 孙海兰, 肖旺新. 图像处理技术在断裂控制爆破高速摄影的应用[J]. 矿业安全与环保, 2004, 31(4): 17-19

[49] 李应平. 微震分析水压致裂的破裂过程[J]. 地震学报, 1996, 18(3): 292-300

[50] House L. Locating micro-earthquakes induced by hydraulic fracturing in crystalline rock[J]. Geophysics Research Letters, 2013, 14(9): 919-921

[51] Block L V, Cheng C H, Fehler M C, et al. Seismic imaging using micro-earthquakes induced by hydraulic fracturing[J]. Geophysics, 1994, 59(1): 102-112
[52] 范天佑. 断裂动力学引论[M]. 北京: 北京理工大学出版社, 1990
[53] 赵亚溥. 裂纹动态起始问题的研究进展[J]. 力学进展, 1996, 26(3): 362-378
[54] 李贺, 尹光志, 徐江. 岩石断裂力学[M]. 重庆: 重庆大学出版社, 1988
[55] 魏庆同, 郎福元, 赵邦戟. I型裂纹的扩展方向及其稳定性[J]. 兰州理工大学学报, 1986, (3): 54-58
[56] 秦四清, 李造鼎, 林韵梅. 低脆性岩石声发射与断裂力学的理论研究[J]. 应用声学, 1991, (4): 20-25
[57] 金丰年, 蒋美蓉, 高小玲. 基于能源耗散定义损伤变量的方法[J]. 岩石力学与工程学报, 2004, 23(12): 1976-1980
[58] 赵邦戟, 魏庆同. 裂纹技术的基本原理与应用研究进展[J]. 力学进展, 1988, 18(3): 53-62
[59] 韦尧兵, 龚俊, 郎福元. 断裂力学逆问题及应力法剪切的几个问题[J]. 甘肃工业大学学报, 1996, 22(4): 86-89
[60] 于骁中. 岩石和混凝土断裂力学[M]. 长沙: 中南工业大学出版社, 1988
[61] 何满潮, 钱七虎. 深部岩体力学基础[M]. 北京: 科学出版社, 2010
[62] 杨桂通. 弹性动力学[M]. 北京: 中国铁道出版社, 1988
[63] 李夕兵, 古德生. 岩石冲击动力学研究内容及其应用[J]. 西部探矿, 1996, 8(6):35-40
[64] 黄理兴, 陈奕柏. 我国岩石动力学研究状况与发展[J]. 岩土力学与工程, 2003, 22(11): 1881-1886
[65] 王武林, 刘远惠. 陆以璐, 等. RDT-10000型高压三轴仪的研制[J]. 岩土力学, 1989, 10(2): 69-82
[66] 朱瑞赓, 吴绵拔. 不同加载速率条件下花岗岩的破坏判[J]. 爆炸与冲击, 1984, (1): 1-8
[67] 李海波, 蒋会军, 赵坚, 等. 动载荷作用下岩体工程安全的几个问题[J]. 岩石力学与工程学报, 2003, 22(11): 1887-1891
[68] Zhao J. Application of Mohr-Coulomb and Hoek-Brown strength criteria to the dynamic strength of brittle rock[J]. International Journal of Rock Mechanics and Mining Sciences, 2000, 37(7): 1115-1121
[69] 左宇军, 李夕兵, 马春德, 等. 动静组合载荷作用下岩石失稳破坏的突变理论模型与试验研究[J]. 岩石力学与工程学报, 2005, 24(5): 741-746
[70] 张静宜, 徐纪成. 岩石动态断裂试验[J]. 中南工业大学学报(自然科学版), 1995, (4): 461-464
[71] Kolsky H. An investigation of the mechanical properties of materials at very high rates of loading[J]. Proceedings of the Physical Society B, 1949, 62(11): 676
[72] Hakalehto K O. The behaviour of rock under impulse loads-a study using the Hopkinson split bar method[D]. Otaniemi-Helsinki: Helsinki University of Technology, 1969
[73] Cristensen R J, Swanson S R, Brown W S. Split-Hopkinson bar tests on rock under confining pressure[J]. Experimental Mechanics, 1972, 12(11): 508-513
[74] 周光泉. 高应变率Hopkinson杆实验技术述评[J]. 力学进展, 1983, (2): 105-112
[75] 朱瑞赓, 吴绵拔. 不同加载速率条件下花岗岩的破坏判据[J]. 爆炸与冲击, 1984, 4(1): 1-9
[76] 章根德. 岩石对冲击载荷的动态响应[J]. 爆炸与冲击, 1982, 2(2): 1-9
[77] 王武林, 黄理兴. 爆炸信号的采集技术和微机处理方法[J]. 爆炸与冲击, 1987, 7(1): 47-50
[78] 于亚伦, 金科学. 高应变率下的矿岩特性研究[J]. 爆炸与冲击, 1990, 10(3): 266-271
[79] 于亚伦. 用三轴SHPB装置研究岩石的动载特性[J]. 岩土工程学报, 1992, 14(3): 76-79
[80] 于亚伦. 高应变率下的岩石动载特性[J]. 北京科技大学学报, 1992, (2): 127-134
[81] 王靖涛. 裁剪脉冲加载法研究[J]. 中国科学, 1987, (10): 1113-1120
[82] 王靖涛. 在层状岩体中柱面波的传播[J]. 岩土力学, 1979, (2): 73-80
[83] 赵明阶, 吴德伦. 小波变换理论及其在岩石声学特性研究中的应用[J]. 岩土工程学报, 1998, 20(6): 47-51
[84] 吴德伦, 叶晓明. 工程爆破安全振动速度综合研究[J]. 岩石力学与工程学报, 1997, 16(3): 266-273

[85] 李夕兵, 赖海辉. 高应变率下的岩石脆断实验技术[J]. 凿岩机械气动工具, 1990, (4): 39-43
[86] 李夕兵, 赖海辉, 古德生. 不同加载波形下矿岩破碎的耗能规律[J]. 中国有色金属学报, 1992, 2(4): 10-14
[87] 李夕兵. 岩石在不同加载波下的 σ-ε-ε 关系[J]. 中国有色金属学报, 1994, 4(3): 16-22
[88] 李夕兵, 刘德顺, 古德生. 消除岩石动态实验曲线振荡的有效途径[J]. 中南工业大学学报(自然科学版), 1995, 26(4): 457-460
[89] 李夕兵, 古德生. 岩石在不同加载波条件下能量耗散的理论探讨[J]. 爆炸与冲击, 1994, 14(2): 129-139
[90] Li X B, Hong L, Yi S B, et al. Relationship between diameter of split Hopkinson pressure bar and minimum loading rate under rock failure[J]. Journal of Central South University of Technology, 2008, 15(2): 218-223
[91] 李夕兵, 周子龙, 王卫华. 运用有限元和神经网络为 SHPB 装置构造理想冲头[J]. 岩石力学与工程学报, 2005, 24(23): 4215-4218
[92] 单仁亮, 杨永琦, 赵统武. 冲击凿入系统入射波形与凿入效率的研究[J]. 爆炸与冲击, 1995, 15(3): 247-253
[93] 单仁亮, 陈石林, 李宝强. 花岗岩单轴冲击全程本构特性的实验研究[J]. 爆炸与冲击, 2000, 20(1): 32-38
[94] 东兆星, 单仁亮. 岩石在动载作用下破坏模式与强度特性研究[J]. 爆破器材, 2000, 29(1): 1-5
[95] 乔河, 刘殿书, 王树仁. 强动载下岩石动态本构关系试验研究[J]. 爆破, 1996, 13(2): 1-7
[96] 乔河, 王树仁. 高应变率下岩石动态本构关系试验研究现状[J]. 工程爆破, 1996, (2): 1-6
[97] 王林, 于亚伦. 三轴冲击作用下岩石破坏机理的研究[J]. 爆炸与冲击, 1993, 13(1): 84-89
[98] 章根德. 岩石对冲击载荷的动态响应[J]. 爆炸与冲击, 1982, 2(2): 1-9
[99] Shan R L, Jiang Y S, Li B Q. Obtaining dynamic complete stress-strain curves for rock using the Split Hopkinson Pressure Bar technique[J]. International Journal of Rock Mechanics and Mining Sciences, 2000, 37(2): 983-992
[100] Meng H, Li Q M. An SHPB set-up with reduced time-shift and pressure bar length[J]. International Journal of Impact Engineering, 2003, 28(6): 677-696
[101] 刘孝敏, 胡时胜. 大直径 SHPB 弥散效应的二维数值分析[J]. 实验力学, 2000, 15(4): 371-376
[102] 李夕兵, 陈寿如, 古德生. 岩石在不同加载波形下的动载强度[J]. 中南矿冶学院学报(自然科学版), 1994, 25(3): 301-303
[103] 周子龙, 李夕兵, 赵国彦, 等. 岩石类 SHPB 实验理想加载波形的三维数值分析[J]. 矿冶工程, 2005, 25(3): 18-20
[104] Li X B, Zhou Z L, Lok T S, et al. Innovative testing technique of rock subjected to coupled static and dynamic loads[J]. International Journal of Rock Mechanics and Mining Sciences, 2008, 45(5): 739-748
[105] 杨军, 王树仁. 岩石爆破分形损伤模型研究[J]. 爆炸与冲击, 1996, 16(1): 5-10
[106] Yang J, Gao W X, Jin Q K. Experimental Study on damage properties of rocks under dynamic loading[J]. Journal of BeiJing Institute of Technology(English Edition), 2000, 9(3): 243-248
[107] 杨军, 高文学, 金乾坤. 岩石动态损伤特性实验及爆破模型[J]. 岩石力学与工程学报, 2001, 20(3): 320-323
[108] 高文学, 杨军, 黄风雷. 强冲击载荷下岩石本构关系研究[J]. 北京理工大学学报, 2000, 20(2): 165-170
[109] 高文学, 胡江碧, 刘运通, 等. 岩石动态损伤特性的实验研究[J]. 北京工业大学学报, 2001, 27 (1): 108-111
[110] 高文学, 刘运通. 爆炸荷载下岩石损伤机理及其力学特性研究[J]. 岩土力学, 2003, 24: 585-588
[111] 高文学, 刘运通. 冲击载荷作用下岩石损伤的能量耗散[J]. 岩石力学与工程学报, 2003, 22(11): 1777-1780
[112] 信礼田, 何翔. 强冲击载荷下岩石的力学性质[J]. 岩土工程学报, 1996, 18(6): 61-68
[113] Dancygier A N, Yankelevsky D Z. High strength concrete response to hard projectile impact[J]. International Journal of Impact Engineering, 1996, 1(86): 583-599
[114] Grotes D L, Park S W, Zhou M. Dynamics behavior of concrete at high strain rates and pressures: Ⅰ. Experimental characterization[J]. International Journal of Impact Engineering, 2001, (25): 869-886

[115] Gran J K, Florence A L, Colton J D. Dynamics triaxial tests of high strength concrete[J]. Journal of Engineering Mechanics, 1989, 115(5): 891-904

[116] 徐则民, 黄润秋, 罗杏春, 等. 静荷载理论在岩爆研究中的局限性及岩爆岩石动力学机理的初步分析[J]. 岩石力学与工程学报, 2003, 22(8): 1255-1262

[117] 章梦涛, 徐曾和, 潘一山, 等. 冲击地压与突出的统一失稳理论[J]. 煤炭学报, 1991, 16(4): 48-53

[118] 唐春安. 脆性材料破坏过程分析的数值试验方法[J]. 力学与实践, 1999, 21(1): 21-24

[119] 邹定祥. 计算露天矿台阶爆破块度分布的三维数学模型[J]. 爆炸与冲击, 1984, (3): 50-61

[120] Tang C A. Numerical simulation of progressive rock failure leading to collapse and associated seismicity[J]. International Journal of Rock Mechanics and Mining Sciences, 1997, 34(2): 249-261

[121] Liang Z Z, Tang C A, Li H X, et al. Numerical simulation of the 3D failure process in heterogeneous rocks[J]. International Journal of Rock Mechanics and Mining Sciences, 2004, 41(3): 323-328

[122] Zhu W C, Tang C A. Numerical simulation of Brazilian disk rock failure under static and dynamic loading[J]. International Journal of Rock Mechanics and Mining Sciences, 2006, 43 (2): 236-252

[123] 张永彬, 唐春安, 梁正召, 等. 岩石破裂过程分析系统并行计算分析方法研究[J]. 岩石力学与工程学报, 2006, 25(9): 1795-1801

第 2 章　岩石的动力学特性

在爆破开挖地下硐室和工程基础、防护工程设计、地球物理勘探及地震研究等方面，都涉及应力波在岩石中的传播及其诱致动态破裂的基本规律。因此，岩石中的应力波传播及其诱致岩石破裂过程一直是岩石动力学的重要研究课题。本章介绍几种由应力波诱致的常见破裂形式。

2.1　应力波的基本概念

2.1.1　应力波的产生

当外部载荷作用于固体介质表面时，一开始只有那些载荷直接作用的面的质点发生变形而离开原始位置。由于这些受载荷作用的质点与相邻介质质点发生了相对运动，必然会受到相邻介质质点所给予的作用力，同时也给相邻介质质点反作用力，使相邻介质质点离开平衡位置运动起来。由于介质质点的惯性，相邻介质质点的运动将滞后于表面介质质点的运动。依次类推，外部载荷在表面上引起的扰动将在介质中逐渐由近及远地传播出去。这种扰动在介质中由近及远的传播被称为应力波。其中扰动与未扰动的分界面称为波阵面，而扰动传播速度称为应力波波速[1]。

通常，引起应力波的外部载荷都属于动载荷。所谓动载荷即大小随时间的变化而变化的载荷，载荷随时间的变化用加载速率（$\partial\sigma/\partial t$ 或 $\mathrm{d}\sigma/\mathrm{d}t$）表示。根据加载速率或应变速率（$\partial\varepsilon/\partial t$ 或 $\mathrm{d}\varepsilon/\mathrm{d}t$）的不同，将外部载荷进行如下分类(表 2.1)。

表 2.1　不同加载速率下的载荷状态[2]

加载速率/s^{-1}	$<10^{-5}$	$10^{-5}\sim10^{-1}$	$10^{-1}\sim10^{1}$	$10^{1}\sim10^{3}$	$>10^{4}$
载荷状态	蠕变	静态	准动态	动态	超动态
加载手段	蠕变试验机	普通液压或刚性伺服试验机	气动快速加载机	SHPB 或其改型装置	轻气炮或平面波发生器
动静明显区分	惯性力可忽略			惯性力不可忽略	

2.1.2　应力波的分类

应力波的分类方法有多种，根据不同的分类指标，对应力波可以进行不同的分类[1,3]。

1) 按物理性质分类

波的基本类型有纵波(P 波)和横波(S 波)，它们的速度分别用 V_P 和 V_S 表示。纵波的质点振动方向与波的传播方向一致，横波的质点振动方向与波的传播方向垂直。

2) 按与界面的相互作用分类

在与分界面相互作用时，P 波保持原来的特性，但 S 波则不同。为了研究方便，把 S 波分为两种类型的波，即 SH 波和 SV 波。

3) 按与界面相互作用形成的面波分类

(1) 表面波——与自由表面有关，常见的有 Rayleigh 波，出现在弹性半空间或弹性分层半空间的表面附近；Love 波，系由弹性分层半空间中的 SH 波叠加所形成。

(2) 界面波——沿两介质的分界面传播，通常称为 Stonely 波。

4) 按与介质非均匀性及复杂界面相联系的分类

(1) 弹性波遇到一定形状的物体时，要发生绕射现象，并形成绕射波。

(2) 弹性波遇到粗糙界面或介质内不规则的非均匀性结构时，可能出现散射，并形成散射波。

5) 按弥散关系 $c(k)=\omega(k)/k$ [$c(k)$ 和 $\omega(k)$ 分别是波数 k 的简谐波的相速度和圆频率]分类

(1) 如果 $\omega(k)$ 是实函数，且正比于 k，那么相速度 $c(k)$ 与波数 k 无关。这种系统比较简单，此时波动在传播过程中的相速度不变，形状不变，故称这样的波动为简单波。

(2) 如果 $\omega(k)$ 是关于 k 的非线性实函数，即 $\omega''(k)\neq 0$，那么系统是弥散的。在此情况下不同波数的简谐波具有不同的传播速度。于是初始扰动的波形随着时间的发展将发生波形歪曲，这样的波称为弥散波。弥散波又分为物理弥散波和几何弥散波。前者是由介质特性引起的，后者是由几何效应引起的。

(3) 如果 $\omega(k)$ 是复函数，那么波的相速度由 $\omega(k)/k$ 的实部给出。在此条件下产生的波既有弥散效应又有耗散效应，称为耗散波。

6) 按应力波中的应力大小分类

如果应力波中的应力小于介质的弹性极限，则介质中传播弹性扰动，形成弹性波，否则将出现弹塑性波；若介质为黏性介质，视应力是否大于介质的弹性极限，将出现黏弹性波或黏弹塑性波。弹性波通过后，介质的变形能够完全恢复，弹塑性波则将引起介质的残余变形，黏弹性波和黏弹塑性波引起的介质变形将有一段时间滞后。

7) 按波阵面的几何形状进行分类

根据波阵面的几何形状，应力波可分为平面波、柱面波和球面波。一般认为，平面波的波源是平面载荷，柱面波的波源是线载荷，而球面波的波源是点载荷。

8) 按波动方程的自变量个数进行分类

根据描述应力波波动方程的自变量个数，应力波可分为一维应力波、二维应力波和三维应力波。

另外，应力波还可分为入射波、反射波和透射波，加载波和卸载波，以及连续性波和间断波等。

2.1.3　应力波方程的求解方法

应力波方程常用的求解方法有波函数展开法、积分方程法、积分变换法、广义射线法、特征线法和其他方法等[1,3]。

(1) 波函数展开法。该方法的思想是将位移场 u 分解成无旋场和旋转场，并分别满足相应的波动标量方程和矢量方程。它的实质是一种分离变量解析法，关键是如何求解标量方程与矢量方程。这种方法适用于求解均匀各向同性介质汇总弹性波二维、三维问题和柱体、球体中的波动问题。对于各向异性和非均匀性介质，则不宜使用这种方法。

(2) 积分方程法。如果研究的波动问题涉及扰动源，可用积分方程法求解。积分方程表达式可以通过格林函数方法和变分方法推导而得，其实质是把域内问题转化为边界问题进行求解。求解问题的关键在于格林函数的确定。该方法对于求解均匀各向异性介质问题是有效的，但对于均匀性介质，则不能求解。

(3) 积分变换法。该方法的思路是把原函数空间中难以求解的问题进行变换，转化为函数空间较简单的问题去求解，然后进行逆变换，最后求出问题的解。这种方法的难点在于逆变换很难找到精确解。积分变换类型多种多样，常见的有拉普拉斯变换、傅里叶变换、Hankel 变换，这种积分变换方法常用于求解瞬态波动问题，不适用于非线性问题。

(4) 广义射线法。这种方法是研究层状介质中弹性瞬态波动的有效方法，在地球物理学研究中有广泛应用。其优点在于有明显的物理特征：它是将由波源发出而在某一瞬间到达接收点的波分解为直接到达、经一次反射到达、经二次反射到达……经 N 次反射到达的波进行叠加，能清楚地反映出瞬态的变化过程。

(5) 特征线法。特征线法实质上是基于沿特征线的数值积分方法。该方法对研究应力波问题有特殊的意义，因为特征线实际上就是扰动传播或波行进的路线。找到了特征线，就有了问题的解，而且可以给出清楚的图像。特征线法对线性和非线性问题都有效，已经成为应力波研究的经典方法。总体上来说，特征线法有其独特的优点，理论体系便于应用到二维和三维动力学问题中。

(6)其他方法。波动问题的不断发展、研究领域的不断扩大、问题复杂程度的不断提高，迫使人们研究更多、更新的方法，特别是用数值法解决相应的问题。目前应用较为成熟的有 T-矩阵法、谱方法和波慢度法、反射率法、有限差分法、有限元法、边界元法、摄动法和小波变换法等，这些方法在具体问题中发挥着重要作用。

2.1.4　应力波理论的应用

应力波知识的大量积累开辟了应力波在自然探索和技术开发等方面应用的广阔前景。在航空航天工程、武器设计、国防工程、矿山及交通运输工程、爆破工程、安全防护工程、地震监测、石油勘探、水利工程和建筑工程等诸多领域都有应用[1]；应力波打桩、应力波探矿及探伤、应力波铆接等，甚至正在发展为专门的技术。不仅如此，应力波的研究将会在缺陷的探测和表征、超声传感器性能描述、声学显微镜的研制、残余应力的超声测定、声发射等技术领域中发挥其潜力。此外，应力波理论研究还是当前固体力学中极为活跃的前沿课题之一，是现代声学、地球物理学、爆炸力学和材料力学性能研究的重要基础。

2.2　动载荷(应力波)作用下岩石的力学特性

岩石中应力波的速度取决于岩石的弹性模量、密度、孔隙率，它是岩石结构完整性的综合反映。利用试验测得的岩石(岩体)内的纵波与横波波速，可以计算出岩石或岩体的动态弹性模量和动态泊松比等参数。弹性波在岩体中传播的特性还可以反映岩体裂隙程度、固结性质及变质程度的不同，这些是岩体完整性的标志。测定弹性纵波速度是评价岩体质量及岩体可爆性的可靠方法之一。因此，不少国家将岩石的纵波速度作为岩石爆破性分级的判据。近十几年来，在围岩稳定性的动态分级中，普遍将声波指标作为分级的重要依据。

在动载荷和静载荷作用下，岩石的力学性质随着应变速率的变化发生变化，主要表现为岩石弹性模量、强度等参数的变化，这在岩石动力学中称为岩石强度的应变速率依赖性。岩石在动态时的弹性模量和动态强度都比静态时的值要高。岩石的静态弹性模量和泊松比可以由静载荷试验和动态方法获得。岩石的动态弹性模量可以根据弹性波速与弹性模量及泊松比之间的关系，通过测量弹性波速获得，也可以通过用 SHPB 等设备测试岩石在动载荷作用下的应力-应变关系而直接得到。

根据 SHPB 试验所得的动态压缩应力-应变曲线，李刚等[4]得到了岩石材料的动态弹性模量 E_{d}，如图 2.1 所示。随应变速率 $\dot{\varepsilon}$ 的增加，动态弹性模量略有增加，在测试的应变速率范围内，应变速率与动态弹性模量呈线性关系。

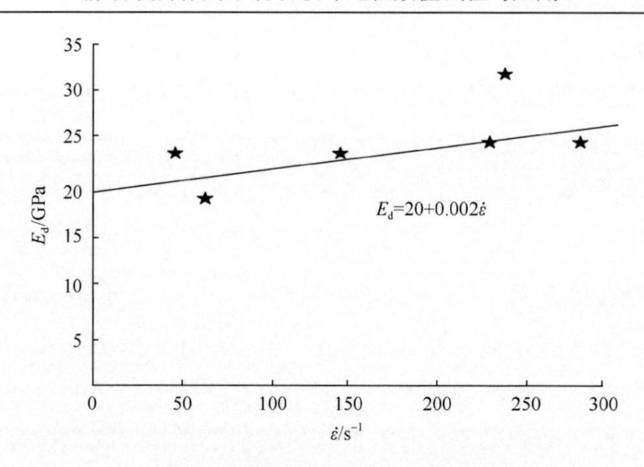

图 2.1　花岗岩动态弹性模量随应变速率的变化[4]

在静态测试中，岩石内部的微细裂纹、晶粒结构的缺陷，以及宏观上的结构弱面等因素，对加载产生的失真变形都很敏感。然而，当动态测定时，在瞬间过程中，对上述岩石的固有因素反应比较迟钝，或者说根本来不及反应，所以，岩石的动态弹性模量比静态弹性模量的数值要高。在试验中发现，岩石越是致密和均匀，其动态和静态弹性模量越接近。试验表明，同一种岩石，因为其完整性和微观结构不同，岩石的弹性模量比率区别很大。而且，由于岩石中微观及宏观结构构造方面的完整性，对采用静态法测定弹性模量的影响比较大，而对动态法测定弹性模量的影响比较小。

早在 1974 年，Lindholm 等[5]通过试验研究了侧限压力 p 对玄武岩抗压强度 S_c 的应变速率效应的影响，如图 2.2 所示，岩石单轴抗压强度随着应变速率的升高

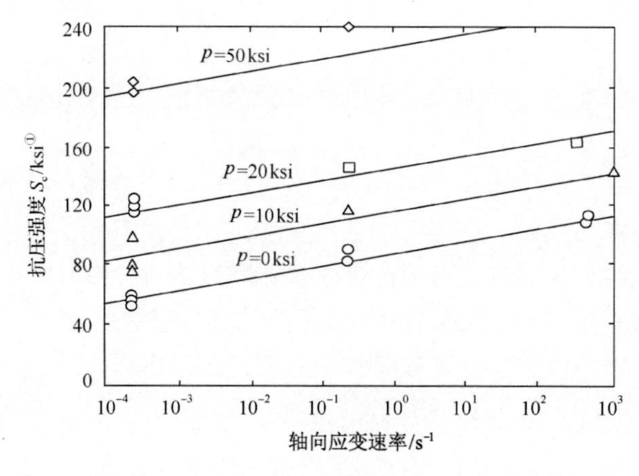

图 2.2　侧限压力对于动态抗压强度应变速率效应的影响[5]

p 为侧限压力，即试验围压

① 1ksi=6.84MPa。

而提高，抗压强度的提高与应变速率的自然对数成正比。同时，随着侧限压力的增加，岩石的抗压强度增大。

Olsson[6]于 1991 年发表了常温下应变速率为 $10^{-6}\sim10^{4}\text{s}^{-1}$ 时凝灰岩动态单轴抗压强度的试验结果。如图 2.3 所示，该试验结果表明动态单轴抗压强度（σ_{cd}）的对数与应变速率的对数成正比，这种关系表示为

$$\sigma_{cd}\propto\begin{cases}\dot{\varepsilon}^{0.007} & \dot{\varepsilon}\leqslant 76\text{s}^{-1}\\ \dot{\varepsilon}^{0.35} & \dot{\varepsilon}>76\text{s}^{-1}\end{cases}\tag{2.1}$$

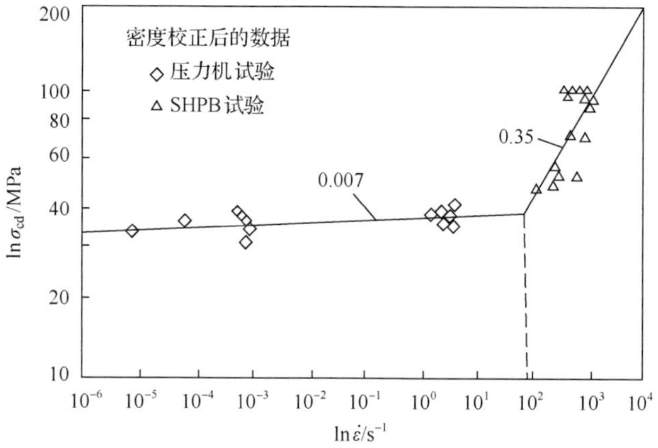

图 2.3　凝灰岩动态单轴抗压强度的应变速率依赖性[6]

也就是说，应变速率小于某一临界值时，抗压强度随应变速率的变化不大；而当应变速率大于该临界值时，抗压强度随着应变速率的增大迅速增大。

李夕兵等[7]用 SHPB 装置对不同加载波形下岩石的动态抗压强度进行了测试，证实了岩石的动态抗压强度主要取决于加载速率(影响应变速率)和岩石类型，动态抗压强度与应变速率的关系可以用对数关系表达，针对不同的岩石，只是参数不同。

图 2.4 给出了 Sang 等[8]对抗拉强度应变速率效应的试验结果。由该图可以看出，岩石的抗拉强度随着应变速率的增大而逐渐增大，对于花岗岩试样，当应变速率为 $4.24\sim13.18\text{s}^{-1}$ 时，动态抗拉强度是静态抗拉强度的 7～12 倍；当应变速率为 $0.46\sim6.82\text{s}^{-1}$ 时，凝灰岩试样的动态抗拉强度为静态抗拉强度的 2～9 倍。由该图也可以看出，动态抗拉强度的离散性比较明显，而且随着应变速率的增大，离散性更为突出。

在动载荷作用下，岩石中裂纹的扩展速度低于应力波的传播速度，这使得岩石试样在完全破坏之前大量的裂纹得以产生并扩展，导致试样在其作用下的破裂程度远远高于静载荷作用下的破裂程度。

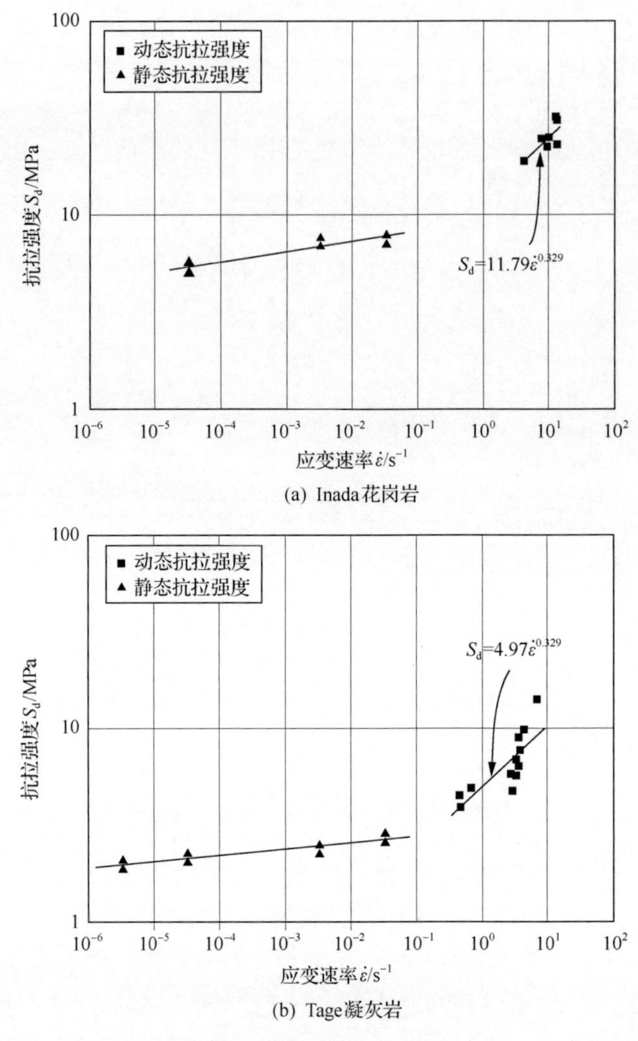

图 2.4 抗拉强度与应变速率的关系[8]

2.3 剥落破裂

剥落破裂是由于高强度的瞬间压缩应力波在自由面反射成为拉伸应力波，并通过与压缩入射应力波叠加导致的拉伸破裂。这种破裂最早是在 1914 年由霍布金森在研究爆炸效应时观察到的，所以也被称为霍布金森破裂。这种瞬间应力波可以通过引爆介质表面安放的炸药产生，还可以通过超高速冲击，或对某一个表面突然施加能量产生。下面以平面波产生剥落为例，对剥落现象予以说明[9]。

图 2.5 反映了应力波峰值为 σ_m、波长为 λ 的三角形波，从左至右向自由面入射，经反射并与入射应力波叠加的整个过程。图 2.5(b)为已经反射 1/3 λ 的瞬间，可以看出反射波前向左运动并与入射应力波的部分进行叠加，合成拉伸应力为 CD 段。图 2.5(c)为应力波反射一半时，净拉应力等于入射压缩应力波峰值。在此之前，若合成拉伸应力大于或等于材料的动态抗裂强度时，材料则发生剥落破裂。若不发生剥落破裂，则入射应力波继续传播，并与反射的拉伸应力波进行叠加，应力波已经反射 2/3 λ 时的波形如图 2.5(d)所示。

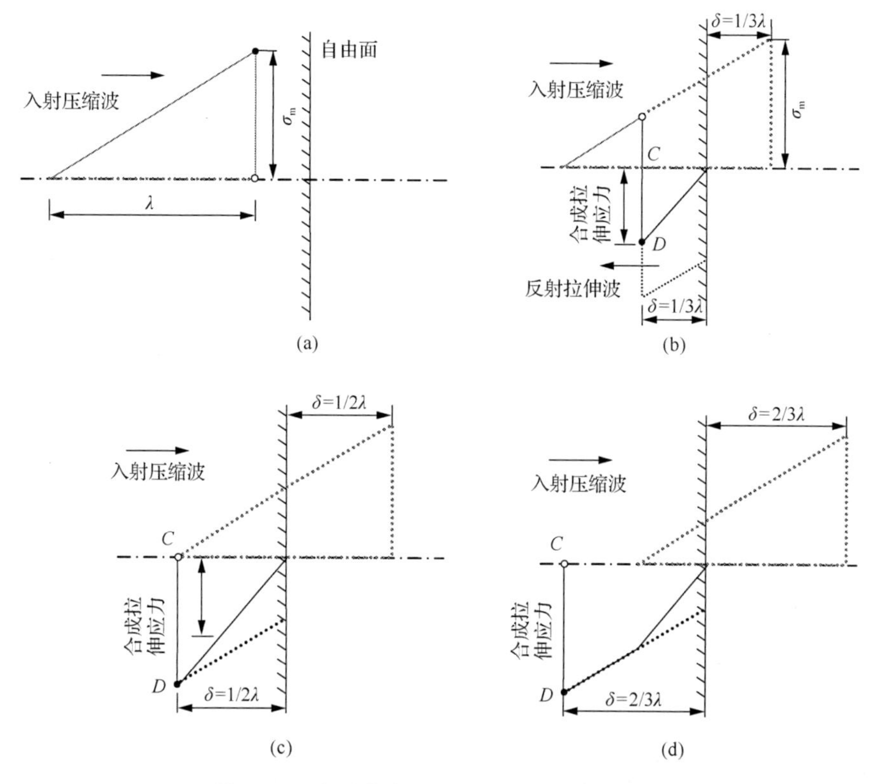

图 2.5　三角形波从自由面反射时的应力叠加图

δ 为观察点距自由面的距离；σ_m 为应力波峰值；λ 为波长

由此可见，剥落破裂是由即将来到但尚未反射的入射压缩波与已经反射并且转变为拉伸波的部分之间，在靠近自由面附近直接相互叠加的结果。

图 2.6 表示平顶波(梯形波)在自由面反射时的应力叠加情况。如图 2.6(b)所示，当平顶波在自由边界反射 $\lambda/4$ 以前，分布图中合成拉伸应力为零(在坐标轴上为 0)；当观察点距自由面的距离 δ 等于或大于 $\lambda/4$ 时，如图 2.6(c)所示，其分布与图 2.5 中的三角波形相似。

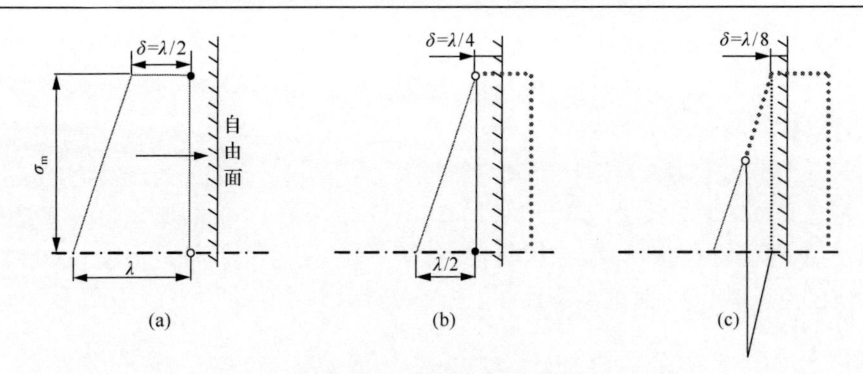

图 2.6 平顶波在自由面反射时的应力叠加图

当入射波为方波时，如图 2.7 所示，当距离自由面的距离等于 $\lambda/2$ 时[图 2.7(b)]，反射拉伸应力波和入射压缩应力波叠加使得介质中的应力为零。当距离自由面的距离 δ 大于 $\lambda/2$ 时，如图 2.7(c)所示，反射拉伸应力波的波形亦为方波。

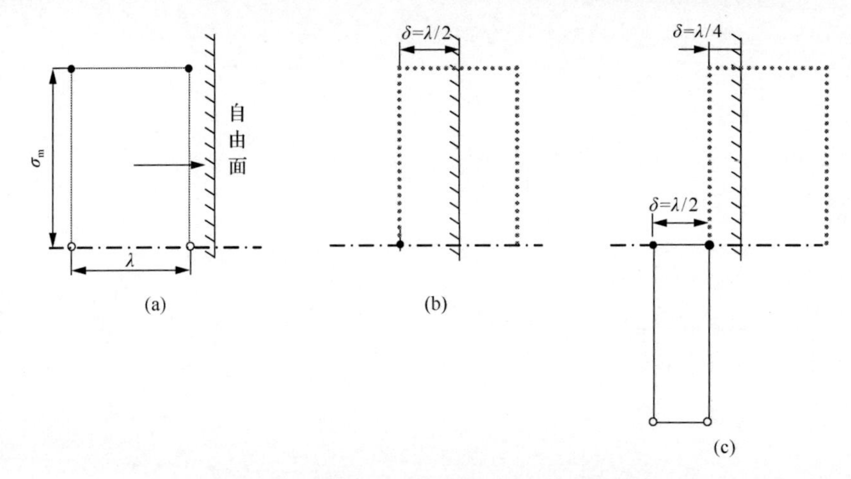

图 2.7 方波从自由面反射时的应力叠加图

如果将应力波作用表示为时间的函数 $\sigma(t)$，并设反射开始的时刻为 $t=0$，则距自由面 δ 处的净拉应力 σ_e 将为

$$\sigma_e = \sigma(0) - \sigma(2\delta / C_0) \tag{2.2}$$

式中，C_0 为波速。对于如图 2.8 所示的三角形波，$\sigma(t)$ 的表达式为

$$\sigma = \sigma_m(1 - C_0 t/\lambda) \tag{2.3}$$

式中，λ 为波长；σ_m 为应力波峰值。

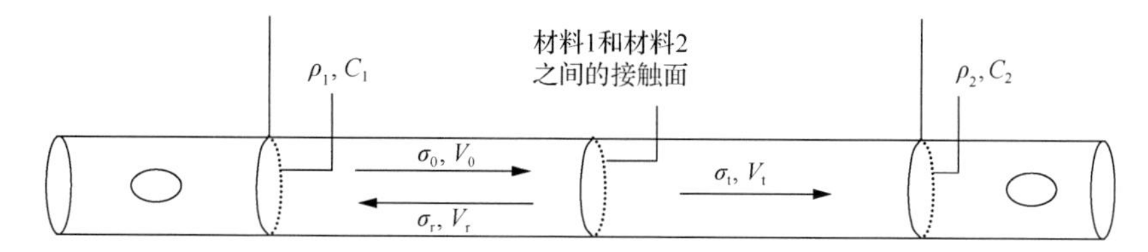

图 2.8　在一根由两个部分组成的杆中，纵波的传播与反射示意图

杆由两部分不同材质组成，分别用下标 1、2 表示。ρ_1 和 C_1 分别为材料 1 的密度和纵波在其中的传播速度；ρ_2 和 C_2 分别为材料 2 的密度和纵波在其中的传播速度；σ_0 和 V_0 分别为沿向前入射波的纵向应力和质点速度；σ_t 和 V_t 及 σ_r 和 V_r 分别为折射波与反射波的纵向应力与质点速度的对应量大小

由此可见，三角形波在自由面反射后出现剥落的条件为

$$|\sigma_m| \geqslant \sigma_{td} \tag{2.4}$$

式中，σ_{td} 为动态抗裂强度。

如果 $|\sigma_m| = \sigma_{td}$，那么图 2.5(c) 为正好要发生剥落破裂的时刻，此时剥落破裂片的厚度为 $\delta_b = \lambda/2$；如果 $|\sigma_m| > \sigma_{td}$，那么根据式(2.3)和式(2.4)可知首次剥落的剥落破裂片的厚度 δ_{b1} 为

$$\delta_{b1} = \frac{\lambda}{2}\frac{\sigma_{td}}{\sigma_m} \tag{2.5}$$

首次发生剥落破裂的时间 t_1 为

$$t_1 = \frac{\delta_{b1}}{C_0} = \frac{\lambda}{2C_0}\frac{\sigma_{td}}{\sigma_m} \tag{2.6}$$

由冲量守恒定律可计算出首次剥落破裂片的飞离速度 v_1 为

$$v_1 = \frac{1}{\rho_0 \delta_{b1}} \int_0^{\frac{2\delta_{b1}}{C_0}} \sigma_m \left(1 - \frac{C_0 t}{\lambda}\right) dt = \frac{2\sigma_m - \sigma_{td}}{\rho_0 C_0} \tag{2.7}$$

式中，ρ_0 为密度。

首次剥落破裂后，应力波未反射的剩余部分将在由剥落形成的新自由面发生反射，并可能发生第 2 次剥落破裂。如果 σ_m 足够大，那么将会发生多次剥落破裂。发生 n 次剥落破裂的应力波峰值条件为

$$n\sigma_{td} \leqslant |\sigma_m| < (n+1)\sigma_{td} \tag{2.8}$$

图 2.9 为当 $|\sigma_m| = 4\sigma_{td}$ 时，应力波在自由面反射后产生的剥落破裂情况。当波尾距离自由面为 3/4λ 时，反射波抵达距自由面 λ/8 处，此时与入射波叠加后其合成拉伸应力等于介质的抗拉剥落强度(动态抗裂强度) σ_{td}，因此，介质在此处发生第 1 次剥落，剥落破裂片的厚度为 λ/8，此时的压缩波应力峰值降低至 3/4 σ_m

[图 2.9(b)]。此时，入射波在新的自由面还要发生反射，如图 2.9(c)所示。当此次反射波达到距新的自由面 $\lambda/8$(即距原自由面 $1/4\lambda$)处，此时合成拉伸应力再次等于σ_{td}，故产生第 2 次剥落破裂，其剥落破裂片的厚度依然为 $\lambda/8$。同理，反射波在距原自由面 $3/8\lambda$ 处产生第 3 次剥落破裂[图 2.9(d)]。此时，剩余段压缩波应力峰值为 $\sigma_m/4$，故仍可在距离原自由面 $\lambda/2$ 处产生第 4 次剥落破裂。

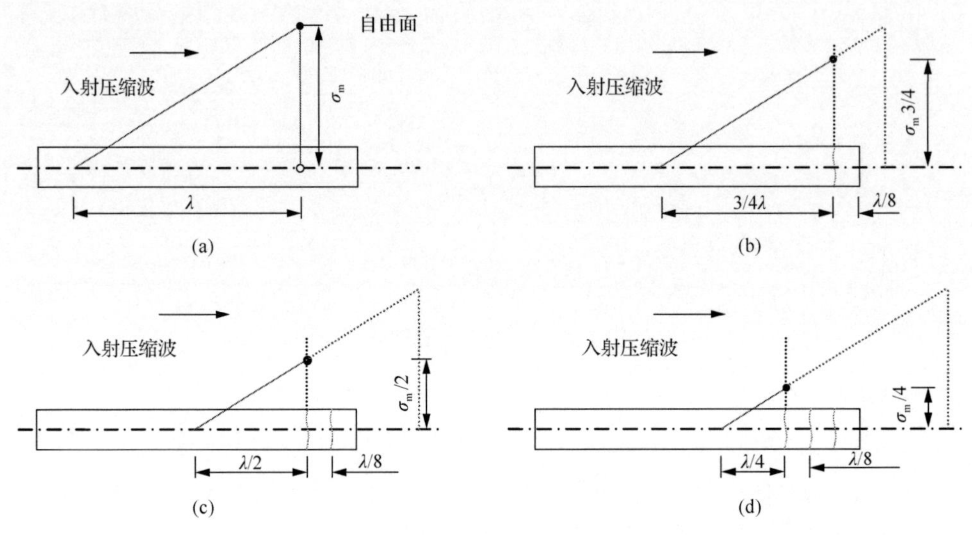

图 2.9　三角波在抗拉裂强度 $|\sigma_m| = 4\sigma_{td}$ 的介质中引起的剥落破裂

如果介质本身的动态抗裂强度高，那么反射波将不受阻碍地仍在介质中传播，其波形毫不改变，介质也不受任何损坏。然而，岩石类介质的动态抗裂强度远低于抗压强度，因此，入射波在自由面反射后形成的拉伸应力，经常使介质发生拉伸破裂(剥落破裂)。由于介质产生剥落及裂缝，势必陷进一段波形而俘获一部分能量，介质中的波形也发生了相应的改变。

如果σ为单位方波，在$\sigma_{td} = \sigma_m/4$的介质中，其剥落破裂情况如图 2.10 所示。当反射波前抵达距自由面 $\lambda/2$ 处，此时合成拉伸应力即刻大于σ_{td}，故使介质发生剥落破裂，其剥落破裂片的厚度为 $\lambda/2$。

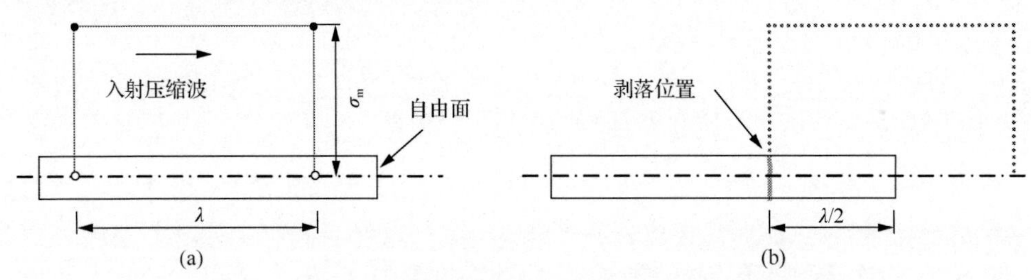

图 2.10　方波在动态抗裂强度 $\sigma_{td} = \sigma_m/4$ 的介质中引起的剥落

根据图 2.9 和图 2.10 的讨论可以看出，尽管入射应力波峰值均为 σ_m，但因波形不同，其产生剥落破裂片的数量及具体的剥落破裂位置均不相同。对于给定的波形而言，入射波的应力幅值及介质本身的动态抗裂强度 σ_{td} 决定了其是否发生剥落破裂及剥落破裂的位置和剥落破裂片的数量。因此，可以得出结论：介质本身发生剥落破裂取决于 3 个因素——材料的动态抗裂强度、应力波的应力幅值及应力波的波形[10]。

2.4　会聚效应造成的破裂

以上谈到的剥落破裂实际上是平面波在自由面的反射而引起的。但是，一般结构中应力状态比较复杂，再加之应力波与固体介质边界的反射，所以，有必要研究更为复杂的应力波在材料中传播时引起的剥落破裂。其中，会聚效应引起的剥落破裂是比较常见的情况。

当一般形式的波传播到自由面或两种介质的交界处时即将产生新波。按照波的传播特性，将引起反射和折射，这时一般存在着 5 种波形：入射波、反射的膨胀波和剪切波及折射的膨胀波和剪切波。这些新波本身之间或者它们与母波之间发生干涉，往往会造成局部应力集中，这种现象称为会聚效应。会聚效应必然引起应力集中，故常伴随着材料的破裂[9]。

图 2.11 给出了点载荷作用于平板时在其中产生的入射和反射波。其中，L 为纵波，T 为横波，L_L 为纵波在自由边界反射后形成的纵波，T_T 为横波在自由边界反射后形成的横波，T_L 为纵波在自由面反射形成的横波。虚线 C 为 T_L 和 T_T 的叠

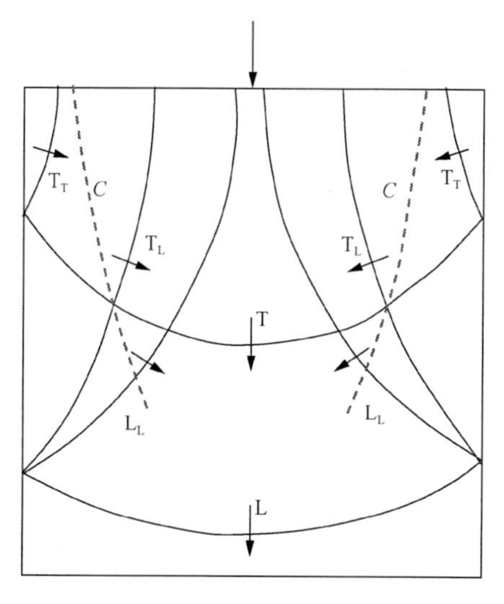

图 2.11　点载荷作用于平板时在其中产生的入射和反射波[11]

加导致应力集中而引起的裂纹。由此可见，2.3 节所述的剥落破裂可以视为入射压缩母波（L 波）和反射纵波之间发生干涉（引起会聚效应）所引起的破裂。

如图 2.12 所示，当点载荷作用于球体上时，入射波向下传播，它继续反射造成在反射波前的好几个尖点的发展。这几个波前的尖点应力集中比较强烈。靠近点载荷作用点的对面，其应力集中最为强烈，故在此诱发破裂，并且该破裂向上延伸。

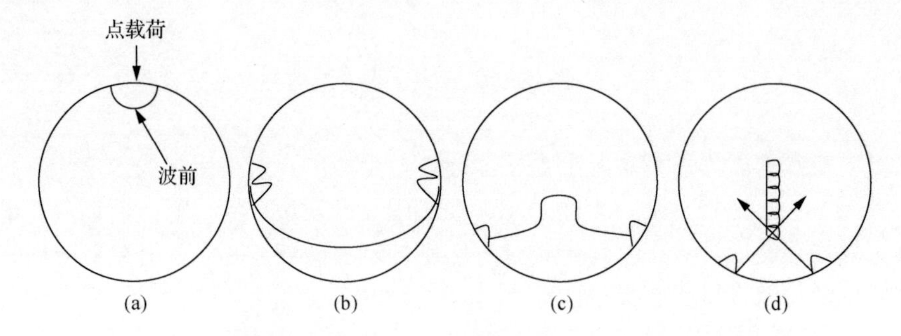

图 2.12　点载荷作用于球体上时造成的曲面反射及其诱发的破裂

图 2.13 给出了一个圆柱体在点载荷作用时产生的中央破裂。圆柱体对轴向破裂特别敏感，因为在这种受载情况下，反射波是向圆柱体中心线收敛的，并导致极高的沿轴方向的拉伸应力，从而引起沿轴方向的破裂。

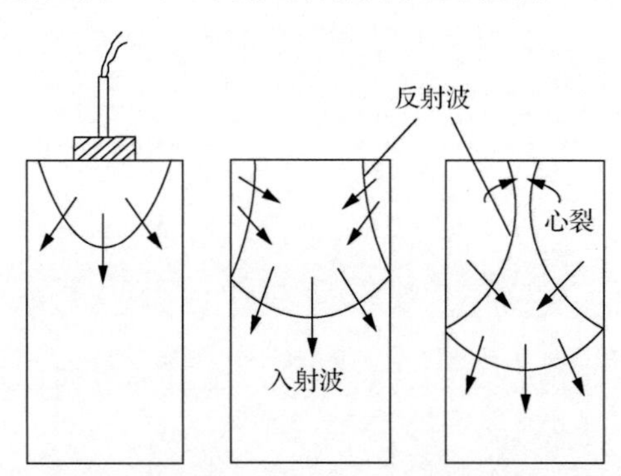

图 2.13　点荷载（应力波）引起圆柱体的破裂

由此可见，由于介质条件（如形状、强度、弹性模量等）、应力波波形和作用方向等因素的影响，固体介质中应力波诱致的破裂是极其复杂的。同时，岩石在冲击载荷作用下的破坏模式也比较复杂，主要有压剪破坏、拉应力破坏、张应变破坏及卸载破坏。但是，上述 4 种破坏很难单独出现，往往都是以两种或两种以上的形式同时出现。实际中，岩石存在大量节理、裂隙、孔洞、裂纹等缺陷，而这些岩石缺陷对应力波的破岩作用产生极大的影响。应力波作用于含原生裂纹类的岩石时，会使原生裂纹扩展、贯通，形成裂纹分布带；应力波与岩石中的缺陷相遇，会产生波的反射及折射，在裂纹尖端还会出现衍射；应力波在裂纹处会引起应力场变化，尤其在裂纹尖端出现应力场骤增，岩石破裂是局部应力集中所致[10]。

实践证明，应力波导致岩石破裂的过程，是一个相当复杂的动力学过程。冲击载荷作用在岩石上，使周围岩石被极度压碎，形成粉碎区，此时主要表现为强冲击波的超高压对岩石施加冲击压缩破坏效应。粉碎区范围很小，却消耗了冲击波的大部分能量，使冲击波衰减成压应力波。压应力波继续在岩石中沿径向传播，对孔壁的径向方向产生压应力并使其产生压缩变形，而对切向方向产生拉应力并使其产生拉伸变形。由于岩石的抗拉强度远低于其的抗压强度，受拉破坏所形成的裂隙区远大于受压破坏所形成的压坏区。

参考文献

[1] 戴俊. 岩石动力学特性与爆破理论[M]. 北京: 冶金工业出版社, 2013

[2] 吴斌. 结构中的应力波[M]. 北京: 科学出版社, 2001

[3] 李夕兵, 古德生. 岩石冲击动力学[M]. 长沙: 中南工业大学出版社, 1994

[4] 李刚, 陈正汉, 谢云, 等. 高应变率条件下三峡工程花岗岩动力特性的试验研究[J]. 岩土力学, 2007, 28(9): 1833-1840

[5] Lindholm U S, Yeakley L M, Nagy A. The dynamic strength and fracture properties of dreser basalt[J]. International Journal of Rock Mechanics and Mining Science and Geomechanics Abstracts, 1974, 11(5): 181-191

[6] Olsson W A. The compressive strength of tuff as a function of strain rate from 10^{-6} to 10^{3} /sec[J]. International Journal of Rock Mechanics and Mining Sciences and Geomechanical Abstracts, 1991, 28(1): 115-118

[7] 李夕兵, 陈寿如, 古德生. 岩石在不同加载波形下的动载强度[J]. 中南矿冶学院学报, 1994, 25(3): 301-303

[8] Sang H C, Ogata Y, Katsuhiko K. Strain-rate dependency of the dynamic tensile strength of rock[J]. International Journal of Rock Mechanics and Mining Sciences, 2003, 40(5): 763-777

[9] 宋守志. 固体介质中的应力波[M]. 北京: 煤炭工业出版社, 1989

[10] 郭伟国, 李玉龙, 索涛. 应力波基础简明教程[M]. 西安: 西北工业大学出版社, 2007

[11] 朱万成, 唐春安, 左宇军. 深部岩体动态损伤与破裂过程[M]. 北京: 科学出版社, 2014

第3章 静动载荷作用下岩石的本构模型

岩石的动态本构模型是分析岩体结构对动载荷作用响应的基本参数[1-6]；岩土类材料的变形不仅与所受的应力状态有关，而且与加载速率有关[7-12]。

根据分类分析，以往考虑应变速率效应的本构方程的研究大致可以分为四大类：①经验和半经验方法[13,14]；②机械模型方法[15,16]；③损伤模型方法[6,17,18]；④组合模型方法[7,12,19-21]。现采用机械模型和损伤模型相结合的组合模型方法，初步探讨中等应变速率时受静载荷作用的岩石在动载荷作用下的岩石变形规律。文献[7]与文献[12]采用机械模型和损伤模型相结合的组合模型方法研究了岩石的动态本构方程，其中文献[12]在阐述国内外研究现状的基础上，结合对花岗岩和大理岩实测冲击破坏本构曲线的分析，建立了一个简明的岩石冲击破坏时效损伤模型。利用该模型计算得到的本构曲线与试验数据具有较好的一致性，但是该模型不能反映岩石的初始受力状态的变化。本章将在时效损伤模型的基础上，对受静载荷作用的岩石在动载荷作用下的本构模型进行探讨[22-24]。

3.1 静动载荷作用下岩石的本构模型理论

3.1.1 基本假设

作如下假设：

(1)在中等应变速率下，忽略惯性效应对岩石本构关系的影响[25]。

(2)岩石单元同时具有统计损伤特性和黏性液体的特性，因而可以把岩石单元看成损伤体 D_a 和黏缸 η_b 的组合体[12]，将损伤体 D_{a1} 与黏缸 η_b 并联，再与损伤体 D_{a2} 串联，如图3.1所示。

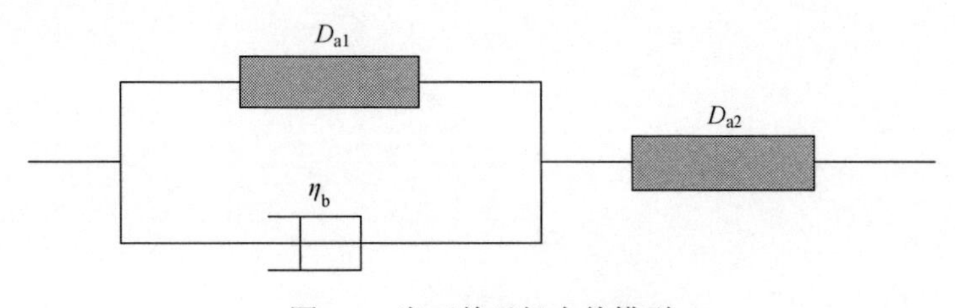

图3.1 岩石单元组合体模型

(3)损伤体 D_a 具有各向同性损伤特性，在损伤之前是线弹性的，平均弹性模量为 E，强度服从参数为(m, α)的概率分布。损伤参数 D 按照岩石的受力状态可表示为以下两种形式。
一维加载时[7,26]，

$$D=1-\left[\left(\frac{\varepsilon_{\mathrm{a}}}{\alpha}\right)^{m}+1\right]\exp\left[-\left(\frac{\varepsilon_{\mathrm{a}}}{\alpha}\right)^{m}\right]\quad \varepsilon_{\mathrm{a}}\geqslant 0 \tag{3.1}$$

式中，m 为均质度系数；ε_{a} 为应变量；α 为应变量平均值。
二维和三维加载时[12,27]，

$$D=1-\exp\left[-\left(\frac{\varepsilon_{\mathrm{a}}}{\alpha}\right)^{m}\right]\quad \varepsilon_{\mathrm{a}}\geqslant 0 \tag{3.2}$$

本构关系 σ - ε 可表示为

$$\sigma_{\mathrm{a}}=E\varepsilon_{\mathrm{a}}(1-D)\qquad \varepsilon_{\mathrm{a}}\geqslant 0 \tag{3.3}$$

式中，σ_{a} 为损伤体 D_{a} 的应力；ε_{a} 为损伤体 D_{a} 的应变。

(4) 黏缸没有损伤特性，遵循的本构关系为[12,15,16]

$$\sigma_{\mathrm{b}}=\eta_{\mathrm{b}}\frac{\mathrm{d}\varepsilon_{\mathrm{b}}}{\mathrm{d}t} \tag{3.4}$$

式中，σ_{b} 为黏缸 η_{b} 的应力；ε_{b} 为黏缸 η_{b} 的应变。

(5) 单元体在损伤之前是黏弹性体。

(6) 为了数学分析方便，假设单元体在损伤之前的应力 σ 和应变 ε 关系符合线性微分方程，此时近似认为应变叠加原理有效[15,16]。

(7) 为了简单起见，静动载荷作用损伤岩体对本构关系的影响可由黏弹性体本构关系根据应变等效原理[28]得到。

3.1.2　一维静动载荷作用下岩石的本构模型理论

组合体中损伤体和黏缸的应力及应变满足如下关系：

$$\begin{aligned}&\sigma=\sigma_{\mathrm{a1}}+\sigma_{\mathrm{b}}=\sigma_{\mathrm{a2}}\\&\varepsilon=\varepsilon_1+\varepsilon_2\\&\varepsilon_1=\varepsilon_2\end{aligned} \tag{3.5}$$

将损伤体和黏缸的本构关系代入式(3.5)，可以得到组合体的本构关系为

$$\eta\bar{\sigma}+\left[E_1(1-D)+E_2(1-D)\right]\sigma=E_2(1-D)\left[\eta\bar{\varepsilon}+E_1(1-D)\varepsilon\right] \tag{3.6}$$

从式(3.6)可以看出，组合体的损伤本构关系可由黏弹性本构关系用有效弹性模量 $E(1-D)$ 代换损伤体在损伤之前的平均弹性模量 E 得到。

为了对式(3.6)进行求解，先不考虑其损伤特性。由式(3.6)得到组合体的黏弹性本构方程为

$$\eta\bar{\sigma}+(E_1+E_2)\sigma=E_2(\eta\bar{\varepsilon}+E_1\varepsilon) \tag{3.7}$$

假设动载荷作用开始时刻 t=0，由于岩石受静载荷作用，其受力状态为非零，即 t=0 时，$\varepsilon(0)=\varepsilon_0$，$\sigma(0)=S$。考虑该初始条件，由拉普拉斯变换可解得

$$\sigma(t+t_0)=E_2\varepsilon(t+t_0)-\frac{{E_2}^2}{\eta}\int_0^t\varepsilon(\tau+t_0)\mathrm{e}^{-\frac{E_1+E_2}{\eta}(t+t_0-\tau)}\mathrm{d}\tau \tag{3.8}$$

式中，t_0 为岩石受力状态为零的时刻，也是静载荷作用开始加载的时刻，此时 $\sigma(t_0^-)=0,\ \varepsilon(t_0^-)=0$（$t_0^-$ 表示从小于 t_0 值的方向趋近 t_0 的时刻）。

当 $\varepsilon(t+t_0)=\varepsilon_0+\varepsilon_{\mathrm{rd}}(t)=\varepsilon_0+ct$ 时（c 为恒应变速率，为常数），由式(3.8)可得

$$\sigma(t+t_0)=(\varepsilon_0+ct)E_2\left(1-\frac{E_2}{E_1+E_2}\mathrm{e}^{-\frac{E_1+E_2}{\eta}t_0}\right)+\frac{{E_2}^2}{E_1+E_2}\left(\varepsilon_0-\frac{\eta c}{E_1+E_2}\right)\mathrm{e}^{-\frac{E_1+E_2}{\eta}(t+t_0)}+\frac{{E_2}^2\eta c}{(E_1+E_2)^2}\mathrm{e}^{-\frac{E_1+E_2}{\eta}t_0} \tag{3.9}$$

$$\sigma(t+t_0)=\left[\varepsilon_0+\varepsilon_{\mathrm{rd}}(t)\right]E_2\left(1-\frac{E_2}{E_1+E_2}\mathrm{e}^{-\frac{E_1+E_2}{\eta}t_0}\right)+\frac{{E_2}^2}{E_1+E_2}\left(\varepsilon_0-\frac{\eta c}{E_1+E_2}\right)\mathrm{e}^{-\frac{E_1+E_2}{\eta}\left[\frac{\varepsilon_{\mathrm{rd}}(t)}{c}+t_0\right]}+\frac{{E_2}^2\eta c}{(E_1+E_2)^2}\mathrm{e}^{-\frac{E_1+E_2}{\eta}t_0} \tag{3.10}$$

将式(3.10)中的 E_1 和 E_2 分别用 $E_1[1-D(t+t_0)]$ 和 $E_2[1-D(t+t_0)]$ 代替，根据式(3.1)，$D(t+t_0)$ 为

$$D(t+t_0)=D=1-\left[\left(\frac{\varepsilon_0+\varepsilon_{\mathrm{rd}}(t)}{\alpha}\right)^m+1\right]\exp\left[-\left(\frac{\varepsilon_0+\varepsilon_{\mathrm{rd}}(t)}{\alpha}\right)^m\right] \tag{3.11}$$

从而可得到各向同性损伤组合体在静动载荷作用下的一维本构方程：

$$\sigma(t+t_0)=(1-D)\left[\varepsilon_0+\varepsilon_{\mathrm{rd}}(t)\right]E_2\left(1-\frac{E_2}{E_1+E_2}\mathrm{e}^{-\frac{(1-D)(E_1+E_2)}{\eta}t_0}\right)$$
$$+(1-D)\frac{{E_2}^2}{E_1+E_2}\left(\varepsilon_0-\frac{\eta c}{(1-D)(E_1+E_2)}\right)\mathrm{e}^{-\frac{(1-D)(E_1+E_2)}{\eta}\left[\frac{\varepsilon_{\mathrm{rd}}(t)}{c}+t_0\right]} \tag{3.12}$$
$$+\frac{{E_2}^2\eta c}{(E_1+E_2)^2}\mathrm{e}^{-\frac{(1-D)(E_1+E_2)}{\eta}t_0}$$

以上各式中，根据试验数据分析与理论本构模型试算发现，E_1 的值与岩石的静载荷弹性模量相近，可用静载弹性模量 E_{q} 代替；E_2 的值与岩石在不同应变速率时的静动载荷作用对应的应力-应变曲线的线弹性模量 E_{qd} 相近，可用 E_{qd} 代替；m 为概率分布中分布曲线的形状系数，也称为均质度系数，一般为 4～6；ε_1、ε_2 分别为横向和纵向应变；$\bar{\sigma}$ 为平均应力；$\bar{\varepsilon}$ 为平均应变；τ 为切应力；α 为应变量平均值；η 为黏性系数，其变化范围一般为 0～1000GPa·s，并且，在该范围内取任意值，一般都不影响应力-应变曲线；t_0 一般为静载荷初始加载时刻的实测值，主要与静载荷大小有关；$\varepsilon_{\mathrm{rd}}(t)$ 为静动载荷作用时产生的应变，即 $\varepsilon_{\mathrm{cou}}$；当 $t\neq 0$ 时，$\sigma(t+t_0)$ 为静动载荷作用应力，即 σ_{cou}；ε_0 为假想静动载荷作用应力值 S 产生的初始应变，如果 $\sigma(t+t_0)=\sigma_0+\sigma_{\mathrm{rd}}(t)$，由初始条件从式(3.9)或式(3.10)可得到：

$$\sigma(0)=\sigma_0=S=\varepsilon_0E_2 \tag{3.13}$$

$$\varepsilon_0=S/E_{\mathrm{qd}} \tag{3.14}$$

式中，S 为假想静动载荷作用应力值，其大小为岩石所受静载荷应力值；E_{qd} 为静动载荷作用对应的应力-应变曲线的线弹性模量。

用假想静动载荷作用应力值 S 产生的初始应变代替真实初始应变有两个目的：①使应力-应变曲线的起始点与假想静动载荷作用应力值 S 重合；②从计算上减少弹性应变值对损伤值的影响。这样做可使拟合的应力-应变曲线与试验曲线更接近。

总之，对上述模型的本构关系进行数值计算需要确定 5 个参数：E_1、E_2、m、α、η，这 5 个参数的确定往往需要分析实测的数据，并且不可避免地需要一定的试算。应变 $\varepsilon_{\mathrm{rd}}(t)$、恒应变速率 c 和初始加载时刻 t_0 应当用实测数据。

当 $\varepsilon_0=0$，$t_0=0$ 时，式(3.12)可表示单轴动载荷作用时的本构关系，此时，

$$\sigma(t)=(1-D)\frac{E_1E_2\varepsilon_{\mathrm{rd}}(t)}{E_1+E_2}+\frac{E_2^2\eta c}{\left(E_1+E_2\right)^2}\left\{1-\exp\left[-(1-D)\frac{\varepsilon_{\mathrm{rd}}(t)}{c}\frac{(E_1+E_2)}{\eta}\right]\right\} \tag{3.15}$$

3.1.3 三维静动载荷作用下岩石的本构模型理论

1. 单元体损伤前的本构关系

根据 3.1.1 节中的假设(5)，由模型单元体构成的三维岩体，在损伤之前其应力-应变关系可写为[16,29]

$$S_{ij}=2Ge_{ij} \tag{3.16}$$

$$\sigma_{\mathrm{qm}}=3K\varepsilon_{\mathrm{m}} \tag{3.17}$$

式中，S_{ij} 为应力偏张量，与应力张量 σ_{ij} 和应力球张量 σ_{qm} 的关系为

$$\sigma_{ij}=S_{ij}+\delta_{ij}\sigma_{\mathrm{qm}} \tag{3.18}$$

应变偏量 e_{ij} 与应变张量 ε_{ij} 和应变球张量 ε_{m} 的关系为

$$\varepsilon_{ij}=e_{ij}+\delta_{ij}\varepsilon_{\mathrm{m}} \tag{3.19}$$

式中，δ_{ij} 为 Dirac 符号；G 为剪切模量；K 为体积模量。

根据 3.1.1 节中的假设(6)，可将黏弹性体本构关系写为如下形式[17]

$$f(d)\sigma=g(d)\varepsilon \tag{3.20}$$

式中，$f(d)$和 $g(d)$ 为 d 的多项式；d 为相对于时间的微分。

式(3.20)向三维的推广是将式(3.16)和式(3.17)代换为[16]

$$f(d)\delta_{ij}=2g(d)e_{ij} \tag{3.21}$$

$$f_1(d)\sigma_{\mathrm{qm}}=3g_1(d)\varepsilon_{\mathrm{m}} \tag{3.22}$$

式中，$f(d)$、$g(d)$ 与畸变有关；$f_1(d)$、$g_1(d)$ 与静水压缩有关。

式(3.21)和式(3.22)为线性常微分方程系，必须与应力平衡方程和边界条件联合求解。

一受力状态为 0 的黏弹性单元体于 t_0 时刻在 x、y、z 方向分别有一常静应力 S_{x0}、S_{y0}、S_{z0} 开始加载，此时 $\sigma_x\left(t_0^-\right)=\sigma_y\left(t_0^-\right)=\sigma_z\left(t_0^-\right)=0$，$\varepsilon_x\left(t_0^-\right)=\varepsilon_y\left(t_0^-\right)=$

$\varepsilon_z\left(t_0^-\right)=0$。$t=0$ 时，有一扰动 $\sigma_{\mathrm{r}}(t)$ 作用于 z 轴方向，有 $\sigma_z=S_{z0}+\sigma_{\mathrm{r}}(t)$， $\varepsilon_z=\varepsilon_{z0}+\varepsilon_{\mathrm{r}}(t)$，其中，

$$\varepsilon_{z0}=\frac{1}{E_1}\left[S_{z0}-\mu\left(S_{x0}+S_{y0}\right)\right] \tag{3.23}$$

式中，ε_{z0} 为静应力 S_{x0}、S_{y0}、S_{z0} 产生的初始应变；μ 为泊松比。岩体性质符合式(3.8)。在此，x、y、z 方向与主应力方向重合。现求 z 轴方向的应力-应变关系。

在中等应变速率下，对于忽略惯性效应的三维问题，在初始应力状态为非零时的本构关系式(3.21)、式(3.22)的拉普拉斯变换根据式(3.24)中的定义和定理[30]：

$$\begin{aligned}&L\left[h\left(t+t_0\right)\right]=\bar{h}=\int_0^{\infty}\mathrm{e}^{-pt}h\left(t+t_0\right)\mathrm{d}t\\&L\left[\mathrm{d}h\left(t+t_0\right)\right]=pL\left[h\left(t+t_0\right)\right]-h\left(t_0\right)=p\bar{h}\end{aligned} \tag{3.24}$$

式中，L、p、h、$\bar{h}$ 均为拉普拉斯变换过程中的参数。

式(3.21)与式(3.22)可化简为

$$f(p)\bar{S}_{ij}=2g(p)\bar{e}_{ij} \tag{3.25}$$

$$f_1(p)\bar{\sigma}_{\mathrm{m}}=3g_1(p)\bar{\varepsilon}_{\mathrm{m}} \tag{3.26}$$

这与 G 以 $g(p)/f(p)$ 代替和 K 以 $g_1(p)/f_1(p)$ 代替的式(3.16)和式(3.17)相同。同理，对式(3.7)进行拉普拉斯变换得

$$\left(np+E_1+E_2\right)\bar{\sigma}_i=E_2\left(np+E_1\right)\bar{\varepsilon}_i \tag{3.27}$$

式中，n 为与材料性质和形状相关的韦伯分布参数；$\bar{\sigma}_i$ 为经过拉普拉斯变换后的应力；$\bar{\varepsilon}_i$ 为经过拉普拉斯变换后的应变。

则对应式(3.25)有

$$f(p)=np+E_1+E_2 \tag{3.28}$$

$$g(p)=E_2\left(np+E_1\right) \tag{3.29}$$

于是，式(3.25)和式(3.26)变为

$$\bar{S}_{ij}=\frac{2E_2\left(np+E_1\right)}{np+E_1+E_2}\bar{e}_{ij}\qquad \bar{S}=3K\bar{e} \tag{3.30}$$

式中，$\overline{S}_{ij}$、$\overline{e}_{ij}$、$\overline{S}$、$\overline{e}$ 均为拉普拉斯变换过程中的表达式及参数。

对于该模型的具体问题，$\sigma_x = S_{x0}$，$\sigma_y = S_{y0}$，$\sigma_z = S_{z0} + \sigma_{\mathrm{r}}$，则有

$$\overline{S} = \frac{S_{x0}+S_{y0}}{3p} + \frac{\overline{\sigma}_z}{3} \qquad \overline{S}_{zz} = \frac{2\overline{\sigma}_z}{3} - \frac{S_{x0}+S_{y0}}{3p} \tag{3.31}$$

由式(3.30)得

$$\overline{e} = \frac{S_{x0}+S_{y0}}{9Kp} + \frac{\overline{\sigma}_z}{9K} \tag{3.32}$$

$$\begin{aligned} \overline{S}_{zz} &= \frac{2\overline{\sigma}_z}{3} - \frac{S_{x0}+S_{y0}}{3p} = \frac{2E_2\left(np+E_1\right)}{np+E_1+E_2}\left(\overline{\varepsilon}_z - \overline{e}\right) \\ &= \frac{2E_2\left(np+E_1\right)}{np+E_1+E_2}\left(\overline{\varepsilon}_z - \frac{S_{x0}+S_{y0}}{9Kp} - \frac{\overline{\sigma}_z}{9K}\right) \end{aligned} \tag{3.33}$$

由式(3.33)得

$$\begin{aligned} \left[6\left(np+E_1+E_2\right)+\frac{2E_2}{K}\left(np+E_1\right)\right]\overline{\sigma}_z &= 18E_2\left(np+E_1\right)\overline{\varepsilon}_z + 3\left(S_{x0}+S_{y0}\right)\left(\eta+\frac{E_1+E_2}{p}\right) \\ &\quad - \frac{2E_2}{K}\left(S_{x0}+S_{y0}\right)\left(\eta+\frac{E_1}{p}\right) \end{aligned} \tag{3.34}$$

为了方便，把式(3.34)化简为

$$\overline{\sigma}_z = \frac{9KE_2}{\left(3K+E_2\right)\eta}\left(\eta+\frac{E_1-\beta\eta}{p+\beta}\right)\overline{\varepsilon}_z + \frac{S_{x0}+S_{y0}}{2\left(3K+E_2\right)\eta}\left(\frac{\gamma}{p}+\frac{\delta}{p+\beta}\right) \tag{3.35}$$

式中，

$$\beta = \frac{3K\left(E_1+E_2\right)+E_1E_2}{\left(3K+E_2\right)\eta} \tag{3.36}$$

$$\gamma = \frac{3K\left(E_1+E_2\right)-2E_1E_2}{\beta} \tag{3.37}$$

$$\delta = \left(3K-2E_2\right)\eta - \gamma \tag{3.38}$$

式中，γ、β、δ 均为拉普拉斯变换过程中的参数。

根据拉普拉斯逆变换可得到黏弹性材料在静动载荷作用下的三维本构方程为

$$\begin{aligned}\sigma_z(t+t_0)=&\frac{9KE_2}{(3K+E_2)\eta}[\eta\varepsilon_z(t+t_0)+(E_1-\beta\eta)\int_0^t\varepsilon_z(\tau+t_0)\mathrm{e}^{-\beta(t+t_0-\tau)}\mathrm{d}\tau]\\&+\frac{S_{x0}+S_{y0}}{2(3K+E_2)\eta}\left[\gamma+\delta\mathrm{e}^{-\beta(t+t_0)}\right]\end{aligned}\tag{3.39}$$

同理，当 $\varepsilon_z(t+t_0)=\varepsilon_{z0}+\varepsilon_{\mathrm{r}}(t)=\varepsilon_{z0}+ct$ 时，由式(3.39)可得

$$\begin{aligned}\sigma_z(t+t_0)=&\frac{9KE_2}{(3K+E_2)\eta}\left\{\eta\left[\varepsilon_{z0}+\varepsilon_{\mathrm{r}}(t)\right]+\frac{E_1-\beta\eta}{\beta}\left[\varepsilon_{z0}+\varepsilon_{\mathrm{r}}(t)-c\right]\mathrm{e}^{-\beta t_0}\right.\\&\left.-\frac{E_1-\beta\eta}{\beta}(\varepsilon_{z0}-c)\mathrm{e}^{-\beta\left[\frac{\varepsilon_{\mathrm{r}}(t)}{c}+t_0\right]}\right\}+\frac{S_{x0}+S_{y0}}{2(3K+E_2)\eta}\left\{\gamma+\delta\mathrm{e}^{-\beta\left[\frac{\varepsilon_{\mathrm{r}}(t)}{c}+t_0\right]}\right\}\end{aligned}\tag{3.40}$$

考虑初始条件，当 $t=0$ 时，$\sigma_z(t+t_0)=S_{z0}$，$\varepsilon_z(t+t_0)=\varepsilon_{z0}$，$\varepsilon_{\mathrm{r}}(t)=0$，由式(3.40)可得

$$\sigma_z(t_0)=S_{z0}=\frac{9KE_2\varepsilon_{z0}}{(3K+E_2)}+\frac{S_{x0}+S_{y0}}{2(3K+E_2)\eta}\left(\gamma+\delta\mathrm{e}^{-\beta t_0}\right)\tag{3.41}$$

$$\varepsilon_{z0}=\left[S_{z0}-\frac{S_{x0}+S_{y0}}{2(3K+E_2)\eta}\left(\gamma+\delta\mathrm{e}^{-\beta t_0}\right)\right]\frac{3K+E_2}{9KE_2}\tag{3.42}$$

所以，用式(3.42)表示的假想静动载荷作用产生的初始应变 ε_{z0} 代替式(3.23)表示的真实初始应变 ε_{z0}，以满足初始条件。

当 $S_{x0}=0$ 或 $S_{y0}=0$ 时，上述三维本构方程可表示二维受静载荷作用的岩石在动载荷作用下的本构关系。

当 $S_{x0}=S_{y0}=S_{z0}$ 时，上述三维本构方程可表示动力三轴试验机进行加围压时对应的三轴动载荷作用的岩石本构关系。

2. 单元体损伤后的本构关系

岩石在三轴应力作用下，其破坏形式通常表现为剪切屈服破坏。根据文献[31]，在动载荷作用下，可假定单元体破坏符合库仑准则，以此为基础，三维静动载荷作用时的损伤变量可根据式(3.2)并且参照文献[29]确定的损伤变量经变

换后表示为

$$D=1-\exp\left\{-\left[\frac{\varepsilon_z E_2-\left(\frac{1+\sin\varphi}{1-\sin\varphi}-2\mu\right)\left(\frac{\sigma_{x0}+\sigma_{y0}}{2}\right)}{E_2\alpha}\right]^m\right\} \tag{3.43}$$

式中，φ、μ 分别为岩石的内摩擦角和泊松比，假设其在损伤演化过程中均为常数；其他符号意义同前。

在岩石应力-应变曲线的起始阶段，通常认为有一弹性区域，在该区域加载和卸载，岩石不发生损伤[16,24]。只有达到一定的应力状态后，损伤才开始发生。因此，三维受静载荷作用的岩石的损伤演化规律及起始准则为

$$\begin{cases} D=1-\exp\left\{-\left[\dfrac{\varepsilon_z E_2-\left(\dfrac{1+\sin\varphi}{1-\sin\varphi}-2\mu\right)\left(\dfrac{\sigma_{x0}+\sigma_{y0}}{2}\right)}{E_2\alpha}\right]^m\right\} & \varepsilon_z>\left(\dfrac{1+\sin\varphi}{1-\sin\varphi}-2\mu\right)\dfrac{\left(\sigma_{x0}+\sigma_{y0}\right)}{2E_2} \\ D=0 & \varepsilon_z\leqslant\left(\dfrac{1+\sin\varphi}{1-\sin\varphi}-2\mu\right)\dfrac{\left(\sigma_{x0}+\sigma_{y0}\right)}{2E_2} \end{cases} \tag{3.44}$$

根据 3.1.1 节中的假设(7)，可应用 Lemaitre 应变等效原理，应用式(3.44)，并将式(3.36)～式(3.40)中的E_1、E_2和K分别用$E_1\left[1-D\left(t+t_0\right)\right]$、$E_2\left[1-D\left(t+t_0\right)\right]$和$K\left[1-D\left(t+t_0\right)\right]$代替，便可得到黏弹性材料在静动载荷作用下各向同性损伤的三维本构方程。其中，$D(t+t_0)$为

$$D\left(t+t_0\right)=D=1-\exp\left\{-\left[\frac{\left(\varepsilon_{z0}+\varepsilon_{\mathrm{rd}}(t)\right)E_2-\left(\frac{1+\sin\varphi}{1-\sin\varphi}-2\mu\right)\left(\frac{\sigma_{x0}+\sigma_{y0}}{2}\right)}{E_2\alpha}\right]^m\right\} \tag{3.45}$$

假设所有静载荷都在弹性范围内，所以处理式(3.42)中假想静动载荷作用产生的初始应变ε_{z0}时不考虑损伤。

确定二维受静载荷作用的岩石在动载荷作用下的本构关系时，也可应用式(3.43)～式(3.45)。

以上各式中，E_1 为受静载荷作用的岩石的静弹性模量；E_2 为受静载荷作用的岩石在恒应变速率 c 下的静动载荷作用对应的应力-应变曲线的线弹性模量。通过文献[5]与文献[32]及试算发现：m 为概率分布中分布曲线的形状系数，也称为均质度系数，二维时一般为 5～20，三维时一般为 0.5～1；α 为应变量平均值；η 为黏性系数，二维时一般为 1000GPa·s 左右，三维时一般为 0～1000GPa·s，并随着恒应变速率 c 的增加有增大趋势；t_0 为静载荷初始加载时刻的实测值，主要与静载荷作用大小有关；$\varepsilon_{\text{rd}}(t)$ 为静动载荷作用时产生的应变，即 ε_{cou}；当 $t \neq 0$ 时，$\sigma_z(t+t_0)$ 为静动载荷作用应力，即 σ_{cou}；ε_{z0} 为假想静动载荷作用值 S_{x0}、S_{y0}、S_{z0} 产生的初始应变；内摩擦角 φ、泊松比 μ 由试验确定；体积模量 K 根据公式 $K=\dfrac{E_2}{3(1-2\mu)}$ 计算得到。

总之，上述二维和三维本构方程与一维本构方程相比，除了要求确定 E_1、E_2、m、α、η　5 个参数外，还要求确定 φ、μ 和 K 3 个参数，其他参数的确定方法与一维本构方程相同。

3.2　试 验 验 证

3.2.1　一维静动载荷作用下岩石的理论与试验本构关系比较

采用文献[33]的试验结果对理论模型进行验证。

根据一维受静载荷作用的岩石在动载荷作用下的试验结果[33]和试算分析可获得表 3.1 中的参数，然后根据这些参数可拟合出如图 3.2 所示的各种条件下的理论应力-应变曲线。一维不同静应力 S 作用下红砂岩的理论与试验应力-应变曲线比较如图 3.2 所示。从表 3.1 可以看到，均质度系数 m 在未受静应力 S 作用时较大，随静应力 S 的变化不明显，一般为 5 左右。当静应力 $S=0$～6MPa 时，黏性系数 η 在 0～1000GPa·s 取值，一般都不影响理论本构关系，说明在该范围内岩石的黏性可忽略不计；当静应力较大时，黏性系数 η 一般为 1000GPa·s 左右。从图 3.2 可见，除静应力 $S=0$ 以外，其他理论曲线与试验曲线在应力峰值前基本能相互拟合；在应力峰值后，应力-应变曲线随静应力的增大，拟合相对较差；应力峰值在低静应力 S 作用时，理论值比试验值偏大；在较高静应力 S 作用时，理论值与试验值较接近。

表 3.1　红砂岩随静应力变化的一维理论本构曲线拟合参数

拟合参数	一维静应力 S /MPa			
	0	2	4	6
恒应变速率 $c/10^{-3}\ s^{-1}$	28.60	35	30.80	27.70
弹性模量 E_1/GPa	3.40	3.40	3.40	3.40
弹性模量 E_2/GPa	7.25	5.26	5.23	4.7
初始加载时刻 t_0/s	0	5	10	15
黏性系数 η /(GPa · s)	5～1000	0～1000	0～1000	0～1000
应变量平均值 α /10^{-3}	5	4.20	4	3.50
均质度系数 m	6	4.50	5	4.50

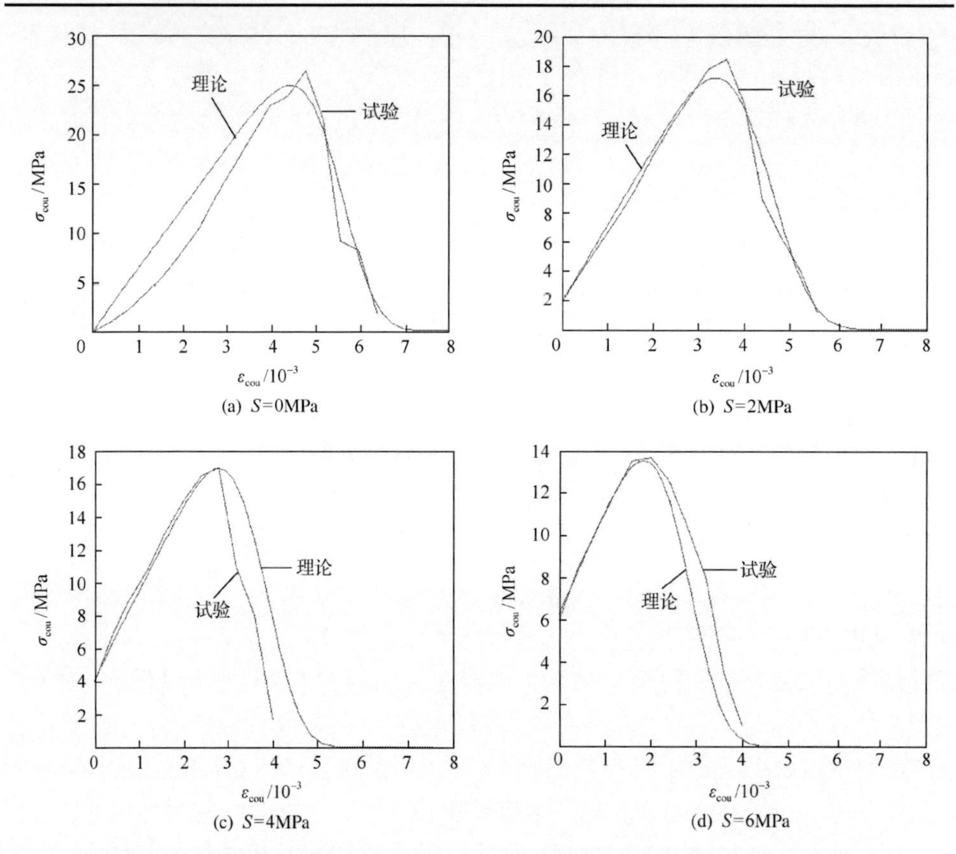

图 3.2　一维不同静应力 S 作用下红砂岩的理论与试验应力-应变曲线比较

3.2.2　二维静动载荷作用下岩石的理论与试验本构关系比较

1. 二维静动载荷作用下岩石的本构关系随水平静应力变化的比较

根据文献[22]可得到红砂岩在静动载荷作用下随水平静应力变化的二维理论

本构曲线拟合参数，见表 3.2。二维不同水平静应力 S_{x0} 作用下红砂岩的理论与试验应力-应变曲线比较如图 3.3 所示。从表 3.2 看，随着 x 坐标方向水平静应力 S_{x0} 的增加，黏性系数 η 均为 1000GPa·s，均质度系数 m 为 14～17。从图 3.3 看，试验应力-应变曲线在峰值附近存在扰动，即剪切滑移现象，这在理论应力-应变曲线上没法反映；理论应力-应变曲线的弹性模量普遍偏大(应力-应变曲线上斜率代表弹性模量的大小)；随着水平静应力 S_{x0} 的增大，在峰值应力后的理论曲线存在左移，这是由剪切滑移现象引起的；应力峰值后的曲线部分，试验应力–应变曲线变化较大，理论应力–应变曲线较规整光滑。

表 3.2　红砂岩随水平静应力变化的二维理论本构曲线拟合参数

拟合参数	x 坐标方向水平静应力 S_{x0}/MPa				
	0	2	4	6	8
y 坐标方向水平静应力 S_{y0} /MPa	0	0	0	0	0
z 坐标方向竖向静应力 S_{z0} /MPa	12	12	12	12	12
恒应变速率 $c/10^{-3}\ s^{-1}$	63.10	55.80	66.50	58.40	55.20
弹性模量 E_1/GPa	3.34	3.34	3.34	3.34	3.34
弹性模量 E_2/GPa	4.64	5.14	4.76	4.89	4.98
内摩擦角 φ / (°)	60	60	60	60	60
泊松比 μ	0.49	0.45	0.28	0.48	0.45
体积模量 K/GPa	77.33	17.13	3.61	40.75	16.6
初始加载时刻 t_0/s	10	10	10	10	10
黏性系数 η / (GPa·s)	1000	1000	1000	1000	1000
应变量平均值 α /10^{-3}	9	11	12.30	11	14
均质度系数 m	17	15	15	14	15

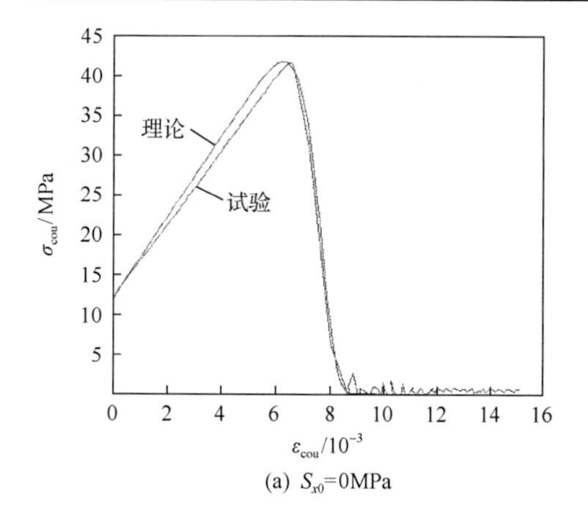

(a) S_{x0}=0MPa

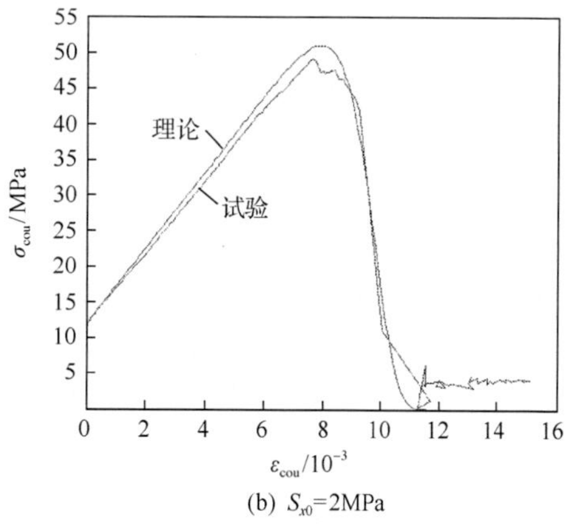

(b) S_{x0}=2MPa

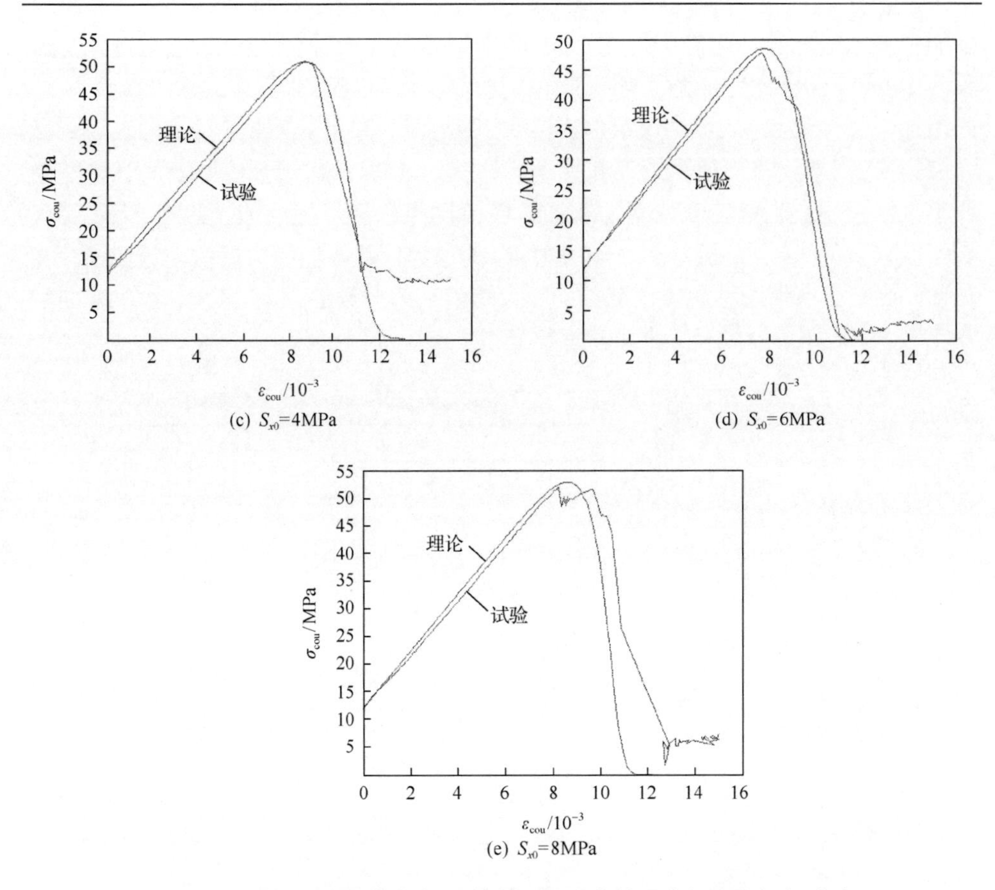

图 3.3　二维不同水平静应力 S_{x0} 作用下红砂岩的理论与试验应力-应变曲线比较(z 坐标方向竖向静应力 S_{z0}＝12MPa)

2. 二维静动载荷作用下岩石的本构关系随竖向静应力变化的比较

根据文献[22]得到红砂岩在静动载荷作用下随竖向静应力变化的理论本构曲线拟合参数，见表 3.3。不同竖向静应力 S_{z0} 作用下红砂岩的二维理论与试验应力-应变曲线如图 3.4 所示。从表 3.3 看，随着竖向静压力 S_{z0} 的增大，黏性系数 η 无变化，均为 1000GPa·s；均质度系数 m 有减小的趋势，大致趋势与一维静-动载荷作用试验结果相近，大小为 7～13，比一维静动载荷作用试验结果大。从图 3.4 看，试验应力-应变曲线在应力峰值附近存在较大剪切滑移现象，这在理论应力-应变曲线上没法反映；由于存在剪切滑移现象，理论应力-应变曲线普遍左移，为了减小误差，理论本构曲线应变量平均值 α 应选剪切滑移部分对应的全应变的均值，而不是应力峰值点对应的全应变；理论应力-应变曲线的弹性模量普遍偏大；理论应力-应变曲线与试验应力-应变曲线的应力峰值大小相近；应力峰值后的曲线部分，试验应力-应变曲线变化较大，理论应力-应变曲线较规整光滑。

表 3.3　红砂岩随竖向静应力变化的二维理论本构曲线拟合参数

拟合参数	z 坐标方向竖向静应力 S_{z0}/MPa			
	6	12	18	24
x 坐标方向水平静应力 S_{x0}/MPa	8	8	8	8
y 坐标方向水平静应力 S_{y0} /MPa	0	0	0	0
恒应变速率 c /10^{-3} s^{-1}	78.50	55.20	63.90	58.60
弹性模量 E_1/GPa	3.34	3.34	3.34	3.34
弹性模量 E_2 /GPa	3.47	4.98	3.13	3.17
内摩擦角 φ / (°)	60	60	60	60
泊松比 μ	0.37	0.40	0.41	0.42
体积模量 K/GPa	4.45	8.30	5.80	6.60
初始加载时刻 t_0/s	5	10	15	20
黏性系数 η / (GPa · s)	1000	1000	1000	1000
应变量平均值 α /10^{-3}	14.60	12.30	160	15.50
均质度系数 m	13	13	10	7

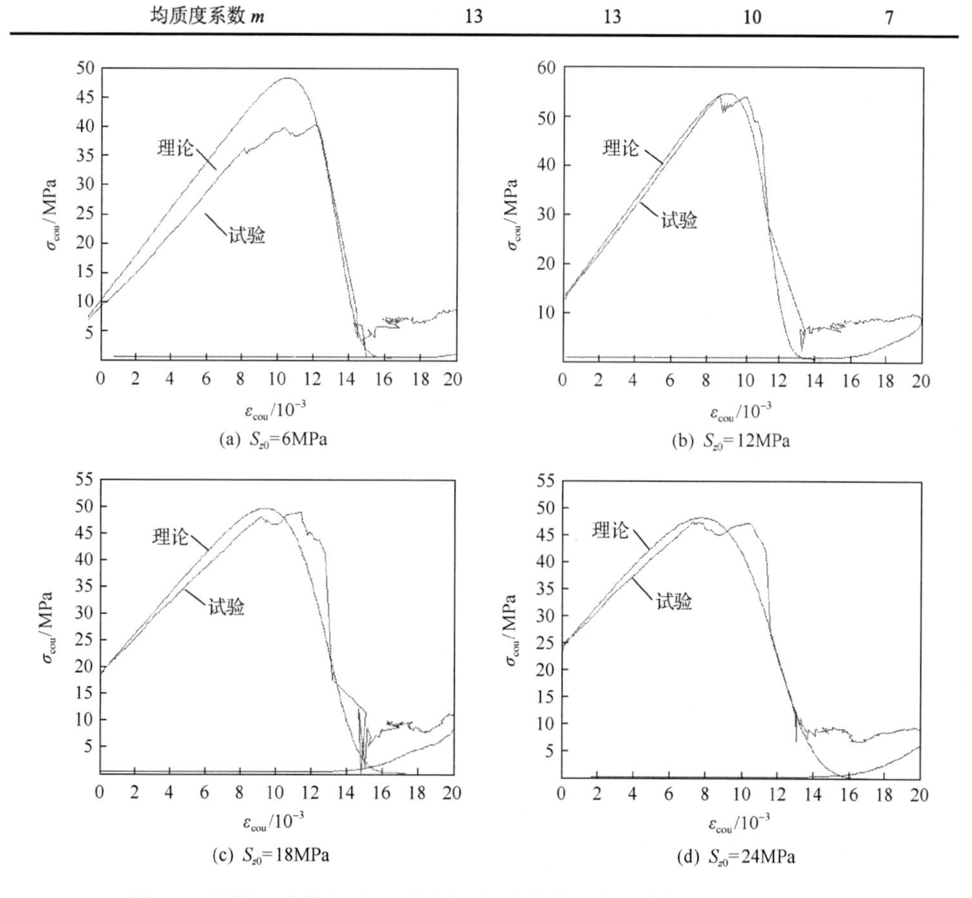

图 3.4　不同竖向静应力 S_{z0} 作用下红砂岩的二维理论与试验应力-应变曲线比较(x 坐标方向水平静应力 S_{x0}＝8MPa)

3. 二维静动载荷作用下岩石的本构关系随动载荷频率变化的比较

根据文献[22]得到红砂岩在静动载荷作用下随动载荷频率 f 变化的二维理论本构曲线拟合参数，见表 3.4。不同动载荷频率 f 作用下红砂岩的二维理论与试验应力-应变曲线如图 3.5 所示。从表 3.4 看，随着动载荷频率 f 的增加，黏性系数 η 无变化，均为 1000GPa·s；均质度系数 m 的变化趋势不明显，变化范围为 7.5～16。从图 3.5 看，实测的应力-应变曲线在应力峰值附近存在较大剪切滑移现象，这在理论应力-应变曲线上没法反映；由于存在剪切滑移现象，理论应力-应变曲线普遍左移，为了减小误差，理论本构曲线应变量平均值 α 应选剪切滑移部分对应的全应变的均值，而不是应力峰值点对应的全应变；同样，理论应力-应变曲线的弹性模量普遍偏大；理论应力–应变曲线与试验应力–应变曲线其应力峰值大小相近；应力峰值后的曲线部分，试验应力–应变曲线变化较大，理论应力–应变曲线较规整光滑。

表 3.4　红砂岩随动载荷频率 f 变化的二维理论本构曲线拟合参数

拟合参数	动载荷频率 f/Hz				
	0.1	0.5	1.0	1.5	2.0
x 坐标方向水平静应力 S_{x0}/MPa	8	8	8	8	8
y 坐标方向水平静应力 S_{y0}/MPa	0	0	0	0	0
z 坐标方向竖向静应力 S_{z0} /MPa	12	12	12	12	12
恒应变速率 $c/10^{-3}s^{-1}$	10.70	47.70	60.20	62.80	55.20
弹性模量 E_1/GPa	3.34	3.34	3.34	3.34	3.34
弹性模量 E_2/GPa	4.55	3.99	4.08	3.77	4.98
内摩擦角 φ / (°)	60	60	60	60	60
泊松比 μ	0.4	0.45	0.49	0.37	0.45
体积模量 K/GPa	7.58	13.30	68.00	4.83	16.60
初始加载时刻 t_0/s	10	10	10	10	10
黏性系数 η / (GPa · s)	1000	1000	1000	1000	1000
应变量平均值 α /10^{-3}	11.6	13.5	12.5	13.5	12.5
均质度系数 m	16	8	13	7.5	12

总之，二维受静载荷作用的岩石在动载荷作用下的理论本构曲线的拟合参数黏性系数 η 在本试验条件下无变化，均为 1000GPa·s。均质度系数 m 变化相对较大，为 7.5～16，随着水平静应力的增大，变化趋势不明显；随着竖向静应力的增大，有减小的趋势；随着动载荷频率的增大，变化趋势不明显。试验应力-应变曲线在应力峰值附近存在剪切滑移现象，这在理论应力-应变曲线上没法反映；由于存在剪切滑移现象，理论应力-应变曲线普遍左移，为了减小误差，理论本构曲线应变量平均值 α 应选剪切滑移部分对应的全应变的均值，而不是峰值应力点对应

的全应变。从整体来看，理论应力-应变曲线的弹性模量普遍偏大；理论应力-应变曲线与试验应力-应变曲线的应力峰值大小相近；应力峰值后的曲线部分，试验应力-应变曲线变化较大，理论应力-应变曲线较规整光滑。

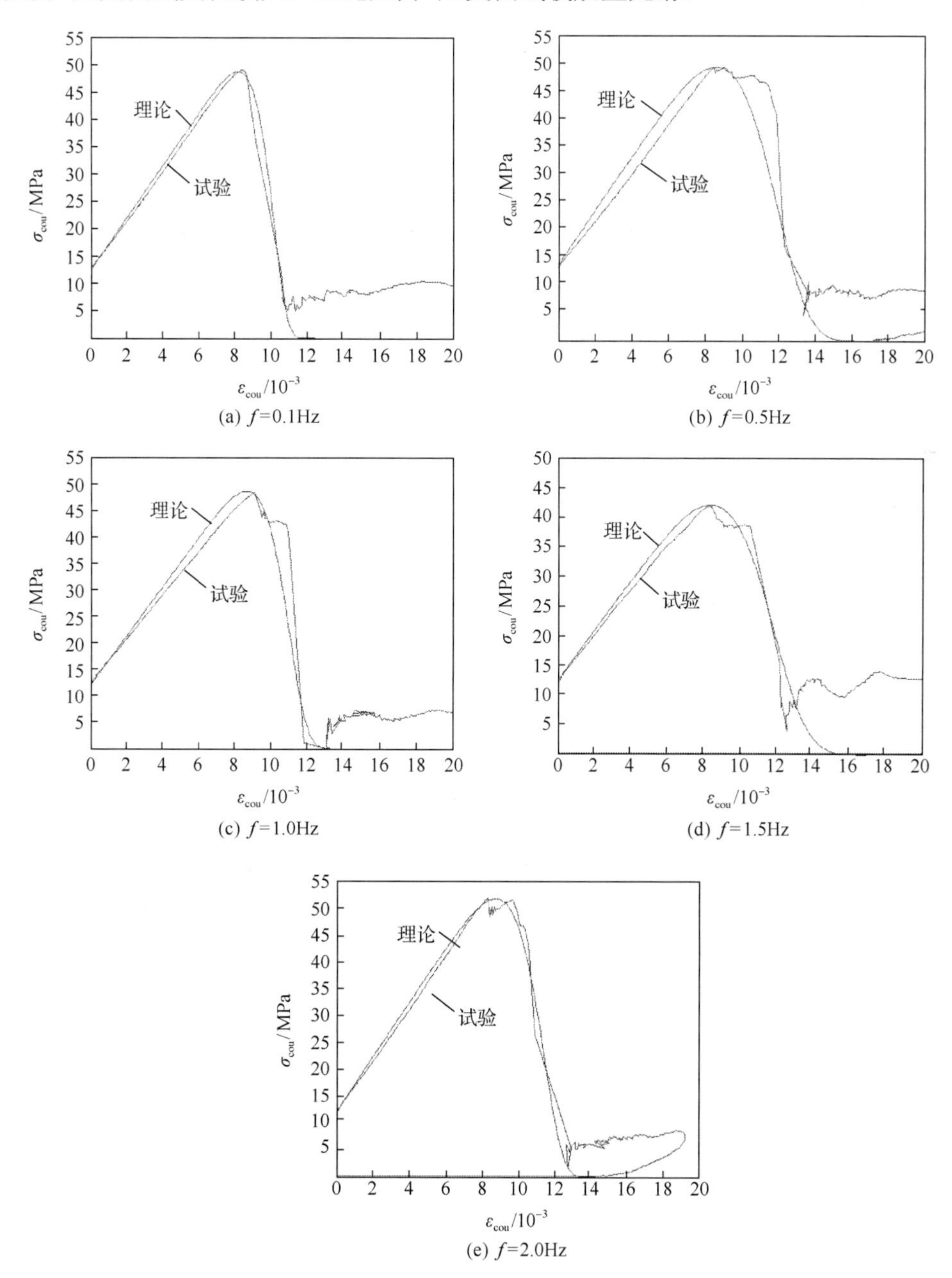

图 3.5　不同动载荷频率f作用下红砂岩的二维理论与试验应力-应变曲线比较(x 坐标方向水平静应力 S_{x0} = 8MPa，z 坐标方向竖向静应力 S_{z0} = 12MPa)

3.2.3 三维静动载荷作用下岩石的理论与试验本构关系比较

受目前试验技术所限，本书只对动力三轴试验机加围压时对应的混凝土动态本构关系进行验证，此时，$S_{x0}=S_{y0}=S_{z0}$。试验数据取自文献[34]。理论本构曲线拟合参数见表 3.5。理论与试验应力–应变曲线如图 3.6 所示。从表 3.5 看，随着恒应变速率 c 的增加，黏性系数η有增大趋势，但在恒应变速率 $c\leqslant 1.2\times10^{-3}\text{s}^{-1}$ 时，黏性系数η在 0～500GPa·s 取值，一般都不影响理论本构关系，说明在该范围内岩石的黏性可忽略不计；均质度系数 m 为 0.5～0.8。从图 3.6 看，除在高恒应变速率时应力峰值后的曲线部分拟合相对较差外，其余部分拟合均较好。

表 3.5　围压 $S_{x0}=S_{y0}=S_{z0}=20$MPa 时混凝土的理论本构曲线拟合参数

拟合参数	恒应变速率 $c/10^{-6}\text{s}^{-1}$			
	6.85×10	1.20×10^3	1.57×10^5	1.17×10^7
弹性模量 E_1/GPa	24.9	24.9	24.9	24.9
弹性模量 E_2/GPa	24.9	25.6	28.8	35.5
内摩擦角 φ/(°)	45	45	45	45
泊松比 μ	0.31	0.16	0.23	0.22
体积模量 K/GPa	21.84	12.55	17.78	21.13
初始加载时刻 t_0/s	30	30	30	30
黏性系数 η/(GPa·s)	0～500	0～500	1000	1000
应变量平均值 $\alpha/10^{-3}$	3.0	3.8	4.0	5.3
均质度系数 m	0.6	0.5	0.6	0.8

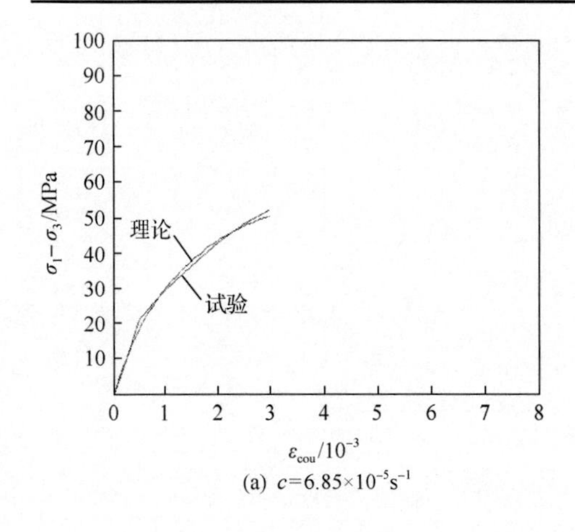

(a) $c=6.85\times10^{-5}\text{s}^{-1}$

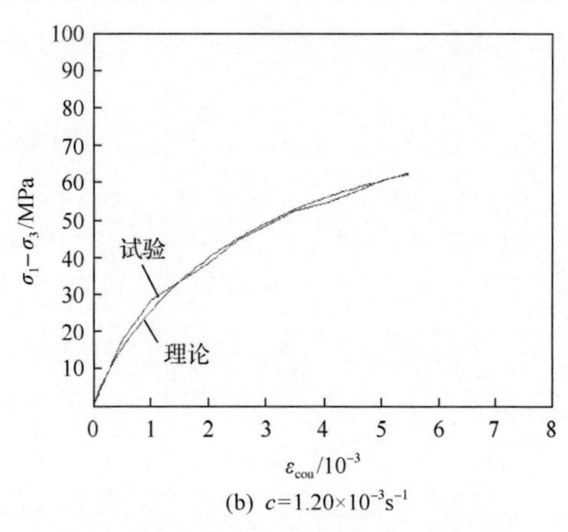

(b) $c=1.20\times10^{-3}\text{s}^{-1}$

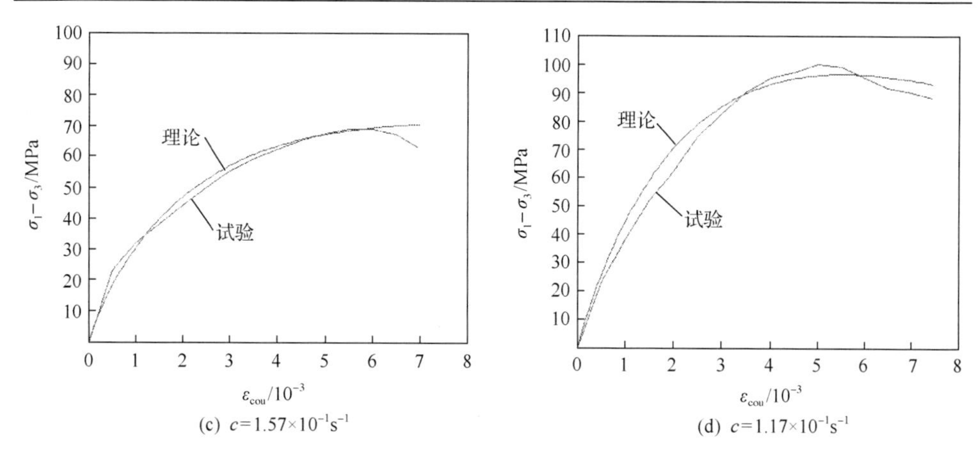

图 3.6　围压 $S_{x0}=S_{y0}=S_{z0}$ =20MPa 时混凝土在不同恒应变速率 c 下的三维理论与试验应力-应变曲线比较

本章分别建立了一维和多维受静载荷作用的岩石在动载荷作用下的本构模型。并对一维本构模型在不同静应力、二维本构模型在不同水平和竖向静应力及不同动载荷频率时进行了静动载荷作用试验验证。结果表明，利用该模型计算得到的本构曲线与试验结果具有较好的一致性。由于受目前试验技术限制，对于三维本构模型，本章只利用了他人的研究成果对动力三轴试验机加围压时对应的岩石动载荷本构关系进行了验证，同样，利用该模型计算得到的本构曲线与试验结果具有较好的一致性；但对岩石承受不同静应力的情况仍然缺乏系统的试验验证，在条件允许的情况下做这样的试验将是相当有意义的。

参 考 文 献

[1] 于亚伦. 用三轴 SHPB 装置研究岩石的动载特性[J]. 岩土工程学报, 1992, 14(3): 76-79

[2] Liu L Q, Katsabanis P D. Development of a continuum damage for blasting analysis[J]. International Journal of Rock Mechanics and Mining Science, 1997, 34(2): 217-231

[3] 秦跃平. 岩石损伤力学模型及其本构方程的探讨[J]. 岩石力学与工程学报, 2001, 20(4): 560-562

[4] 尚嘉兰, 沈乐天, 赵宇辉, 等. Bukit Timah 花岗岩的动态本构关系[J]. 岩石力学与工程学报, 1998, 17(6): 634-641

[5] 乔河, 柴华友. 爆炸作用下花岗岩动态本构关系试验研究[J]. 岩石力学与工程学报, 1996, 15(S1): 446-451

[6] 李海波, 赵坚, 李俊如, 等. 基于裂纹扩展能量平衡的花岗岩动态本构模型研究[J]. 岩石力学与工程学报, 2003, 22(10): 1683-1688

[7] 郑永来, 周澄, 夏颂佑. 岩土材料粘弹性连续损伤本构模型探讨[J]. 河海大学学报(自然科学版), 1997, 25(2): 114-116

[8] Sano O, Ito I, Terada M. Influence of strain rate on dilistion and strength of oshima granite under uniaxial compression[J]. Journal of Geophyscial Research, 1981, 86(B10): 9299-9311

[9] Blanton T L. Effect of strain rates from 10^{-2} to 10 sec^{-1} in triaxial compression tests on three rocks[J]. International Journal of Rock Mechanics and Mining Sciences, 1981, 18(1): 47-62

[10] 信礼田, 何翔. 强冲击载荷下岩石的力学性质[J]. 岩土工程学报, 1996, 18(6): 61-68
[11] 戚承志, 钱七虎. 岩石等脆性材料动力强度依赖应变率的物理机制[J]. 岩石力学与工程学报, 2003, 22(2): 177-181
[12] 单仁亮, 薛友松, 张倩. 岩石动态破坏的时效损伤本构模型[J]. 岩石力学与工程学报, 2003, 22(11): 1771-1776
[13] 楼沩涛. 花岗岩体中应力波传播计算的动态本构关系[J]. 爆炸与冲击, 1989, 9(3): 220-227
[14] 李庆斌, 邓宗才, 张立翔. 考虑初始弹模变化的混凝土动力损伤本构模型[J]. 清华大学学报(自然科学版), 2003, 43(8): 1088-1091
[15] 周光泉, 刘孝敏. 粘弹性理论[M]. 合肥: 中国科学技术大学出版社, 1996
[16] 耶格. 岩石力学基础[M]. 北京: 科学出版社, 1981
[17] 杨军, 金乾坤, 黄风雷. 岩石爆破理论模型及数值计算[M]. 北京: 科学出版社, 1999
[18] 陈士海, 崔新壮. 含损伤岩石的动态损伤本构关系[J]. 岩石力学与工程学报, 2002, 21(S1): 1955-1957
[19] 陆晓霞, 张培源. 在围压冲击条件下岩石损伤粘塑性本构关系[J]. 重庆大学学报(自然科学版), 2002, 25(1): 6-8, 20
[20] 朱兆祥, 徐大本, 王礼立. 环氧树脂在高应变率下的热粘弹性本构方程和时温等效性[J]. 宁波大学学报(理工版), 1988, (1): 67-77
[21] Grady D E, Kipp M E. Continuum modelling of explosive fracture in oil shale[J]. International Journal of Rock Mechanics and Mining Sciences and Geomechanics Abstracts, 1980, 17(2): 147-157
[22] 左宇军. 动静组合加载下的岩石破坏特性研究[D]. 长沙: 中南大学, 2005
[23] Li X B, Zuo Y J, Wang W H, et al. Constitutive model of rock under to static-dynamic coupling loading and experimental investigation[J]. Transactions of Nonferrous Metals Society of China, 2006, 16(3): 714-722
[24] 李夕兵, 左宇军, 马春德. 中应变率下动静组合加载岩石的本构模型[J]. 岩石力学与工程学报, 2006, 25(5): 865-874
[25] 李夕兵, 古德生. 岩石冲击动力学[M]. 长沙: 中南工业大学出版社, 1994
[26] 唐春安. 岩石破裂过程中的灾变[M]. 北京: 煤炭工业出版社, 1993
[27] 陈忠辉, 林忠明, 谢和平, 等. 三维应力状态下岩石损伤破坏的卸荷效应[J]. 煤炭学报, 2004, 29(1): 31-35
[28] 李灏. 损伤力学基础[M]. 济南: 山东科学技术出版社, 1992
[29] 杨桂通. 弹塑性力学引论[M]. 北京: 清华大学出版社, 2004
[30] 南京工学院数学教研组. 工程数学积分变换[M]. 第 2 版. 北京: 高等教育出版社, 1989
[31] Zhao J. Applicability of Mohr-Coulomb and Hoek-Brown strength criteria to the dynamic strength of brittle rock[J]. International Journal of Rock Mechanics and Mining Sciences, 2000, 37(7): 1115-1121
[32] 许强, 黄润秋. 地震作用下结构非线性响应的突变分析[J]. 岩土工程学报, 1997, 19(4): 25-29
[33] 马春德. 一维动静组合加载下岩石力学特性的试验研究[D]. 长沙: 中南大学, 2004
[34] 鞠庆海, 吴绵拔. 岩石材料三轴压缩动力特性的试验研究[J]. 岩土工程学报, 1993, 15(3): 73-80

第4章 动载荷作用下岩石破坏过程数值分析原理

岩石是地质、采矿、石油、水利等部门经常涉及的最基本的天然材料。天然的岩石是非连续、非均质、非弹性、各向异性的介质。它具有时效性、记忆性和对环境的依赖性。尽管经典力学推衍出了诸多的理论公式，但面对复杂的工程岩石材料仍显得无能为力。在许多实际工程当中，依据理想化的模式计算出的诸如岩石变形、破坏和强度等与实际相差甚远。煤矿岩爆、瓦斯突出、采场顶板垮落、水坝开裂、岩土边坡失稳、地震等众多灾害性事故的发生，不仅给国家和人民财产造成了巨大损失，而且也表明，人类目前尚缺乏对岩石材料的不规则性、复杂性和物理力学非线性本质的认识及解决这些问题的方法，致使许多岩石力学问题无法定量或定性地予以解释和分析。

岩石力学问题包括岩石破坏问题。岩石之所以产生非线性变形，就是因为岩石在受载荷过程中其内部不断产生微细破裂。这种微细破裂不断发展便导致最终的宏观破裂。通常的有限元方法尽管可以模拟岩石的非线性变形，但只是在宏观行为上的一种“形似”，而没有模拟出岩石在变形过程中的微细破裂进程，因而不能做到“神似”。为了分析岩石破裂过程，采用有限差分法、有限单元法、边界元法、半解析元法、离散元法等数值模拟方法在全面解决复杂的岩土工程问题，如岩土材料的非线性问题，岩体中节理、裂隙等不连续面对分析计算的影响、分步开挖与充填施工作业对围岩稳定性的影响等方面都存在不同程度的缺陷。1995年，东北大学岩石破裂与失稳研究中心的唐春安等针对这些问题提出了基于有限元基本理论，充分考虑岩石破裂过程中伴随的非线性、非均匀性和各向异性等特点的新的数值模拟方法——RFPA方法，即岩石破裂过程分析方法，其要点如下：

(1)岩石破裂过程中的宏观非线性主要原因是细观上的非均匀性，将岩石材料的不均质性参数引入计算单元，宏观破坏是单元破坏的积累过程。

(2)单元性质是线弹-脆性或弹-塑性的，单元的弹性模量和强度等其他参数服从某种分布，如正态分布、韦伯分布、均匀分布等。

(3)当单元应力达到破坏准则发生破坏，并对破坏单元进行刚度退化处理，就可以以连续介质力学方法处理物理非连续介质问题。

(4)破坏单元不具备抗拉能力，但是具备一定的抗挤压能力，并且破坏单元的力学特性变化是不可逆的。

(5)假设岩石是各向同性体。

(6)岩石的损伤量、声发射与破坏单元数成正比。声发射的能量与单元破坏释放的能量成正比。

RFPA^{2D}数值模拟软件应用于非均匀性岩石破裂过程及其声发射特性、边坡、岩层移动、突水、瓦斯突出等采矿工程问题，震源孕育模式、水力压裂、岩石应力-应变-渗透率试验等岩石力学基本问题，混凝土断裂、短纤维增强、圆形颗粒增强等材料破坏问题的数值模拟研究，与试验和实际结果表现出很好的一致性，并在国内外十余所高校或研究机构得到推广应用。目前已经发展了 RFPA^{2D} 数值模拟软件的各种版本，主要包括“标准版”“渗流版”“温度版”“动态版”等。

新近开发的动态版RFPA^{2D}[1,2]数值模拟软件可用来模拟在静–动载荷作用下岩石的破裂与失稳过程。为了模拟岩石的破坏，首先假设岩石介质由许多细观单元所组成，细观单元的性质是不相同的，假定其力学特性服从韦伯分布[2]。同时借助有限元进行应力分析，可以得到整个分析对象的应力和应变分布。其次，用改进的莫尔-库仑准则和最大拉应变准则判断单元是否发生破坏，其中，考虑了应力加载速率效应和损伤门槛值。对于发生破坏的单元，按照弹性损伤力学本构关系进行单元的破坏处理，然后进入下一加载步的分析，直到整个分析过程结束[3]。

4.1 材料特性的赋值

岩石是由多种矿物晶粒、胶结物及孔隙缺陷等组成的混合体，是自然界中经过亿万年的地质演变和地质构造运动所形成的最为复杂的固体材料之一。在外部载荷作用下岩石的非均匀性对其破坏行为产生显著的影响。动载荷作用下，岩石中的应力波传播及其诱致的损伤过程也明显地受控于岩石的非均匀性，而且岩石的非均匀性也是随着岩石的损伤与破裂逐步发展，因此，岩石的非均匀性与岩石的破裂过程密切相关。作为数值模拟和数值试验的重要组成部分，刻画和表征岩石类介质的非均匀性是数值试验的基础。为了反映岩石材料性质的细观非均匀性，在RFPA^{2D}数值模拟软件中把岩石材料看作是由大小相同的四边形单元组成，假定组成材料的细观单元的力学性质满足韦伯分布[3]：

$$f(r)=\frac{m}{r_0}\left(\frac{r}{r_0}\right)^{m-1}\exp\left[-\left(\frac{r}{r_0}\right)^{m}\right] \tag{4.1}$$

式中，$f(r)$为岩石具有某一力学性质r的单元体概率密度；r为材料单元体力学性质(强度、弹性模量、泊松比和容重等)；r_0为单元体力学性质平均值；m为分布函数的形状，其物理意义反映了岩石材料的均质性，可以将其定义为均质度系数或形状系数，m越大，岩石越均质，反之，则越不均质。我们把r_0和m称为材料的韦伯分布参数，对于材料的每个力学参数都必须在给定其韦伯分布参数的条件下按照式(4.1)给定的随机分布赋值。当r_0=100，m分别为1.5、3.0和6.0时，韦伯分布密度函数曲线如图4.1所示。韦伯分布的定义要求m>1。所以，式(4.1)反映了某种非均匀性材料构成组分的分布情况。使用韦伯分布由计算机对细观单元组成的介质进行数值模拟时，可以生成非均匀性数值材料，数值材料类似于实验室的真实试样，所以，在研究中将数值模拟产生的非均匀性介质称为数值试样。

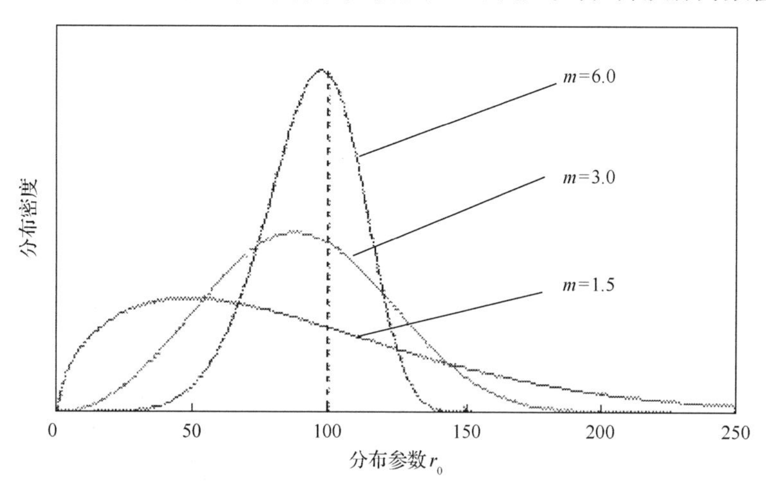

图 4.1 m 不同时的韦伯分布密度函数曲线

图 4.2 给出了不同 m 时的数值试样单元强度分布图，其他参数，如弹性模量等也满足类似的分布。数值试样尺寸为 100mm×100mm，由 100×100 个单元组成。数值试样中所有单元的强度整体上满足一个给定的韦伯分布。对于每个数值试样，分布参数 r_0 为 100MPa，m 分别为 1.5、3.0 和 6.0。各个数值试样内不同强度的单元数目满足的分布如图 4.3 所示。从该图可以看出各强度的单元数目满足图 4.1 定义的韦伯分布。由图 4.3 可以看出，随着 m 的增加，各个单元强度接近给定的分布平均值，这表示该数值试样的强度分布较为均匀，反之，该数值试样的强度分布较为离散。

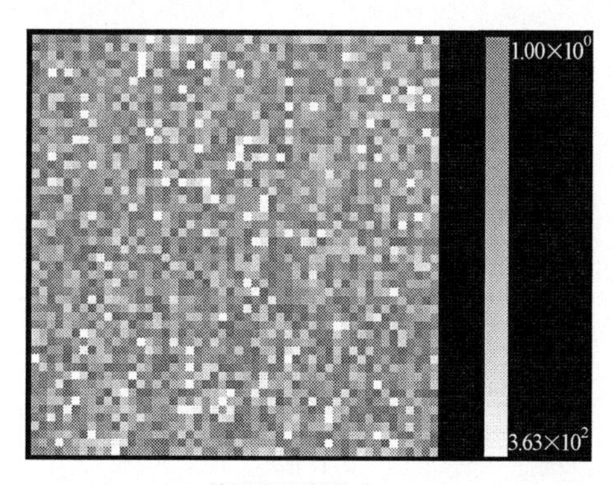

(a) m=1.5(单元强度数值在1.0～363MPa)

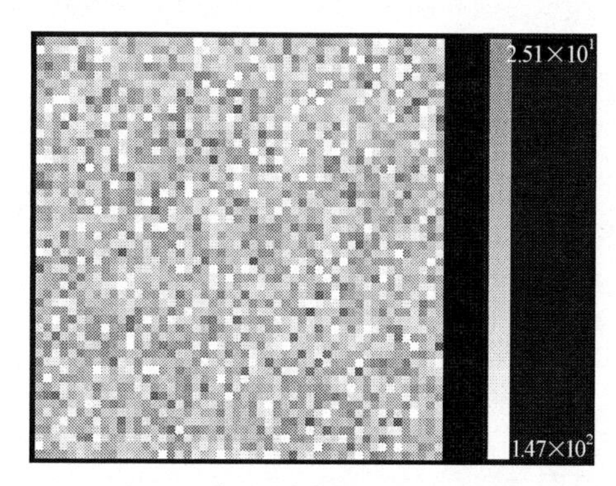

(b) m=3.0(单元强度数值在25.1～147MPa)

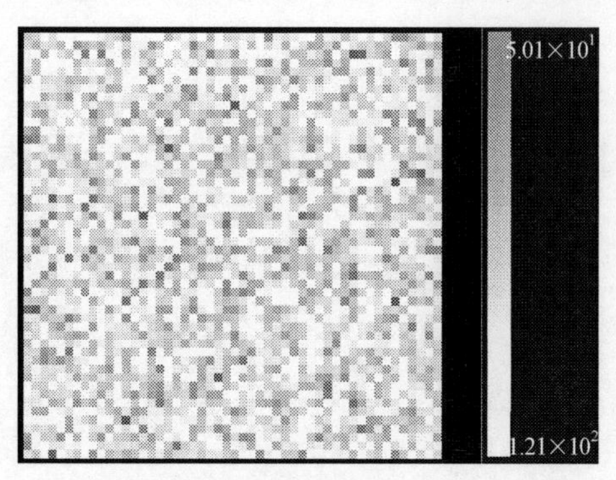

(c) m=6.0(单元强度数值在50.1～121MPa)

图 4.2　不同 m 的数值试样单元强度分布图

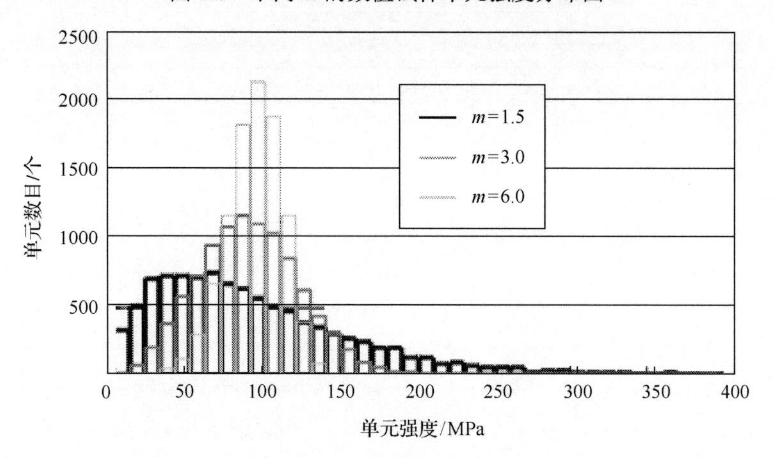

图 4.3　不同均质度系数时数值试样中不同强度单元数目的分布直方图

在本书的模型中，研究对象被离散为等面积的长方形(或者正方形)单元。该单元也被作为有限元应力分析的四边形等参元。为了使模型能够反映研究对象(如岩石)的细观特征，单元的数目必须足够多。但由于现阶段计算机速度的限制，过多的单元数目往往在计算时间上是不允许的。单元的尺寸选择应根据所研究问题的精度、范围和计算条件而定。但对于某一特定模型，单元应足够小，以足够精确地反映材料的非均匀性性质。但是，过多的单元数目是目前计算机无法承担的。因此，对于非均匀性描述而言，要包含与问题有关的最重要的信息，但是又不能因为过于繁杂而失去可操作性[1]。

此外，由式(4.1)定义的非均匀性特征实际上包括两方面的内容：其一，不同的韦伯分布参数(如均质度系数)往往可以代表不同的非均匀性材料；其二，对于相同的韦伯分布参数，计算机程序每一次随机产生的数值试样，其材料参数的空间分布是不同的，这种不同可能要影响数值试样的宏观响应。

4.2　细观单元的本构模型

细观单元在受力之前为弹性，其弹性特性可以用弹性模量和泊松比来定义。每个单元的应力-应变关系为线弹性，当达到损伤门槛值之后，单元出现软化特性。在动态应力状态下，单元满足如下损伤准则之一时则出现损伤[2,4]：

$$-\varepsilon_1 = kf_{c0} / E_0, \quad \sigma_1 - \frac{1+\sin\varphi}{1-\sin\varphi}\sigma_3 \geqslant f_{c0} \tag{4.2}$$

式中，f_{c0} 为单元的动态单轴压缩强度，与动载荷作用下的应变速率(或应力加载速率)密切相关；E_0 为单元的初始弹性模量，假设初始弹性模量不受应变速率的影响；k 为压拉比；φ 为单元的内摩擦角；σ_1 和 σ_3 分别为单元的最大主应力和最小主应力；ε_1 为单元的最大主应变。

Zhao[5]对岩石动态单轴压缩强度与应变速率的关系进行了研究，以此来反映应变速率对材料动态单轴压缩强度的影响：

$$f_{c0} = A\lg\left(\dot{\sigma} / \dot{f}_{cso}\right) + f_{cso}, \quad \dot{\sigma} > \dot{f}_{cso} \tag{4.3}$$

式中，f_{c0} 为动态单轴压缩强度，MPa；$\dot{\sigma}$ 为应变速率，$MPa \cdot s^{-1}$；f_{cso} 为在准静态应变速率时的单轴压缩强度，$\dot{f}_{cso}$ 近似为 $5\times10^{-2}MPa \cdot s^{-1}$；$A$ 为取决于材料的参数；此外，Zhao 的试验结果还表明[4]，压拉比($k = f_{c0}/f_{t0}$)和内摩擦角 φ 不受应力加载速率的影响。将式(4.3)获得的动态单轴压缩强度 f_{c0} 代入式(4.2)，就可以考虑应变速率对单元强度的影响。

式(4.2)的第一部分是最大拉应变准则，第二部分是考虑了拉应力和剪应力损伤门槛值的莫尔-库仑准则。因此，一个单元或者是拉应力损伤(对应最大拉应变准则)，或者是剪应力损伤(对应莫尔-库仑准则)。一旦单元满足式(4.2)，单元的弹性模量就根据式(4.4)减小：

$$E = \left(1-\omega\right)E_0 \tag{4.4}$$

式中，ω 为损伤变量；E 和 E_0 分别为被损伤和未被损伤的单元的弹性模量。在目前的方法中，假设单元及其损伤是各向同性的，所以，E、E_0 和 ω 是标量。本书的符号约定是压缩应力和压缩应变为正值。

当细观单元处于单轴应力状态(单轴压缩和单轴拉伸)，细观单元的弹性损伤本构关系如图 4.4 所示。图 4.4 中，f_{t0} 和 f_{tr} 分别为单元的单轴动态抗拉强度和残余单轴动态抗拉强度；f_{c0} 和 f_{cr} 分别为单元的单轴动态抗压强度和残余单轴动态抗压强度。开始时，应力-应变曲线是线弹性，单元没有损伤，即 ω=0。当满足最大拉应变准则时，单元出现损伤。

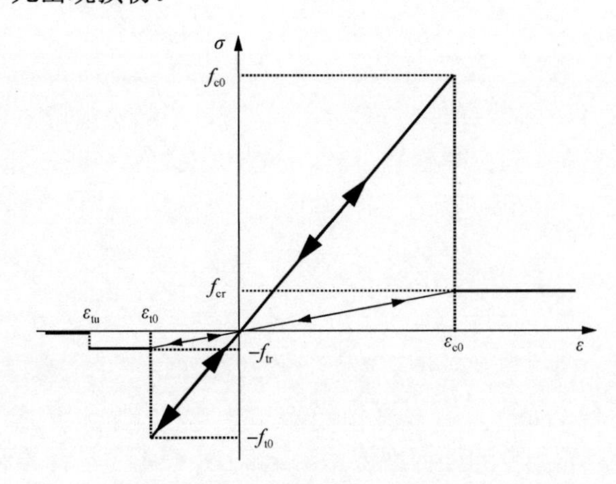

图 4.4　单轴应力状态下细观单元的弹性损伤本构关系

单元在单轴拉伸时的本构关系如图 4.4 的第三象限所示，其表达式为

$$\omega=\begin{cases}0, & \varepsilon>\varepsilon_{t0},\\ 1-\dfrac{\lambda_m\varepsilon_{t0}}{\varepsilon}, & \varepsilon_{tu}<\varepsilon\leqslant\varepsilon_{t0}\\ 1, & \varepsilon>\varepsilon_{tu}\end{cases}\tag{4.5}$$

式中，λ_m 为残余强度系数，残余强度可以表示为 $f_{tr}=\lambda_m f_{t0}$；f_{t0} 为单元的单轴动态抗拉强度；ε_{t0} 为弹性极限时的应变，在这里称为门槛应变，表示为

$$\varepsilon_{t0}=-f_{t0}/E_0\tag{4.6}$$

从式(4.6)可以看出，门槛应变 ε_{t0} 也取决于应力加载速率，因为根据式(4.3)，f_{c0} 与应变速率有关。ε_{tu} 是单元的极限拉应变，处于极限拉应变的单元已被完全损伤。极限拉应变被定义为 $\varepsilon_{tu}=\eta_j\varepsilon_{t0}$，其中 η_j 为极限应变系数。假设残余强度系数和极限应变系数与应力状态无关。

此外，假设细观单元在多轴应力状态的损伤是各向同性的。当达到拉伸应变门槛时，上述本构方程可以扩展应用到三维应力状态。在多轴应力状态下，当等效拉伸主应变 $\bar{\varepsilon}$ 达到上述门槛应变 ε_{t0} 时，单元出现损伤。等效拉伸主应变 $\bar{\varepsilon}$ 可以定义为

$$\bar{\varepsilon}=-\sqrt{\langle-\varepsilon_1\rangle^2+\langle\varepsilon_2\rangle^2+\langle\varepsilon_3\rangle^2}\tag{4.7}$$

式中，ε_1、ε_2和ε_3为 3 个主应变，$\langle\ \rangle$定义为如式(4.8)所示的函数：

$$\langle x\rangle=\begin{cases}x, & x\geqslant 0\\ 0, & x<0\end{cases} \tag{4.8}$$

对于处于多轴应力状态的单元，其本构关系可以用式(4.7)和式(4.8)定义的等效应变代入式(4.5)的应变ε而获得。损伤变量可表示为

$$\omega=\begin{cases}0, & \bar{\varepsilon}>\varepsilon_{t0}\\ 1-\dfrac{\lambda_m\varepsilon_{t0}}{\varepsilon}, & \varepsilon_{tu}<\bar{\varepsilon}\leqslant\varepsilon_{t0}\\ 1, & \bar{\varepsilon}\leqslant\varepsilon_{tu}\end{cases} \tag{4.9}$$

与单轴拉伸方法一样，当单元处于单轴压缩状态，而损伤破坏遵循莫尔-库仑准则时，损伤变量可表示为

$$\omega=\begin{cases}0, & \varepsilon<\varepsilon_{c0}\\ 1-\dfrac{\lambda_m\varepsilon_{c0}}{\varepsilon}, & \varepsilon\geqslant\varepsilon_{c0}\end{cases} \tag{4.10}$$

式中，λ_m为残余强度系数，当单元是单轴压缩或拉伸时，假设$f_{cr}/f_{c0}=f_{tr}/f_{t0}=\lambda_m$。$\varepsilon_{c0}$按式(4.11)计算：

$$\varepsilon_{c0}=f_{c0}/\mathrm{E}_0 \tag{4.11}$$

假设一个单元处于多轴应力状态，它的强度满足莫尔-库仑准则时，就会出现损伤。在损伤演化过程中，在模型中有必要考虑其他主应力的影响。当满足莫尔-库仑准则时，最大主(压缩)应变ε_{c0}可在最大主(压缩)应力的峰值时计算：

$$\varepsilon_{c0}=\frac{1}{E_0}\left[f_{c0}+\frac{1+\sin\varphi}{1-\sin\varphi}\varphi_3-\mu\left(\varphi_1+\varphi_2\right)\right] \tag{4.12}$$

假设剪切损伤演化仅与最大压缩主应变ε_1有关。所以，用损伤单元的最大压缩主应变ε_1替换式(4.10)中的单轴压缩应变ε，扩展该方程来表示三轴应力状态时的剪切损伤：

$$\omega=\begin{cases}0, & \varepsilon_1<\varepsilon_{c0}\\ 1-\dfrac{\lambda_m\varepsilon_{c0}}{\varepsilon_1}, & \varepsilon_1\geqslant\varepsilon_{c0}\end{cases} \tag{4.13}$$

从式(4.13)可以看出，损伤变量ω与应变速率有关，因为损伤变量ω是基于

参数 ε_{c0} 或 ε_{t0} 计算直接得到的，而参数 ε_{c0} 或 ε_{t0} 又是根据依赖应变速率的单元强度(f_{c0} 或 f_{t0})得到的，如式(4.6)和式(4.11)所示。

当然，当不考虑式(4.3)所示的应变速率对强度的影响时，上述本构关系可用来模拟静载荷条件下岩石破坏过程分析。

4.3 有限元分析

如上所述，岩石数值试样由很多大小相同的方形单元组成。这些单元也是有限元分析的四节点等参数单元。有限元系统的线性动态响应平衡方程可表示为如下形式：

$$\boldsymbol{M}\ddot{\boldsymbol{U}}+\boldsymbol{C}\dot{\boldsymbol{U}}+\boldsymbol{K}\boldsymbol{U}=R \tag{4.14}$$

式中，$\boldsymbol{M}$ 为质量矩阵；$\boldsymbol{C}$ 为阻尼矩阵；$\boldsymbol{K}$ 为刚度矩阵；R 为计算模型中的外部载荷；$\boldsymbol{U}$、$\dot{\boldsymbol{U}}$ 和 $\ddot{\boldsymbol{U}}$ 分别为有限元的位移向量、速度向量和加速度向量。研究表明[5]，数值试样为短延时脉冲加载时，适合用直接逐步积分求解法求解。

在初始条件下，单元是弹性的，通过直接逐步积分求解法可求得其应力。在每一加载步，当前主应力减去前一加载步的主应力再除以时间步长，可求得单元的应变速率。应变速率对动态强度的影响可以根据式(4.3)进行考虑。当前时间步的最小主应力和相应的应变速率都是负值的时候，应变速率的绝对值增加同样会导致单元强度增大。当单元的应力或应变满足式(4.2)给出的最大拉应变准则或莫尔-库仑准则时，根据式(4.2)～式(4.13)给定的本构关系进行单元的损伤破坏处理，然后，根据当前边界条件重新分析单元的应力，应力会重新分布。然后进入下一加载步的分析，要求每一加载步中分析没有新的损伤单元产生，如此往复，直到整个分析过程结束。RFPA 数值模拟软件包含了前面所述的两部分内容(最大拉应变准则和莫尔-库仑准则)[6, 7]，因此，RFPA 数值模拟软件被拓展应用于岩石的动载荷分析。

动态版 RFPA 数值模拟软件可快速进行 40000 个左右有限单元的动力破坏过程分析，而且最大容量只取决于计算机的硬件性能。在动态版 RFPA 系统中，应力分析和破坏过程分析是相互独立的，有限元计算是用弹性有限元程序完成的。用户需要指定计算的时间步长(time step)和总的计算时间。

利用动态版 RFPA 数值模拟软件进行应力波诱致破裂问题研究时，其流程如图 4.5 所示。在初始条件下，单元是弹性的，单元的应力也可以通过逐步积分得到。当计算到某一加载步时，得到了该加载步的应力值，用此应力值减去前一加载步的应力值除以当前加载步的应力值得到了单元的应力率。对于第一加载步而言，计算是基于初始值在给定的时间步长 Δt 下进行动力平衡方程的求解。对于其他加载步，计算则是把上一加载步的计算结果(如位移、速度和加速度)作为初始值，以当前时刻单元损伤后的参数(弹性模量和强度等)及边界条件作为输入，进行应力计算。在某一加载步，程序根据损伤准则检查模型中是否有单元发生损伤，如果有单元发生损伤，则根据单元的应力状态进行损伤处理，然后重新计算当前加载步的应力和位移，直至没有新的单元损伤出现。如果该加载步没有损伤发生，则继续进入下一加载步，进行下一加载步的应力计算。重复上述过程，直至指定的所有计算步计算完毕。利用单元逐步损伤，反复迭代计算可实现对动态应力波作用下岩石介质中的损伤发展过程的模拟。

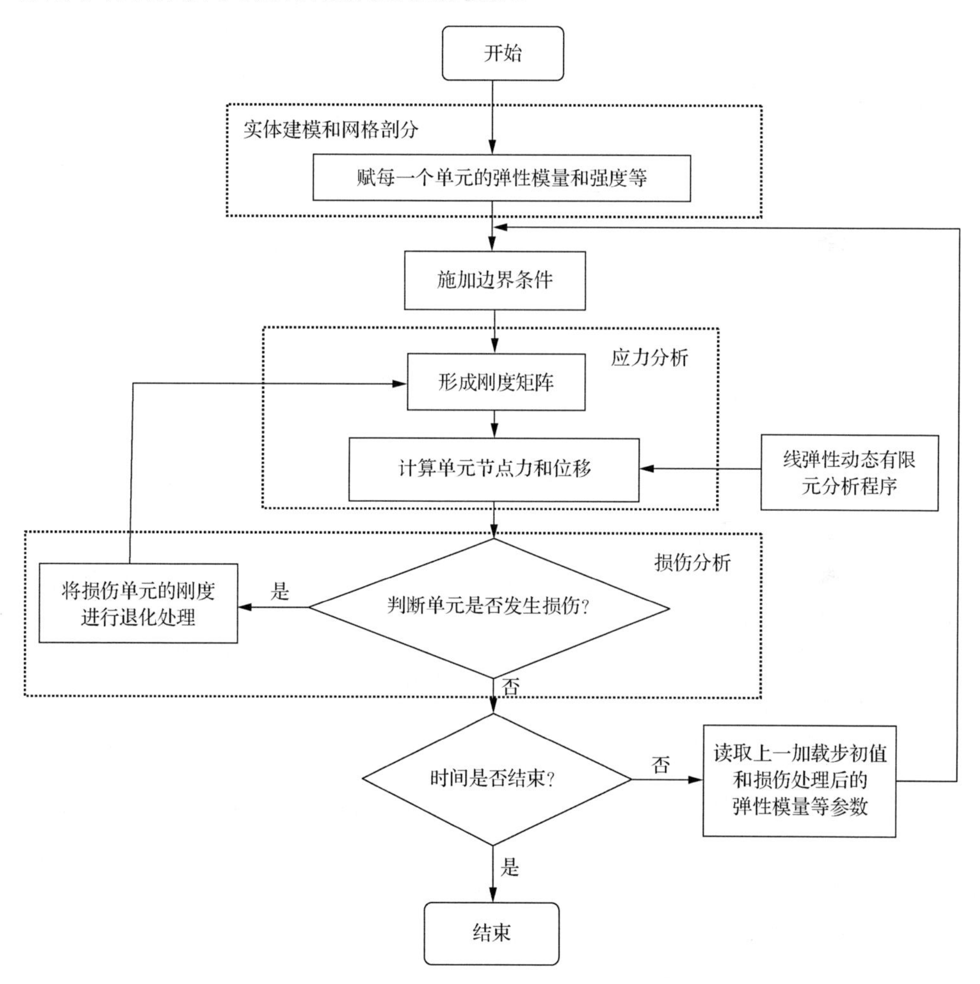

图 4.5　动载荷作用下 RFPA-Dynamics 数值模拟程序流程图[1]

参 考 文 献

[1] 朱万成, 唐春安, 左宇军. 深部岩体动态损伤与破裂过程[M]. 北京: 科学出版社, 2014

[2] Zhu W C, Tang C A. Numerical simulation of Brazilian disk rock failure under static and dynamic loading[J]. International Journal of Rock Mechanics and Mining Sciences, 2006, 43 (2): 236-252

[3] Weibull W. A statistical distribution function of wide applicability[J]. Journal of Applied Mechanics, 1951, 13(2): 293-297

[4] Zhu W C, Tang C A. Micromechanical model for simulating the fracture process of rock[J]. Rock Mechanics and Rock Engineering, 2004, 37(1): 25-56

[5] Zhao J. Applicability of Mohr-Coulomb and Hoek–Brown strength criteria to the dynamic strength of brittle rock[J]. International Journal of Rock Mechanics and Mining Sciences, 2000, 37(7): 1115-1121

[6] Tang C A. Numerical simulation of progressive rock failure and associated seismicity[J]. International Journal of Rock Mechanics and Mining Sciences, 1997, 34(2): 249-261

[7] Tang C A, Liu H, Lee P K K, et al. Numerical studies of the influence of microsnuture on rock failure in uniaxial compression—Part I: Effect of heterogeneity[J]. International Journal of Rock Mechanics and Mining Sciences, 2000, 37(4): 555-569

第5章　动载荷作用下岩石破坏过程影响因素分析

岩石材料在动载荷作用下的破坏特性是某些工程设计的基础。为此，人们进行了大量有关岩石材料在动载荷作用下变形与破坏的研究[1-11]，主要探讨了岩石在动载荷作用下弹性模量、强度等参数与变形速率之间的关系。并总结出了岩石在动载荷作用下的强度准则和本构关系[9-11]。此外，一些学者也提出了基于断裂力学或损伤力学的模型[12,13]，在这些模型中，岩石被假定为含有裂纹的均匀体。然而，由于试验设备和边界条件的不同，得到的试验结果往往差异较大；建立理论模型的参量一般难以确定[12]，所以模型一般难以具体实施；并且，在岩石的动态试验与理论研究中，考虑的因素往往非常有限，难以满足工程问题研究的需要[14]。

近年来，随着数值模拟技术在岩石力学中的广泛应用，一些岩石力学科技工作者也运用该方法解决岩石材料的破坏问题，并取得了一些有益成果。例如，Tang等基于自主开发的静态版 RFPA^{2D} 数值模拟软件，对有关岩石破裂与失稳问题进行了大量研究[15-20]。本章尝试利用新开发的动态版 RFPA^{2D}[21-23]数值模拟软件，对动载荷作用下影响岩石破坏的主要因素，如应力波延续时间、应力波峰值和围压分别进行初步探讨。

5.1　数 值 模 型

设定基元尺寸为 0.5mm，选取的数值试样模型尺寸为 25mm×50mm。数值试样基元的力学参数见表 5.1，与静抗压强度为 24MPa、弹性模量为 21GPa 的岩石试样相对应。

表 5.1　数值试样基元的力学参数

参数名称	参数值	参数名称	参数值
弹性模量/GPa	30	均质度系数 m_1	2.0
抗压强度/MPa	150	均质度系数 m_2	2.0
泊松比	0.25	均质度系数 m_3	100
残余强度/MPa	0.1	压拉比	0.1
残余泊松比	1.1	内摩擦角/(°)	30
最大拉应变	1.5	最大压应变	200

数值试样的加载方式如图 5.1 所示。为了模拟实际情况，考虑到端部效应，以及便于静载荷作用与动载荷作用的比较，在数值试样上下部放有垫板，下部垫板被固定。垫板与数值试样同宽，厚为 5mm。垫板为均匀弹性材料，其基元的弹性模量为 90GPa，抗压强度为 400MPa。

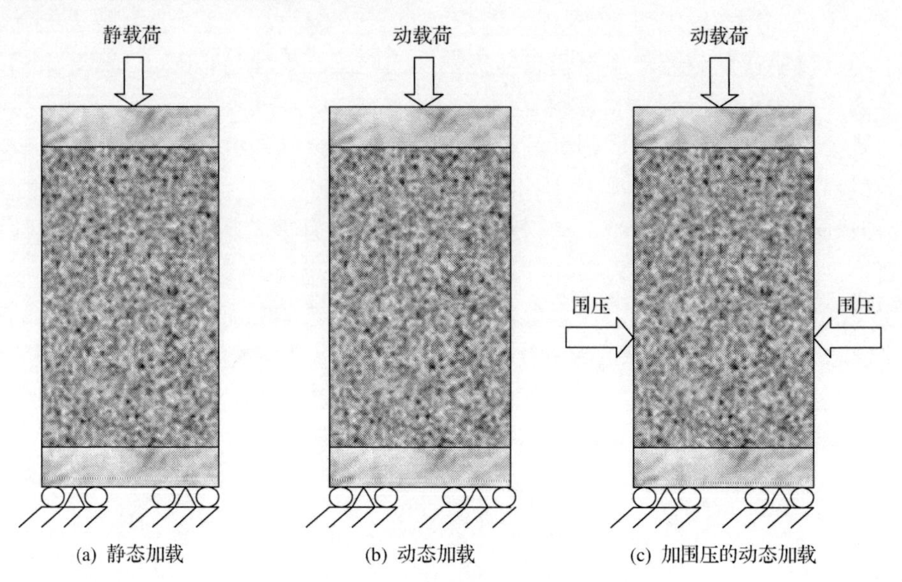

图 5.1 数值试样的加载方式

静载荷作用时，整个加载过程采用位移控制的加载方式，加载位移量 $\Delta s = 0.005$mm/步，加载总步数依据具体方案而定。考虑围压时，围压分为 3 级，依次为 5MPa、10MPa、15MPa。

动载荷作用时，在数值试样上部的垫板上施加一个随时间变化的应力波脉冲，按 0.1μs/步加载。施加的动载荷分两种情况：①不同应力波延续时间，如图 5.2 所示，

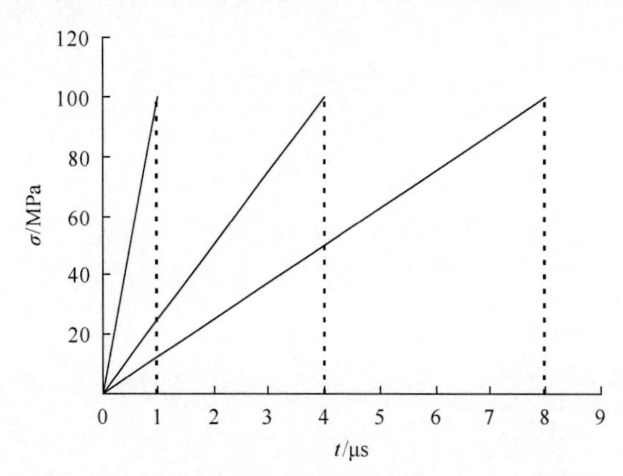

图 5.2 施加在数值试样上部加载板上的不同延续时间的动态应力

此时施加的应力波峰值均为 100MPa，应力波延续时间分别为 1μs、4μs、8μs；②不同动载荷应力波峰值，如图 5.3 所示，此时应力波延续时间均为 1.0μs，应力波峰值分别为 20MPa、40MPa、60MPa。

将所研究的问题简化为平面应变问题进行处理。

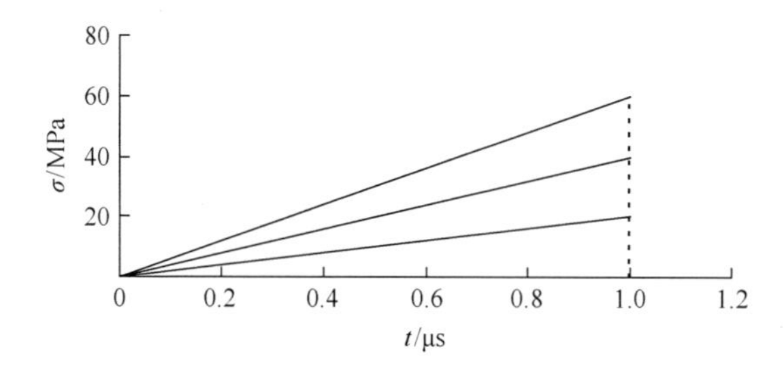

图 5.3　施加在数值试样上部加载板上的不同峰值的动态应力

5.2　数值模拟结果

5.2.1　静载荷作用

为了与动载荷作用下岩石的破坏规律进行比较，对静载荷作用下岩石的破坏规律进行简单分析。在静载荷作用下，通过数值模拟得到的数值试样的应力-应变曲线如图 5.4 所示，在不同加载位移时，数值试样中的破坏单元、弹性模量和最大剪应力分布如图 5.5 所示。在反映破坏单元的声发射图中，在当前步发生拉伸或剪切损伤的单元分别用暗色和亮色表示，前面所有步发生损伤的单元用黑色表示。从不同加载步的声发射图看，在静载荷作用初期，岩石单元以剪切破坏为主，随着应变增大，岩石单元以拉伸破坏为主，在数值试样宏观破坏发生时主要是拉伸破坏(声发射图中，暗色代表拉伸破坏，亮色代表剪切破坏)。单元的破坏必然导致模型弹性模量的降低，因此，通过弹性模量分布图可以看出整个数值试样的破裂形态。在弹性模量分布图中，颜色灰度表示单元弹性模量的相对大小，亮的部位具有较大的弹性模量[24]。类似地，在最大剪应力分布图中，颜色灰度反映单元剪应力的相对大小。在动载荷数值模拟结果中，也有与上述相同的约定，下面不再描述。在静载荷作用初期，只是在数值试样的中间部位出现一些发生剪切和拉伸破坏单元，由于材料的非均匀性，这些单元分布在数值试样中部一定区域内。由于这些单元损伤释放的能量较少，所以整个数值试样的应力-应变曲线仍然基本保持线性关系。随着静载荷的增加，这些破坏单元向数值试样两端发展成为拉裂纹并互相贯通，导致整个数值试样被破坏，具体如图 5.5 的第 16 加载步所示。

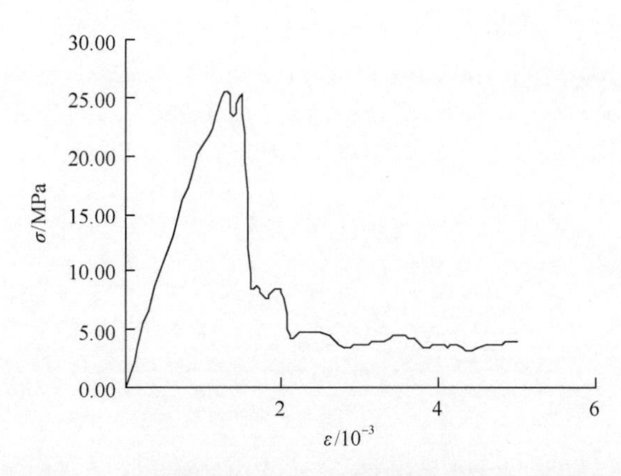

图 5.4　在静载荷作用下数值试样的应力-应变曲线

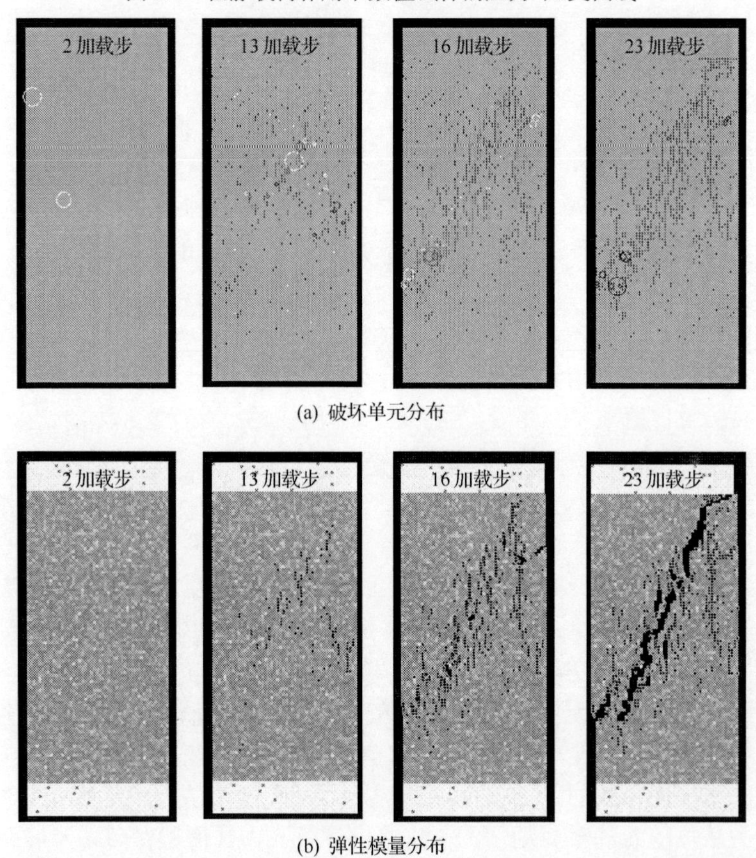

(a) 破坏单元分布

(b) 弹性模量分布

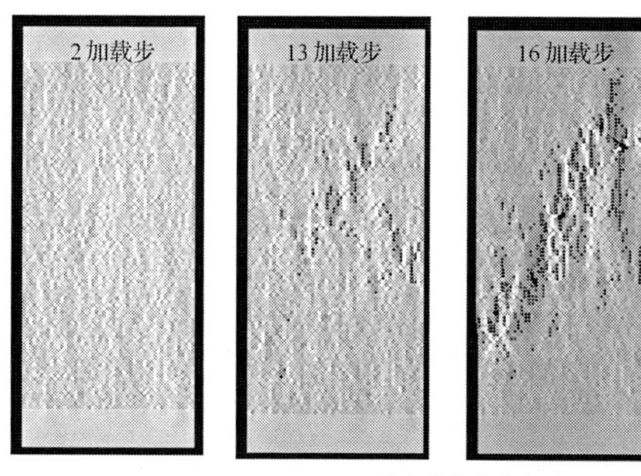

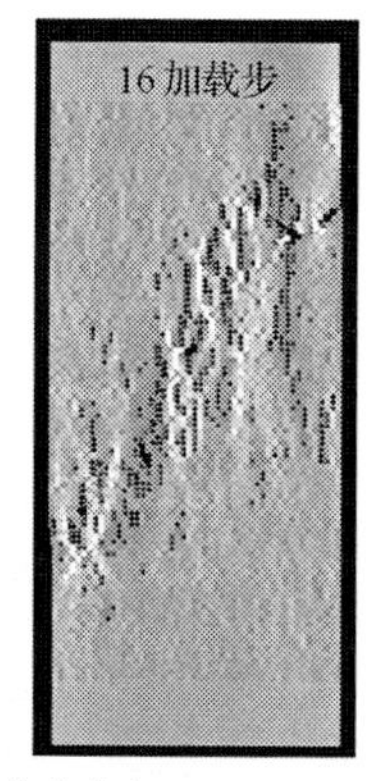

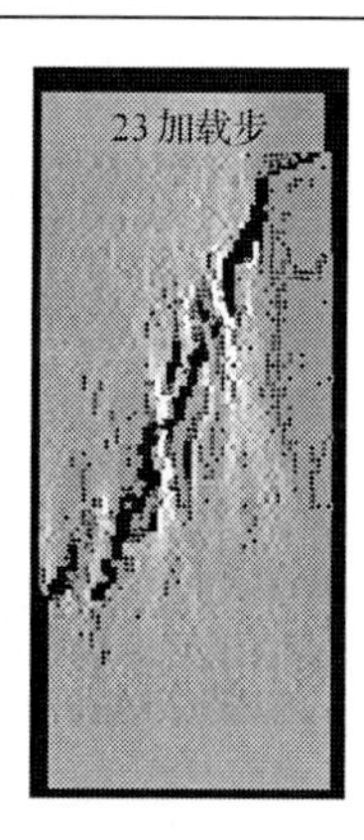

(c) 最大剪应力分布

图 5.5　数值试样在静载荷作用下的破坏过程(数值模拟结果)

5.2.2　动载荷作用

为了说明动载荷作用下岩石破坏的共性，以施加的应力波峰值为 100MPa、应力波延续时间为 1μs 的情况为例进行说明。冲击应力波从加载板开始传播，数值模拟结果给出了该加载条件下单元的破坏过程，这里只给出了剪应力分布图，如图 5.6 所示。从该图可以看出，应力波在数值试样中的传播过程，伴随着数值试样中单元的破坏，应力场分布也随之发生变化。通过分析，可以获得如下规律：①由于在加载板上施加的应力波为平面波，应力波在数值试样中传播时，波前保持平面。②应力波沿数值试样纵向传播时，由于在数值试样两个自由面上发生复杂的应力波反射、透射，将不断产生大量的剪切波和拉伸波，反映到剪应力分布图上是压缩波前尾随两个剪切波构成了三角形。这与理论解析推导的波形传播具有很好的一致性。③图 5.7 为数值试样顶部 A 点和中部 B 点的最大主应力波形图。开始在冲击端，由于受到瞬间的冲击，产生的动载荷突然跃迁，有一个主应力峰值，当距离冲击端越远，应力波峰值降低，如 B 点的比 A 点的低，说明应力波传播满足某种衰减规律。此外，还可以看出，应力波要经过 4μs 左右才到达数值试样，应力波经过在垫板中传播和在垫板与数值试样界面处的反射和透射后，波峰值衰减了 60%左右。所以，在岩石动载荷试验中，特别是在岩石冲击载荷试验中，加垫板对岩石破坏的影响很大，这与静载荷作用破坏岩石是不同的。④对于非均匀性数值试样，在动载荷作用下的破坏规律与静载荷作用下的破坏规律有很大的不同，随着压缩应力波从上向下传播，从开始，数值试样顶部就有大量单元出现破坏，并且破坏单元的密度从上到下逐渐减小，在横向上这些破坏单元分布较均匀，但是这些微破裂都没有相互贯通而发展成为贯穿数值试样的裂纹，而是在数值试样顶部呈现粉碎状，从上到下损伤和破碎程度逐渐减弱。这与静载荷作用时在宏观上微破裂最终发展成一条或多条主裂纹是不同的。⑤应力波到达底端经自由面反射后，破碎单元数目较前面减少，反射后的应力场有一定程度的变化。应力波在数值试样内来回多次传播，直至应力场消失为止。正是应力波在数值试样内来回传播，才使岩石受到不同程度的损伤和破坏。

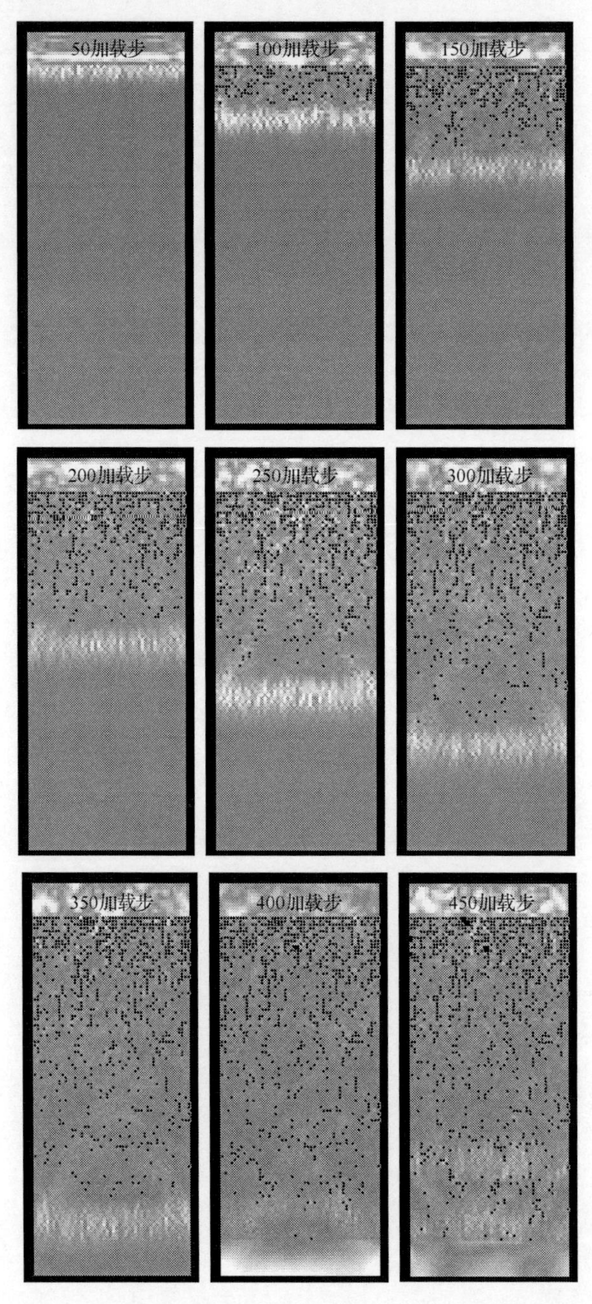

图 5.6　数值试样在动载荷作用下的破坏过程(数值模拟结果)

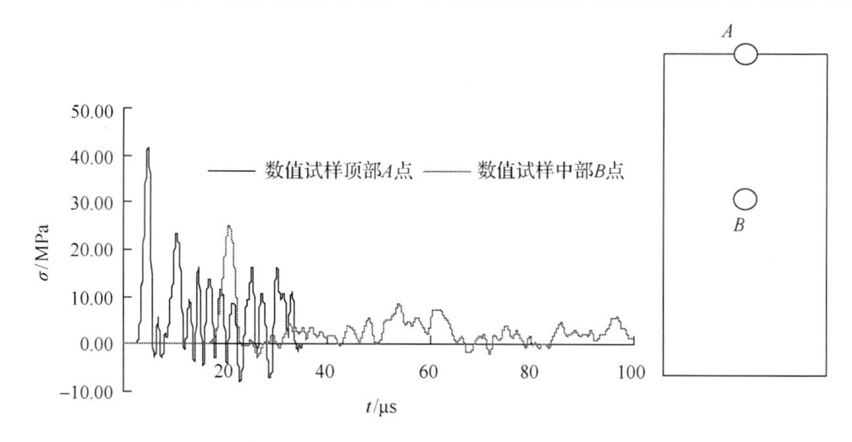

图 5.7　数值试样顶部 *A* 点和中部 *B* 点的最大主应力波形图

目前对动荷载作用下的岩石细观破坏过程的观察主要采用单元破坏数分析方法[25]。在该加载条件下，岩石破坏单元数-加载步关系如图 5.8 所示，当应力波传至数值试样时，主破裂就开始了。同时，可以看出，岩石均质度对单元破坏数的时间分布有一定的影响。若岩石相对均匀，单元破坏数在时间分布上相对均匀[图 5.8(a)]；对非均匀性岩石，单元破坏数在时间分布上呈递减趋势，这是应力波在非均匀性岩石中传播时相对较多的单元被破坏造成应力波能量耗散引起的[图 5.8(b)]。

下面分别讨论动载荷作用下影响岩石破坏的 3 个主要因素。

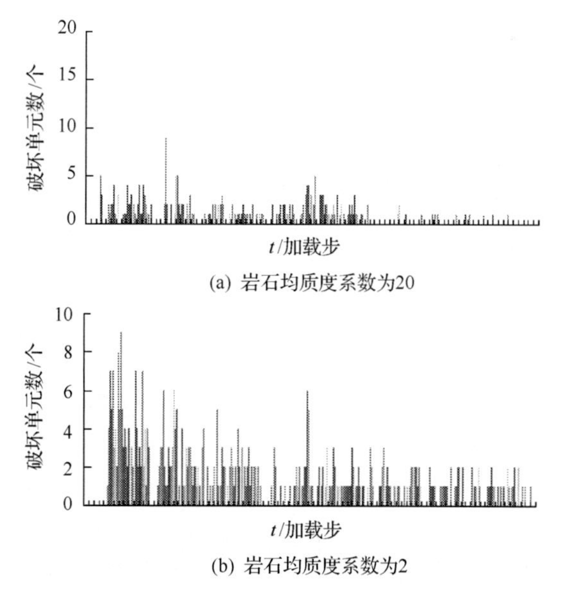

图 5.8　在均匀性和非均匀性数值试样中破坏单元数-加载步关系图

1. 应力波延续时间

这里所谓的应力波延续时间是指单个应力波达到波峰值时所需的时间。这里只讨论应力波峰值为 100MPa，应力波延续时间分别为 1μs、4μs、8μs 3 种情况。

图 5.9～图 5.11 分别是应力波延续时间分别为 1μs、4μs、8μs 3 种情况时数值试样破坏过程的剪应力分布图。比较各图，应力波延续时间较短，应变速率较大，应力波波前尾随的高应力区范围较窄，如图 5.9～图 5.11 的第 100 加载步所示。相反，应力波延续时间较长，应变速率较小，应力波波前尾随的高应力区范围较大，这样可使岩石处于破坏状态的时间延长。应力波延续时间越短，应力波到达底端自由面反射后，破碎单元数目越少，如图 5.9 所示，第 200 加载步时应力波传播到底部，之后应力场变化较少，说明应力波延续时间较短，应力波衰减较快；随着应力波延续时间的增长，数值试样承受应力场的时间更长，并且应力波反射后仍然继续对未破坏的单元进行破坏，应力波在数值试样内来回多次作用使数值试样破坏程度加大。但从图 5.12 不同延续时间的应力波破坏岩石过程的破坏单元累计数比较来看，如果用破坏单元数来反映数值试样的破碎程度，可以认为，并不是应力波延续时间越长，岩石破碎程度越大，而是存在一个合适的应力波延续时间，过分地加大应力波延续时间，反而不利于岩石破碎，因为从单个应力波来说，

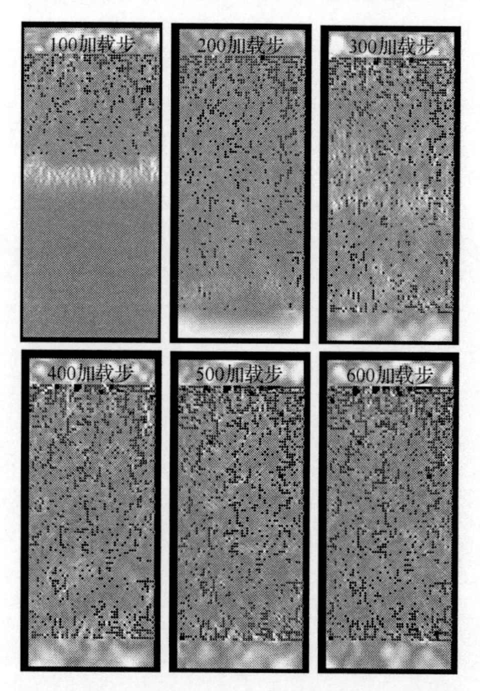

图 5.9　应力波延续时间为 1μs 时数值试样破坏过程的剪应力分布图

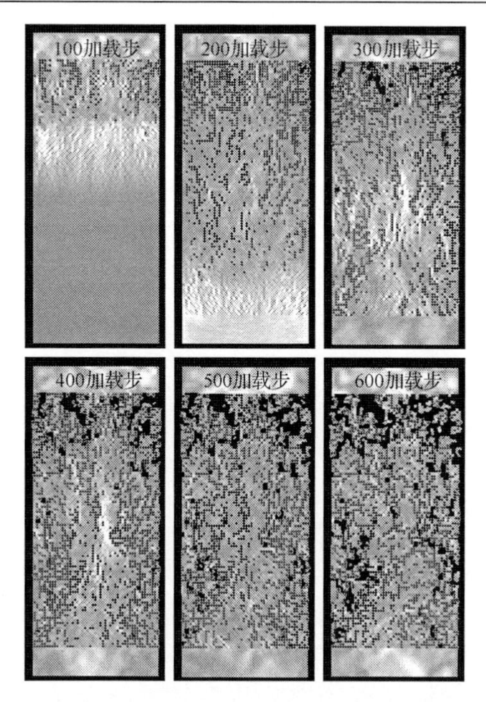

图 5.10　应力波延续时间为 4μs 时数值试样破坏过程的剪应力分布图

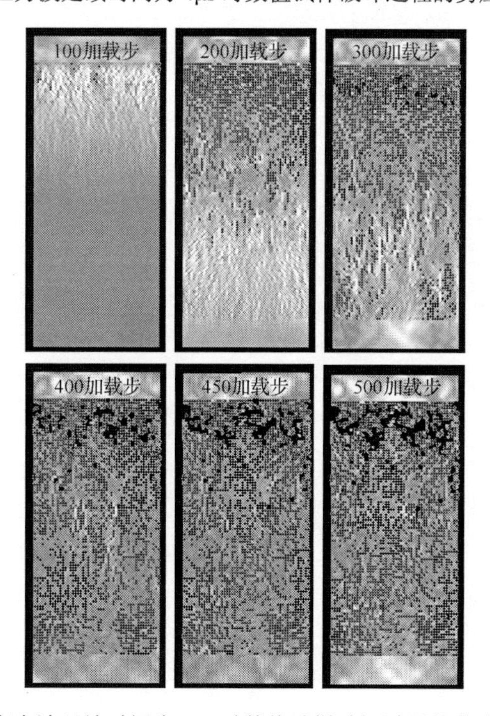

图 5.11　应力波延续时间为 8μs 时数值试样破坏过程的剪应力分布图

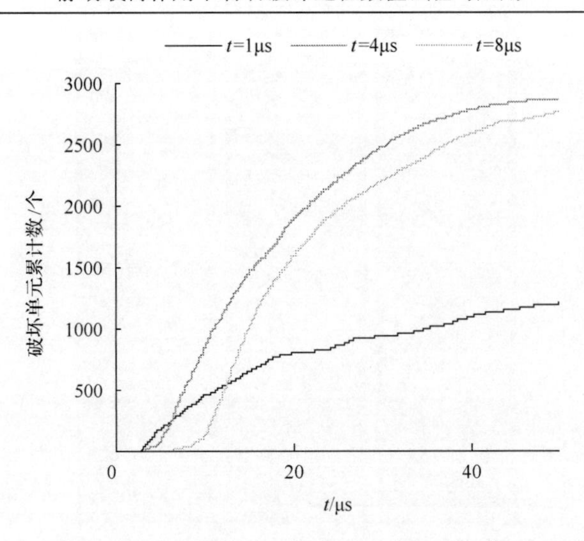

图 5.12　不同延续时间的应力波破坏岩石过程的破坏单元累计数比较

加大了应力波延续时间，等于降低了应变速率，使岩石加载向准静态转化，不利于岩石裂隙的发育，这与图 5.9～图 5.11 反映的情况是一致的。李夕兵和古德生[1]用 SHPB 装置对数值试样进行了不同应力波延续时间的试验，试验表明，虽然岩石动态破坏强度与应力波延续时间无关，但是应力波要有一定长的时间才能使岩石产生破裂。该试验结论与数值分析结果应该是一致的。

2. *应力波峰值*

图 5.13～图 5.15 分别给出了应力波延续时间为 1μs，应力波峰值分别为 20MPa、40MPa 和 60MPa 时数值试样破坏过程的剪应力的分布图。从图 5.13～图 5.15 来看，在动载荷作用下，应力波峰值较低时，应力波反射后不能有效地破碎岩石，如应力波峰值为 20MPa 时的情况(图 5.13)；随着应力波峰值的增大和应力波的传播，单位面积的单元破坏数也增加，反射后的应力波的破坏单元数也增加，如应力波峰值分别为 40MPa 和 60MPa 时的情况(图 5.14，图 5.15)。总之，随着应力波峰值的增大，综合前面的试验来看，数值试样的破坏程度加大，当应力波峰值达到一定值时，在宏观上数值试样顶部呈现粉碎状，从上到下损伤和破碎程度逐渐减弱。上述数值试样在不同应力波峰值作用下表现的破坏模式与文献[22]介绍的不同应力波峰值作用下巴西圆盘试样的劈裂破坏模式不同，这说明在动载荷作用下，不同的加载方式、不同的数值试样形状、不同的加载边界，都将对岩石试样的破坏模式产生影响。

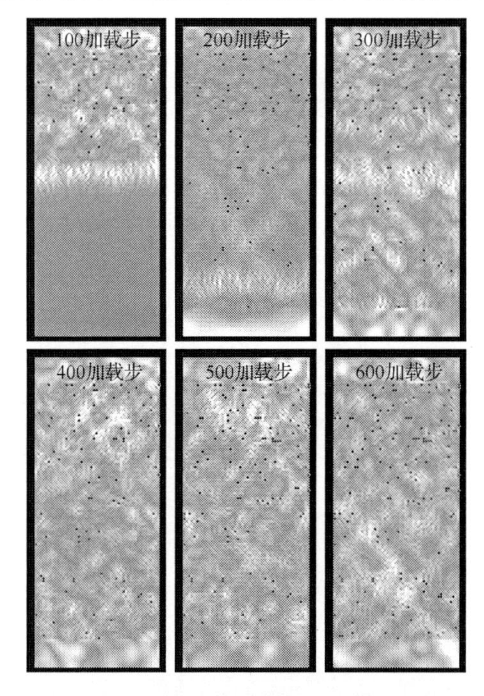

图 5.13　应力波峰值为 20MPa 时数值试样破坏过程的剪应力分布图

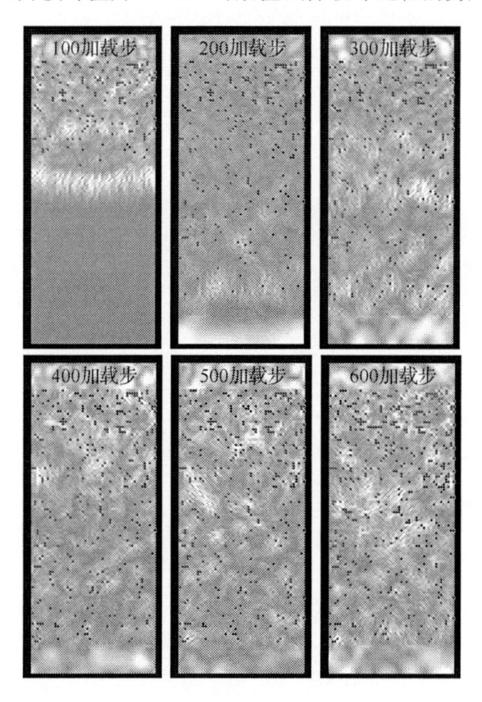

图 5.14　应力波峰值为 40MPa 时数值试样破坏过程的剪应力分布图

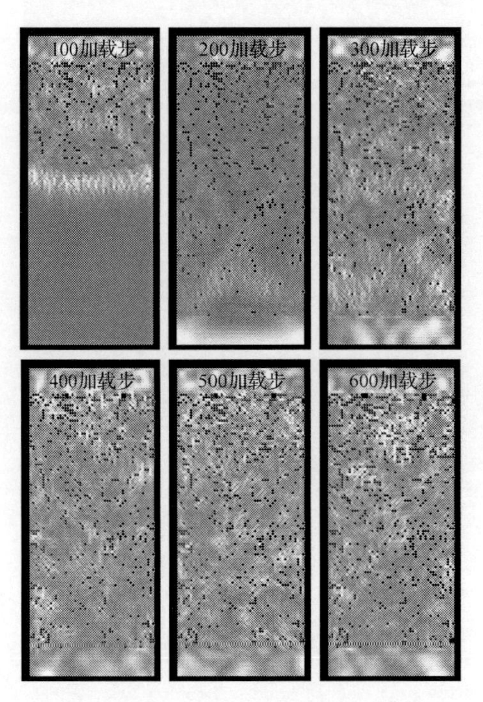

图 5.15　应力波峰值为 60MPa 时数值试样破坏过程的剪应力分布图

从图 5.16 不同峰值的应力波破坏岩石过程的破坏单元累计数比较来看，同样地，如果用破坏单元累计数反映数值试样的破碎程度，可以认为，随着应力波峰值的增大，岩石破坏程度也增大。这与文献[1]的试验结果是相符的。

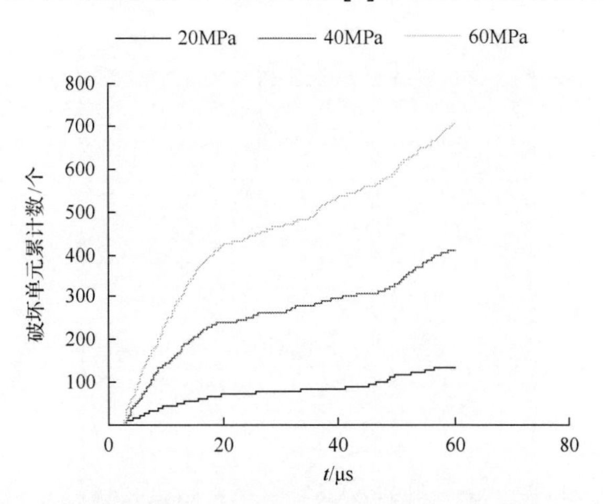

图 5.16　不同峰值的应力波破坏岩石过程的破坏单元累计数比较

3. 围压

图 5.17～图 5.19 给出了应力波延续时间为 4μs，应力波峰值为 200MPa，围压分别为 5MPa、10MPa、15MPa 时数值试样破坏过程的剪应力分布图(第 100 加载步之前为围压加载过程)。从 3 组围压情况来看，围压越大，岩石初始损伤也越大；相同动载荷作用于不同围压的数值试样，围压越大，岩石破碎区的范围越小，但是破碎区内被破碎的岩石的破碎程度越大。

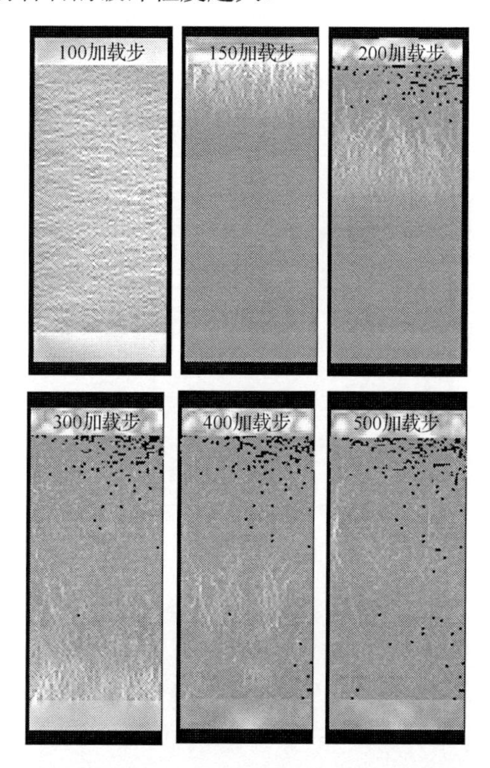

图 5.17　围压为 5MPa 时数值试样破坏过程的剪应力分布图

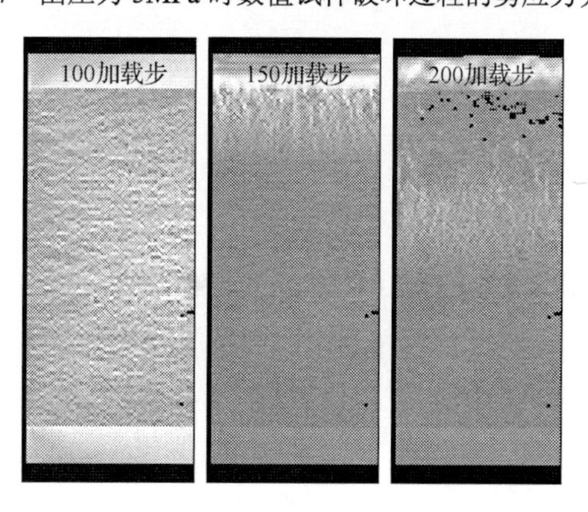

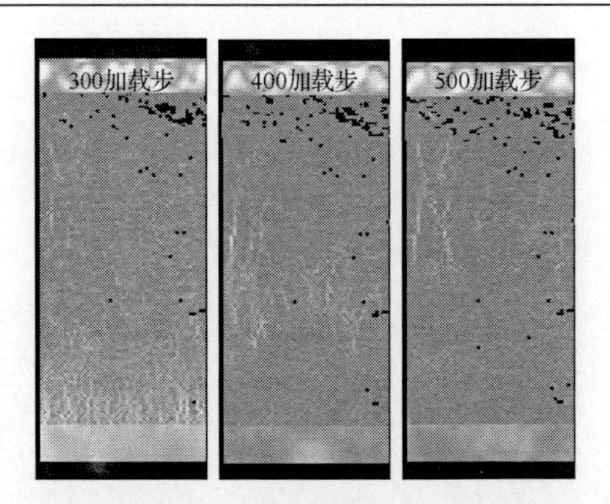

图 5.18 围压为 10MPa 时数值试样破坏过程的剪应力分布图

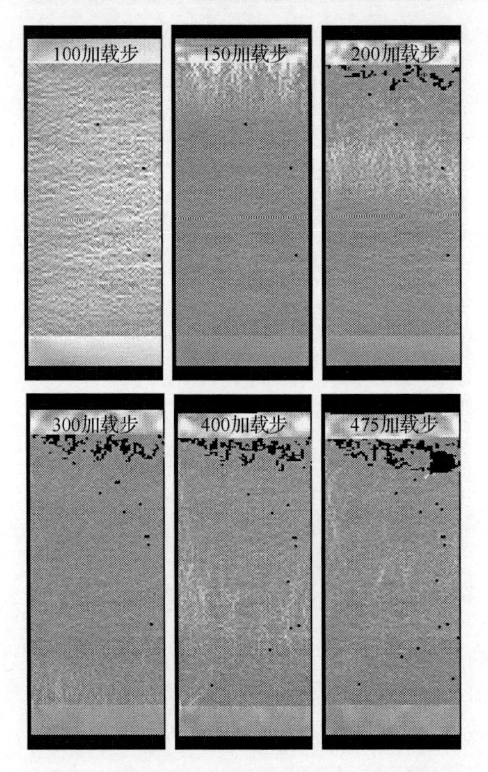

图 5.19 围压为 15MPa 时数值试样破坏过程的剪应力分布图

图 5.20 是数值试样在上述 3 种不同围压作用下其中部点最大主应力波形图(应力波加载起始点为时间 t 的零点)，可以看出，随着围压的增大，最大主应力峰值减小，这说明围压越大，岩石在动载荷作用之前的初始损伤越大，此时应力波在其中传播时衰减得就越快。这也可以解释上述围压越大时，相同动载荷作用下的岩石破碎范围越小的现象。

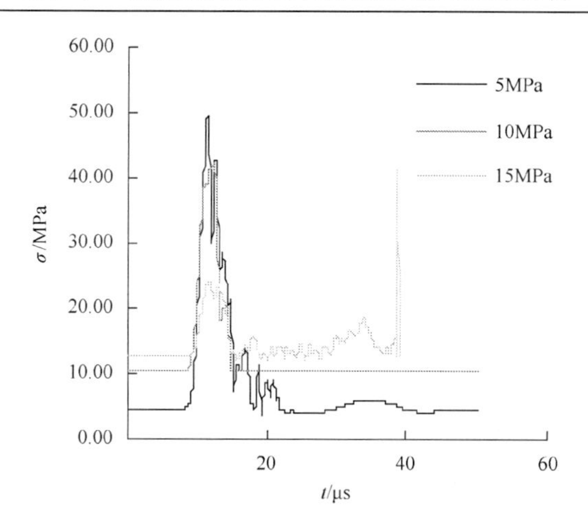

图 5.20　受不同围压的数值试样在相同动载荷作用下其中部点最大主应力波形图

为了更进一步分析围压对岩石破坏的影响，给出了 3 种不同围压情况下的破坏单元累计数曲线(应力波加载起始点为时间 t 的零点)，如图 5.21 所示，随着围压的增加，岩石破坏单元累计数有减少的趋势，说明随着围压的增大，岩石较难破碎。但是，围压为 15MPa 时，应力波传播到 38μs 左右，破坏单元累计数有突增的现象，数值试样被破碎，发生失稳破坏。如前所述，数值试样的宏观抗压强度为 21MPa，所以数值试样失稳破坏现象可以这样解释，当数值试样所受围压较小，在弹性范围内时，内部微裂纹和空隙被压实，岩石较难破碎；当围压较大并超出弹性范围时，岩石内部的损伤有较大幅度的增加，所以动载荷作用后，在开始阶段所作用范围内的应力波衰减得更快，衰减后的应力波较难破碎岩石，因此，同样表现出围压增加，动载荷更难破碎岩石；但在后面阶段，应力波在岩石试样内来回传播，使接近临界失稳状态的数值试样内的损伤全部激活，所以在应力波传播一定时间以后，数值试样破坏单元累计数突增，导致数值试样失稳破坏。

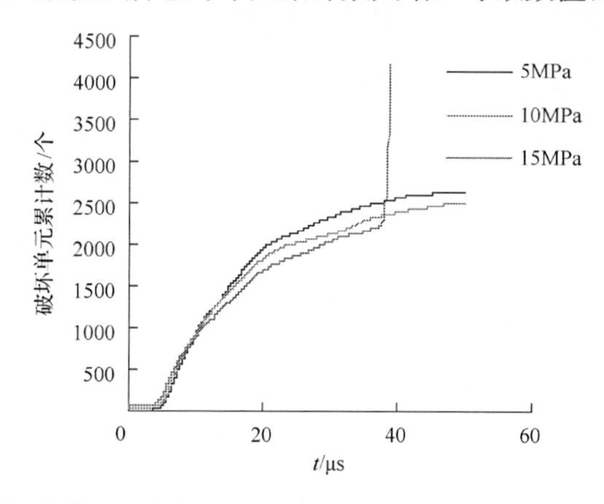

图 5.21　受不同围压的数值试样在相同动载荷作用下破坏过程中的破坏单元累计数比较

数值试样的围压增大，在动载荷作用下岩石更难破碎，这与文献[1]的结果是一致的。当岩石损伤到一定程度，岩石处于临界失稳状态，此时受一定大小的扰动就能使岩石失稳破坏，这与文献[26]的结果也是一致的。值得说明的是，上述现象与实验室的情况有所不同，上述数值试验是在没有侧向约束的情况下进行的，而实验室施加围压时一般同时施加了侧向约束。所以，数值试验加围压到一定值时，在动载荷作用下数值试样可能会整体失稳破坏。

5.3　本 章 小 结

本章采用基于细观损伤力学基础上开发的动态版 RFPA^{2D} 数值模拟软件，对数值试样在不同应力波延续时间、不同应力波峰值和不同围压作用下的动态破坏规律进行了数值模拟，同时将动载荷和静载荷作用的破坏规律进行了比较，得出了如下结论：

(1)应力波延续时间较短，尾随应力波波前的高应力区范围较窄，应力波衰减较快；相反，应力波延续时间较长，尾随应力波波前的高应力区范围较大，岩石处于破坏状态的时间延长，岩石的破碎程度加大。此外，存在一个合适的应力波延续时间，过分地加大应力波延续时间，反而不利于岩石裂隙的发育。

(2)动载荷作用下应力波峰值越大，数值试样的破坏程度越大，当峰值达到一定值时，数值试样顶部呈现粉碎状，数值试样从上到下破坏程度逐渐减弱。

(3)在冲击载荷作用下，岩石随着围压的增加更难破碎，但当围压增大到一定程度时，在侧向无约束的情况下，岩石会突然失稳破坏。

(4)在动载荷作用下，数值试样有更多的裂纹萌生并扩展，这与静载荷作用下只形成一条或多条主裂纹的情形是不同的。

参 考 文 献

[1] 李夕兵, 古德生. 岩石冲击动力学[M]. 长沙: 中南工业大学出版社, 1994

[2] 李夕兵, 古德生. 岩石在不同加载波条件下能量耗散的理论探讨[J]. 爆炸与冲击, 1994, 14(2): 129-139

[3] 胡柳青, 李夕兵, 赵伏军. 冲击载荷作用下岩石破裂损伤的耗能规律[J]. 岩石力学与工程学报, 2002, 21(a02): 2304-2308

[4] 李海波, 赵坚, 李俊如, 等. 三轴情况下花岗岩动态力学特性的实验研究[J]. 爆炸与冲击, 2004, 24(5): 470-474

[5] Zhao J, Li H B, Wu M B, et al. Dynamic uniaxial compression test of a granite[J]. International Journal of Rock Mechanics and Mining Sciences, 1999, 36(2): 273-277

[6] Zhang Z X. Effects of loading rate on rock fracture[J]. International Journal of Rock Mechanics and Mining Sciences, 1999, 36(5): 597-611

[7] Shan R L, Jiang Y S, Li B Q. Obtaining dynamic complete stress-strain curves for rock using the split hopkinson pressure bar technique[J]. International Journal of Rock Mechanics and Mining Sciences, 2000, 37(2): 983-992

[8] 杨军, 高文学, 金乾坤. 岩石动态损伤特性实验及爆破模型[J]. 岩石力学与工程学报, 2001, 20(3): 320-323

[9] Zhao J. Application of Mohr-Coulomb and Hoek-Brown strength criteria to the dynamic strength of brittle rock[J]. International Journal of Rcok Mechanics and Mining Science, 2000, 37(7): 1115-1121

[10] 高文学，杨军，黄风雷. 强冲击载荷下岩石本构关系研究[J]. 北京理工大学学报, 2000, 20(2): 165-170

[11] 于滨，刘殿书，乔河，等. 爆炸载荷下花岗岩动态本构关系的实验研究[J]. 中国矿业大学学报，1999，28(6): 552-555

[12] Taylor L M, Chen E P, Kuszmaul J S. Microcrack-induced damage accumulation in brittle rock under dynamic loading[J]. Computer Methods in Applied Mechanics and Engineering, 1986, 55(3): 301-320

[13] 李海波，赵坚，李廷芥，等. 花岗岩动三轴抗压强度的裂纹模型研究(Ⅱ): 应用[J]. 岩土力学，2002，23(3): 329-333

[14] 林皋，陈健云. 混凝土大坝的抗震安全评价[J]. 水利学报, 2001, 1(2): 8-15

[15] Tang C A, Liu H, Lee P K K, et al. Numerical studies of the influence of microstructure on rock failure in uniaxial compression—Part I: Effect of heterogeneity[J]. International Journal of Rock Mechanics and Mining Sciences, 2000, 37(4): 555-569

[16] Tang C A, Xu T, Yang T H, et al. Numerical investigation of the mechanical behavior of rock under confining pressure and pore pressure[J]. International Journal of Rock Mechanics and Mining Sciences, 2004, 41(3): 421-422

[17] Tang C A, Yang W T, Fu Y F, et al. A new approach to numerical method of modeling geological processes and rock engineering problems—continuum to discontinuum and linearity to nonlinearity[J]. Engineering Geology, 1998, 49(s3-4): 207-214

[18] Tang C A, Liu H Y, Zhu W C, et al. Numerical approach to particle breakage under different loading conditions[J]. Powder Technology, 2004, 143(26): 130-143

[19] Kaiser P K, Tang C A. Numerical simulation of damage accumulation and seismic energy release during brittle rock failure—Part Ⅱ: Rib pillar collapse[J]. International Journal of Rock Mechanics and Mining Sciences, 1998, 35(2): 123-134

[20] Tang C A, Liu H, Lee P K K, et al. Numerical studies of the influence of microstructure on rock failure in uniaxial compression—Part Ⅱ: Constraint, slenderness and size effects[J]. International Journal of Rock Mechanics and Mining Sciences, 2000, 37(4): 571-583

[21] Chau K T, Zhu W C, Tang C A, et al. Numerical simulations of failure of brittle solids under dynamic impact using a new computer program-DIFAR[J]. Key Engineering Materials, 2004, 261-263: 239-244

[22] 朱万成，唐春安，黄志平，等. 静态和动态载荷作用下岩石劈裂破坏规律的数值模拟[J]. 岩石力学与工程学报, 2005, 24(1): 1-7

[23] 朱万成，唐春安，杨天鸿，等. 岩石破裂过程分析(RFPA^{2D})系统的细观单元本构关系及验证[[J].岩石力学与工程学报, 2003, 22(1): 24-29

[24] Zhu W C, Tang C A. Numerical simulation on shear fracture process of concrete using mesoscopic mechanical model[J]. Constructions and Building Materials, 2002, 16(8): 453-463

[25] 黄志平. 动态载荷作用下岩石破裂过程的数值模拟[D]. 沈阳：东北大学, 2004

[26] 左宇军，李夕兵，马春德，等. 动静组合载荷作用下岩石失稳破坏的突变理论模型与实验研究[J]. 岩石力学与工程学报, 2005, 24(5): 741-746

第6章　动载荷作用下岩石层裂过程数值模拟

层裂是冲击载荷造成材料破坏的一种典型方式[1]，因此，研究冲击载荷条件下材料的层裂现象具有十分重要的意义。霍布金森通过引爆附在钢板一面的炸药，观察到在钢板自由面上产生层裂飞片的现象，就认识到钢板层裂是压缩波的反射形成的拉应力波造成的；到20世纪90年代，郭文章等用霍布金森实验技术研究了金属材料的层裂，提出了最大拉应力准则，并在一定程度上计算了应变效应[2]；1968年，Tuler和Butcher提出层裂不是瞬态发生的，而是取决于材料损伤成核和发展过程，并给出了与外部载荷历史相关的层裂判据[3]，表明了材料中的损伤取决于载荷历史，说明损伤是一个累积过程[4]。Khan[5]用不同的本构模型通过计算和试验对比，研究了韧性材料和脆性材料中裂纹生长至层裂的过程，应力波造成材料损伤和破坏的方式不仅限于表面附近的层裂，应力波在固定表面上反射产生压力的增强、应力波在若干平面或曲面上反射造成的聚焦，都可能造成材料内部的破坏。总之，长期以来，众多研究者关注的问题有两方面[1]：一方面是产生层裂的机理；另一方面是建立包含应力脉冲幅值和持续时间的层裂准则。

从机理上讲，层裂是由于高强度压应力波在介质自由表面反射为一新拉应力波造成的拉伸破坏[6]。是否发生剥落及裂缝，主要取决于4个因素，即材料的动态断裂强度、应力波的应力大小、应力波的波形及作用时间[7]。一些学者基于对产生层裂机理的认识提出了相应的层裂模型及层裂准则[8-14]。在这些模型中，材料被假定为均匀体。并且建立的理论模型的参量一般难以确定，所以模型一般难以具体实施。尽管试验是确定这些模型参数的重要手段，但由于试验的设备和边界条件的不同，得到的试验结果往往具有一定的差异[15-19]。此外，在材料的动态试验与理论研究中，考虑的因素往往非常有限，难以满足工程问题研究的需要[20]。

冲击现象具有瞬时完成的特点，如果能用数值模拟的图形和图像显示该瞬时条件下物质状态的动态变化过程，然后通过对图像的分析得到冲击诱发层裂等现象的一些规律，发现通过实验室试验和理论分析发现不了的现象，将丰富研究人员对冲击诱发层裂等过程的认识。为此，本章以岩石材料为例，尝试利用新近开发的动态版 $RFPA^{2D}$ 数值模拟软件[21-23]，将岩石视为非均匀性介质，对冲击载荷作用下影响岩石层裂破坏的主要因素，如应力波、岩石性质、自由面和围压等分别进行数值试验，利用数值模拟的图形和图像显示冲击载荷作用下非均匀性介质中应力波反射诱发层裂的过程，然后对其机理进行分析。

6.1 数 值 模 型

设定基元尺寸为 0.5mm，选取的数值试样模型的长宽比分别为 1∶2 和 1∶3，其具体尺寸分别为 20mm×40mm 和 20mm×60mm。材料的力学参数见表 6.1，按标准数值试样进行数值试验，均质度系数为 2 的数值试样与静抗压强度为 37MPa、弹性模量为 40GPa 的岩石试样相对应；均质度系数为 5 的数值试样与静抗压强度为 70MPa、弹性模量为 44GPa 的岩石试样相对应。

表 6.1　材料的力学参数

参数名称	参数值	参数名称	参数值
弹性模量/GPa	50	均质度系数 m_1	2 5
抗压强度/MPa	200	均质度系数 m_2	2 5
泊松比	0.25	均质度系数 m_3	100
容重/$(kg \cdot m^{-3})$	2500	均质度系数 m_4	100
残余强度/MPa	0.1	压拉比	10 20
残余泊松比	1.1	内摩擦角/(°)	30
最大拉应变	5	最大压应变	100

不同围压下数值试样的加载方式如图 6.1 所示，数值试样 4 个边界均为自由面。围压为静态加载，此时整个加载过程采用位移控制，加载位移量 $\Delta s = 0.005$mm/步，加载总步数依据具体方案而定。在动态分析中，数值试样施加 1 个随时间变化的应力波，直接加载部位尺寸为 1mm×3mm，按 0.1μs/步加载。

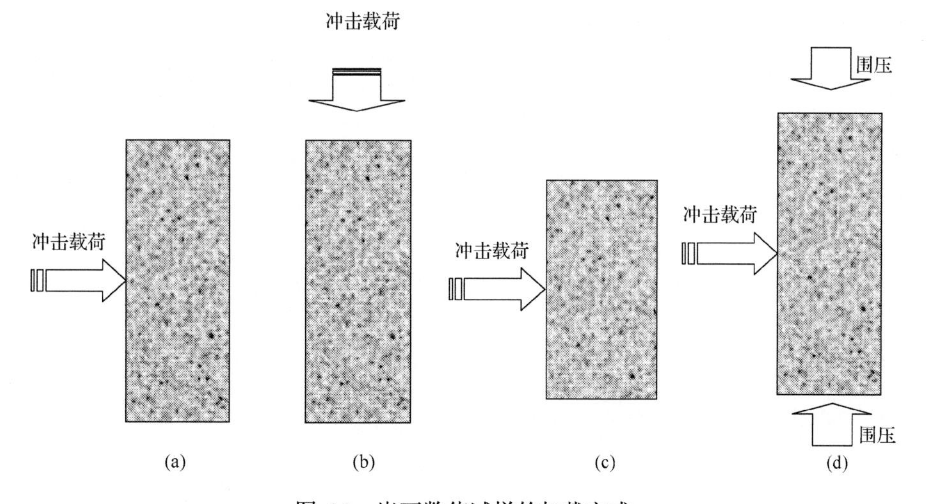

图 6.1　岩石数值试样的加载方式

数值试验分如下几种情况：

1）不同应力波

(1)不同应力波延续时间。如图 6.2(a)所示，应力波延续时间分别为 1μs、2μs、4μs，如果按一维纵波速度计算公式 $C_v = \sqrt{E/\rho}$（其中 C_v 为一维纵波速度，E 为弹性模量，ρ 为密度）计算可得到相应的波长分别为 4.5mm、8.9mm、17.9mm。此时施加的应力波峰值均为 200MPa。

(2)不同应力波峰值。如图 6.2(b)所示，应力波峰值分别为 100MPa、200MPa、300MPa。此时应力波延续时间均为 1μs。

(3)不同波形。如图 6.2(c)所示，一种波形是应力上升和下降时间均相等，为等腰三角形波；另一种波形是应力下降时间为 0，为直角三角形波。此时施加的应力波峰值均为 200MPa，应力波延续时间均为 1μs。

上述 3 种情况均按如图 6.1(a)所示方式加载，数值试样弹性模量和抗压强度的均质度系数均为 5。

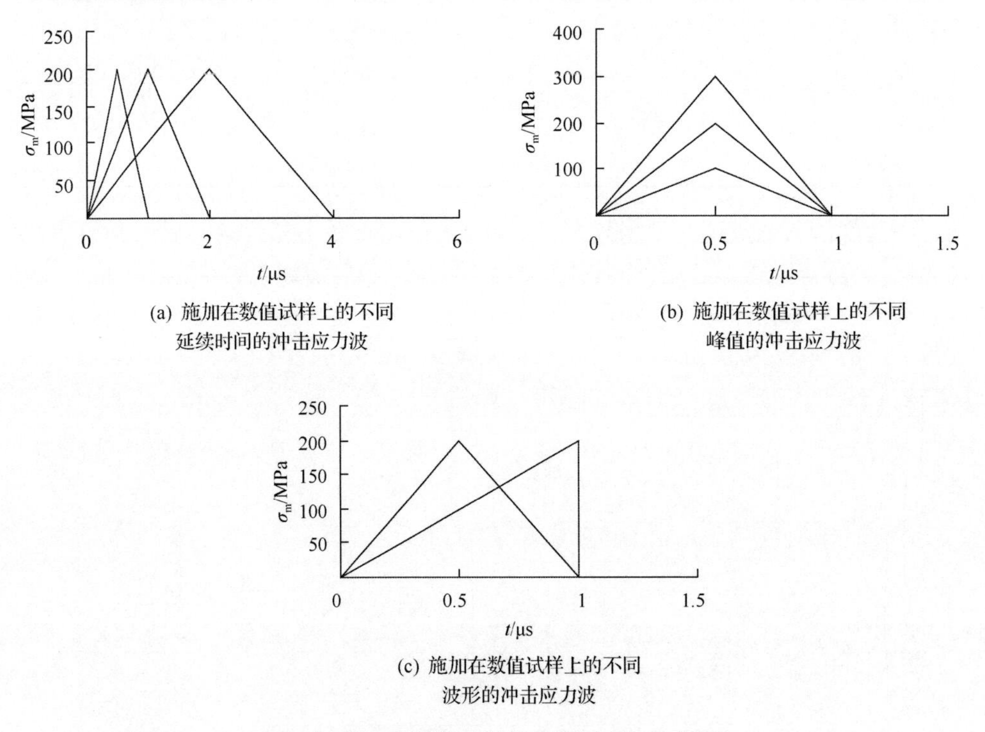

(a) 施加在数值试样上的不同延续时间的冲击应力波

(b) 施加在数值试样上的不同峰值的冲击应力波

(c) 施加在数值试样上的不同波形的冲击应力波

图 6.2　施加在数值试样上的不同冲击应力波

2）不同岩石材料力学性质

(1)不同压拉比。压拉比分别为 10 和 20。

(2)不同均质度系数。均质度系数分别为 2 和 5。

此时数值试样按如图 6.2(a)所示方式加载等腰三角形波，应力波延续时间均为 1μs，应力波峰值均为 200MPa。

3)不同自由面情况

一个自由面、两个平行自由面和两个垂直自由面的情况分别按图 6.1(a)～(c)所示方式加载等腰三角形波，此时施加的应力波延续时间均为1μs，应力波峰值均为 200MPa。

4)不同围压

数值试样所受围压分别为 5MPa、10MPa、15MPa 和 20MPa，均按如图 6.1(d)所示方式加载等腰三角形波，此时施加的应力波延续时间均为 1μs，应力波峰值均为 200MPa。

为了方便，约定在描述方案时，除特别说明外，数值试样的长宽比均为 1∶3，数值试样的压拉比均为 10，数值试样的弹性模量和抗压强度的均质度系数均为 5，加载的应力波波形均为等腰三角形，冲击应力波均按图 6.1(a)所示方式进行加载。所研究的问题被简化为平面应变问题进行处理。

6.2　数值模拟结果分析

为了说明冲击载荷作用下非均匀性介质中应力波反射诱发层裂过程的共性，以按图 6.1(a)所示施加应力波的情况为例进行说明，此时波形为等腰三角形、应力波峰值为 200MPa、应力波延续时间为 1μs。冲击应力波从加载部位开始传播，数值模拟结果给出了该加载条件下数值试样的破坏过程，由于篇幅所限，这里只给出剪应力分布图，颜色灰度反映了单元剪应力的相对大小，越亮的部位表示此处所受的剪应力越大。从图 6.3 可以看出，应力波在数值试样中的传播过程，伴随着数值试样单元的破坏，应力场分布也随之发生变化。通过分析，可以获得如下规律：①尽管在加载部位(1mm×3mm 的平面)施加的应力波为平面波，但平面波在数值试样中传播至相对较大的平面时，波前由平面变成了球形向四周传播。②图 6.4 为数值试样冲击部位 A 点、中部 B 点和自由面 C 点的最大主应力波形图。开始在冲击部位由于受到瞬间的冲击，产生的载荷突然跃迁，有一个较高的峰值。当应力波传播距离冲击端越远，应力波峰值越低，如 B 点比 A 点的低，C 点比 B 点的低，说明应力波传播满足某种衰减规律。此外，还可以看出，应力波要经过 5μs 左右才到达数值试样右端自由面，此时在自由面 C 点处产生拉应力波，如图 6.5 所示。③对于非均匀性数值试样，在冲击载荷作用下，随着压缩应力波从左向右传播，从开始，数值试样加载部位就有大量单元出现破坏，并且破坏单元的密度从加载部位沿径向方向逐渐减小。为了说明问题方便，将冲击部位附近被破坏的岩石分为两个区——粉碎圈和破碎圈，其中冲击部位为粉碎圈，岩石被充分破碎，剪应力分布图上表现为黑区；粉碎圈沿径向以外被破坏岩石组成破碎圈，在剪应力分布图上表现为微裂纹分布区域。从剪应力分布图上可以看出，在水平径向比其他方向产生的破坏单元较多，并在水平径向产生了一定深度的裂纹。裂纹的方向性说明了加载的平面波传播到相对较大的平面时尽管产生了辐射，但还是保持原来平面波的主体方向，表现为在该方向应力较大，相对有较大的破坏力。④从第 40 加载步和第 50 加载步的剪应力图来看，破坏单元数变化不大，说明应力波传播一定距离后由于应力波能量衰减，如图 6.4 所示，破坏能力逐渐减弱甚至消失。⑤当应力波传播至自由面后开始产生反射，如图 6.5 所示，同时反射波和入射波开始进行叠加，叠加现象从第 60 加载步以后的剪应力分布图上可以明显看到。⑥从第 60 加载步开始，数值试样又出现了大量的破坏单元，并且这些微破裂相互贯通进而发展成为平行于数值试样右端自由面的一定长度的裂纹，随着应力波的传播、反射与叠加，裂纹与自由面之间的岩石薄层逐渐鼓起和断裂，这就是常说的应力波反射拉伸造成的层裂破坏。⑦应力波继续传播、反射与叠加，破坏单元数又逐渐减少，最后应力场在数值试样内来回传播直至逐渐消失。⑧从对数值试样施加冲击载荷到应力波消失整个过程，可用数值试样破坏单元数-加载步曲线反映[24]，如图 6.6 所示。从图 6.6 可以看出，冲击应力波整个加载过程，单元微破裂经历了两个高潮，一个是冲击应力波加载开始时压应力波对数值试样单元的破坏，另一个是应力波反射对数值试样单元的拉伸破坏。在两个破坏高潮之间的一定时段内破坏单元数较少或为 0；产生主要层裂破坏以后，应力波产生的破坏单元数较少。

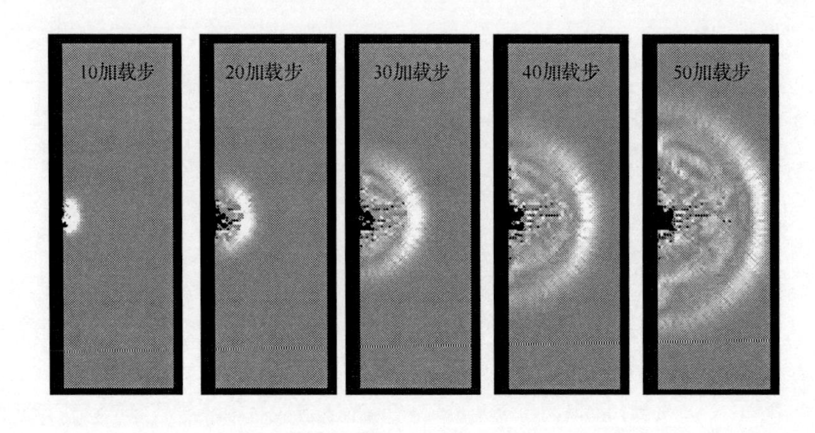

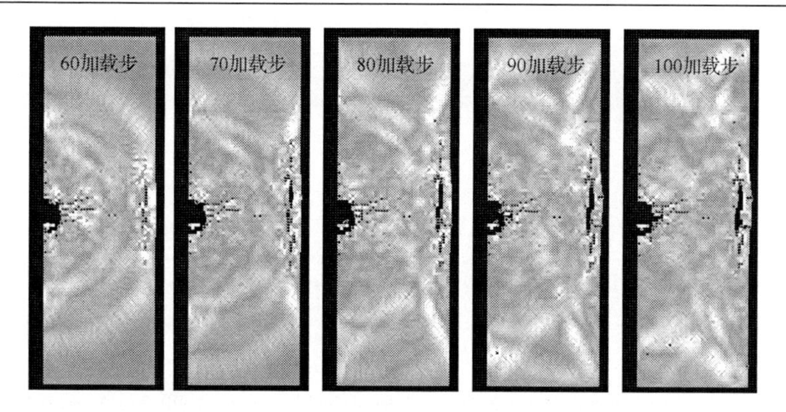

图 6.3　应力波峰值为 200MPa、应力波延续时间为 1μs 时数值试样破坏过程的剪应力分布图

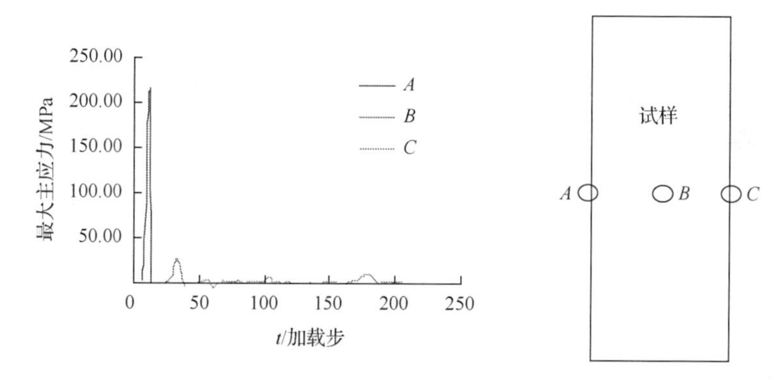

图 6.4　在数值试样 *A*、*B*、*C* 3 点处的最大主应力波形图

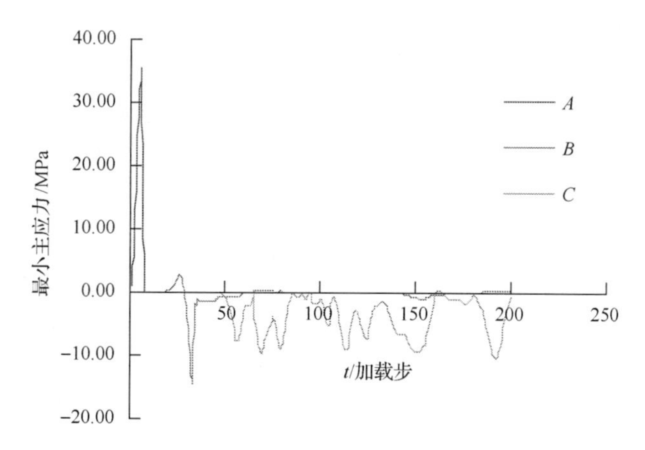

图 6.5　在数值试样 *A*、*B*、*C* 3 点处的最小主应力波形图

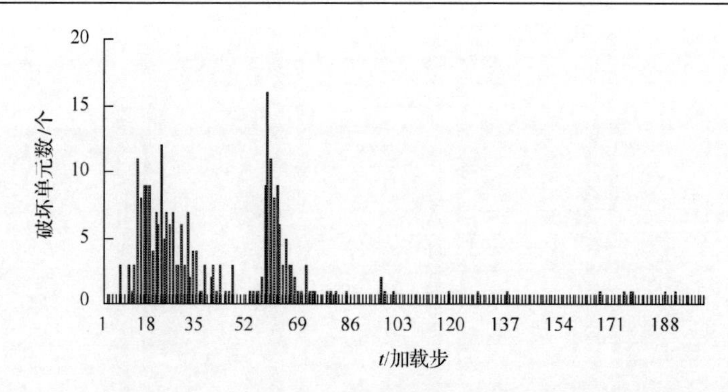

图 6.6　应力波峰值为 200MPa、应力波延续时间为 1μs 时试样破坏过程的破坏单元数-加载步曲线

下面分别讨论冲击载荷作用下影响应力波反射诱发岩石层裂破坏过程的几个主要因素。

6.2.1　不同应力波参数与不同应力波波形对层裂的影响

1. 应力波延续时间

这里的所说的应力波延续时间是指单个波传播至某点所需的时间。由于篇幅所限，只讨论应力波峰值为 200MPa，应力波延续时间分别为 1μs、2μs、4μs 3 种情况，如图 6.2(a)所示。

图 6.3、图 6.7 和图 6.8 分别是应力波延续时间为 1μs、2μs、4μs 3 种情况时数值试样破坏过程的剪应力分布图。比较图 6.3、图 6.7 和图 6.8，从冲击部位附近的岩石破坏情况来看，应力波延续时间较短时，在应力波上升阶段应变速率较大，此时冲击应力波造成的岩石粉碎圈相对较大，破碎圈内的微裂纹相对更加发育；但应力波延续时间较长时，岩石破碎圈范围有增大的趋势，并且破碎圈内微破裂有相互连接贯通的趋势，如应力波延续时间为 4μs 时，粉碎圈左上角从第 50 加载步左右开始形成宏观裂纹。从应力波反射诱发的层裂破坏来看，应力波延续时间较短时，层裂破坏更明显，表现为层裂区的长度和张开程度较大；对于确定尺寸的数值试样，加大应力波延续时间，应力波反射诱发岩石产生层裂破坏的现象会越来越不明显，甚至消失，这主要是应力波反射时入射波产生的应力还较高，反射波与入射波叠加后的应力不足以破坏岩石。此外，应力波延续时间较长时，在应力波上升阶段应变速率减小，使岩石加载向准静态转化，此时岩石处于应力加载状态的时间延长，数值试样吸收了较大的应变能，当变形达到一定程度时，岩石发生整体失稳破坏。从图 6.3、图 6.7 和图 6.8 所示的剪应力分布图来看，当应力波延续时间为 2μs 时，从第 233 加载步开始，数值试样发生整体失稳破坏，如图 6.7 所示；而当应力波延续时间为 4μs 时，从第 85 加载步开始，数值试样发生整体失稳破坏，如图 6.8 所示。

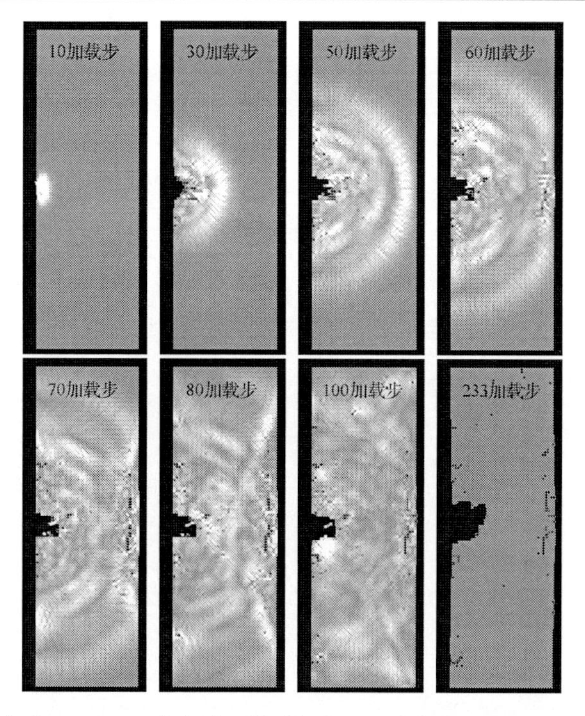

图 6.7　应力波峰值为 200MPa、应力波延续时间为 2μs 时数值试样破坏过程的剪应力分布图

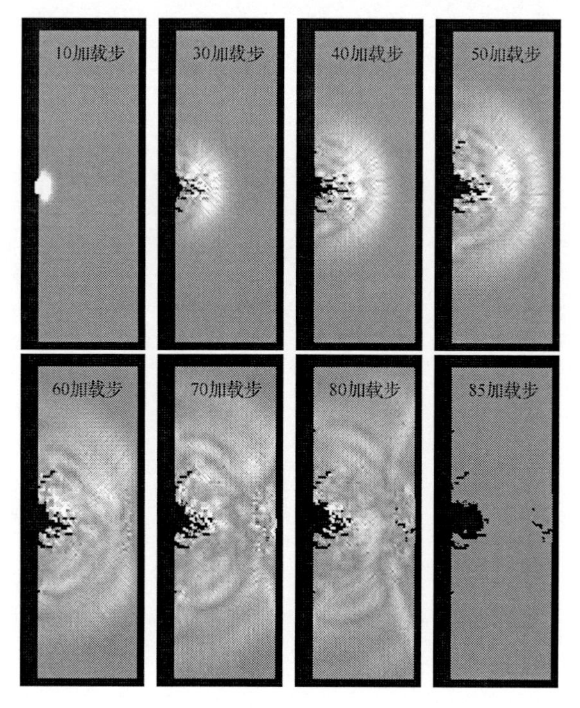

图 6.8　应力波峰值为 200MPa、应力波延续时间为 4μs 时数值试样破坏过程的剪应力分布图

从图 6.9 不同应力波延续时间数值试样破坏过程的破坏单元累计数–加载步曲线比较来看，如果用破坏单元累计数来反映数值试样的破坏程度，同样可以认为，应力波反射之前，应力波延续时间较短，岩石破碎程度相对较大；应力波产生反射时，岩石破坏单元数会产生突增现象，曲线出现一小段竖直向上的直线，但应力波延续时间增大到一定程度，这种现象越来越不明显，表现为曲线在该时段内较平滑；在岩石发生整体失稳破坏时，破坏单元数大幅度突增，曲线表现为竖直向上的直线，并且应力波延续时间较长时，出现大幅度突增现象的时间较早，这与图 6.3、图 6.7 和图 6.8 反映的情况是一致的。

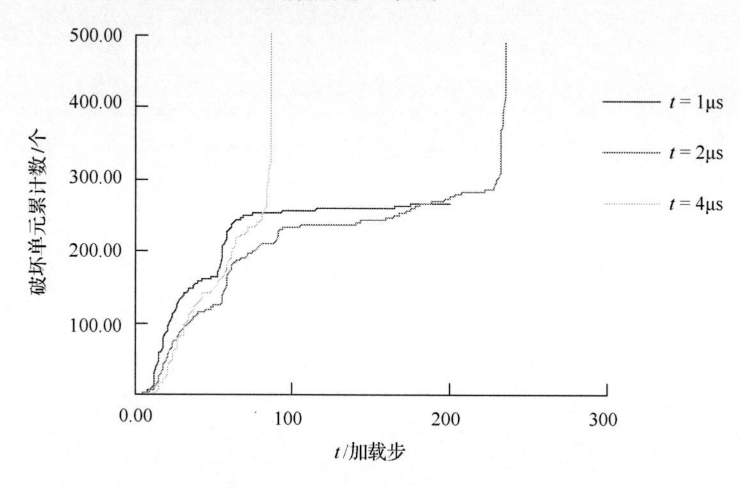

图 6.9　应力波峰值为 200MPa 时不同应力波延续时间数值试样破坏过程的破坏单元累计数-加载步曲线

李夕兵和古德生[25]在 SHPB 装置上对岩石试样进行了不同应力波延续时间的试验，结果表明，应力波要有一定长的时间才能使岩石产生整体失稳破坏。该试验结论与数值分析结果应该是一致的。

2. 不同应力波峰值

图 6.10、图 6.3 和图 6.11 分别给出了应力波延续时间为 1μs，应力波峰值分别为 100MPa、200MPa 和 300MPa 时数值试样破坏过程的剪应力分布图，此时加载的冲击波如图 6.2(b)所示。从图 6.10、图 6.3 和图 6.11 来看，在冲击载荷作用下，应力波峰值较小时，冲击部位附近和层裂区的岩石破坏程度减弱，在剪应力分布图上表现为粉碎圈较小，破碎圈相对较大，层裂区的微裂纹有的没有完全贯通，如图 6.10 所示；应力波峰值较大时，冲击部位附近和层裂区的岩石破坏程度

增大，在剪应力分布图上表现为粉碎圈较大，破碎圈相对较小，但破碎圈内沿水平径向的裂纹较多、较长，层裂区的微裂纹完全贯通，层裂区鼓起程度加大，如图 6.3 和图 6.11 所示；应力波峰值变化时，尽管层裂区的破坏程度有变化，但层裂区的厚度和长度变化不大，如图 6.10、图 6.3 和图 6.11 所示。此外，应力波峰值较大时，在试样冲击部位和层裂区以外区域，破坏单元数增加，在剪应力分布图上表现为黑点增加，如图 6.11 所示。上述数值试样在不同应力波峰值作用下表现的破坏模式与文献[22]、文献[23]介绍的不同应力波峰值作用下巴西圆盘试样的劈裂破坏模式不同，这说明在冲击载荷作用下，不同的加载方式、不同的数值试样形状、不同的加载边界，都将对数值试样在应力波反射下诱发的破坏模式产生影响。

从图 6.12 不同应力波峰值时数值试样破坏过程的破坏单元累计数–加载步曲线比较来看，同样，如果用破坏单元累计数来反映数值试样的破坏程度，可以认为，随着应力波峰值的增大，在冲击粉碎圈和破碎圈内的岩石破坏单元数有增加的趋势，但是应力波峰值增大到一定程度后，这种趋势变得不明显，在剪应力分布图

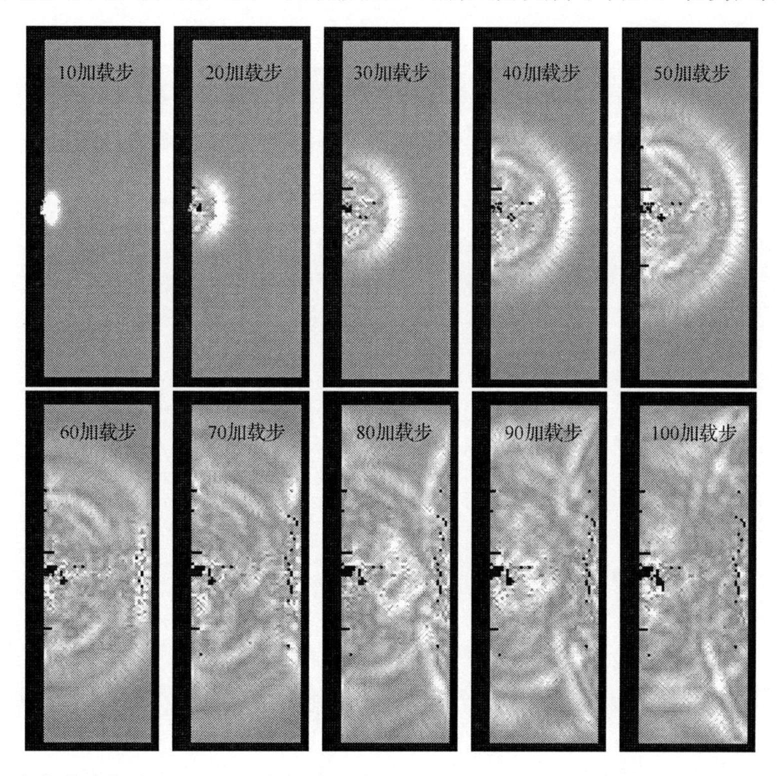

图 6.10　应力波峰值为 100MPa、应力波延续时间为 1μs 时数值试样破坏过程的剪应力分布图

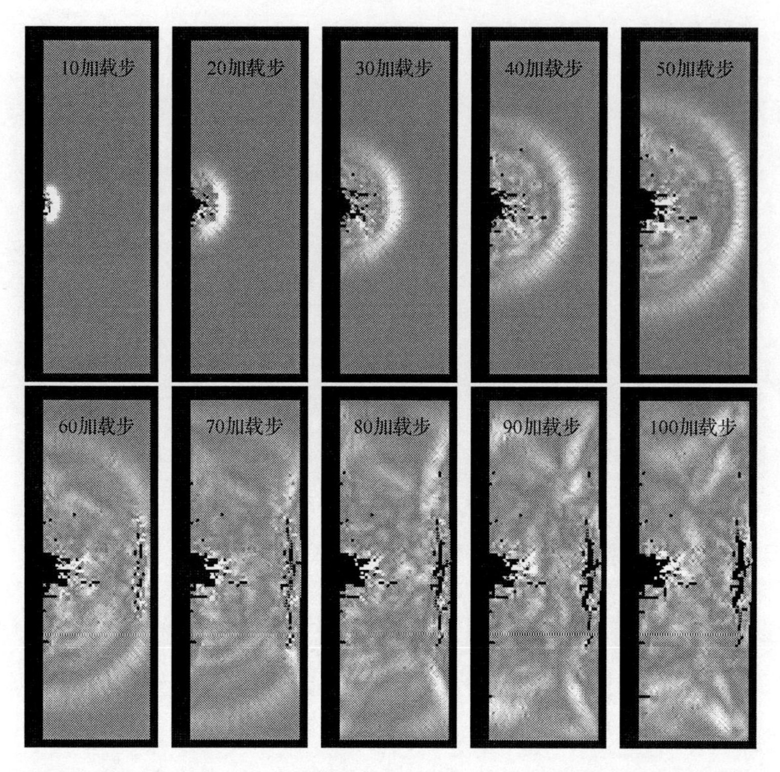

图 6.11　应力波峰值为 300MPa、应力波延续时间为 1μs 时数值试样破坏过程的剪应力分布图

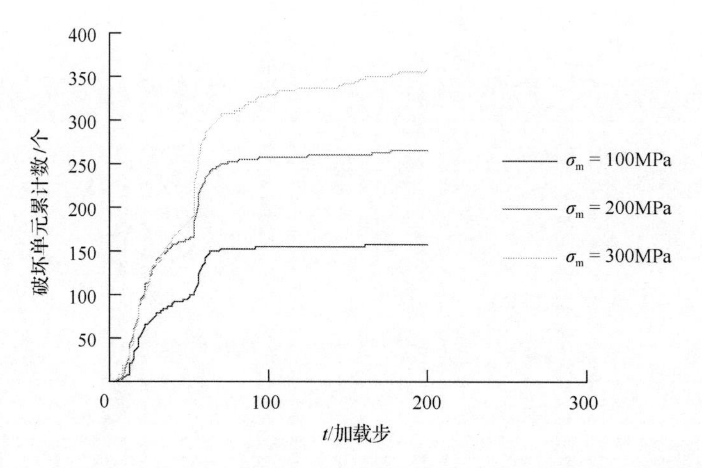

图 6.12　应力波延续时间为 1μs 不同应力波峰值时数值试样破坏过程的破坏单元累计数-加载步曲线

上表现为粉碎圈和破碎圈的大小变化不大。从层裂区的破坏单元累计数来看，其随应力波峰值增大有增大的趋势，在图 6.12 的曲线上表现为竖直向上的直线段有加长的趋势；竖线段后的近似直线的斜率有增大的趋势，说明随应力波峰值增大，应力波反射诱发层裂区以后，尽管不能形成裂纹，但是还能产生微破裂，并且破坏单元数有增加的趋势。图 6.12 表现的情况与图 6.10、图 6.3 和图 6.11 反映的情况是一致的。

3. 不同应力波形状

由于篇幅所限，这里只讨论如图 6.2(c)所示的两种应力波形状对应力波反射诱发层裂过程的影响。为了叙述方便，两种应力波分别称为等腰三角形波和直角三角形波。

图 6.10 和图 6.13 分别是应力波峰值为 100MPa、应力波延续时间为 1μs 时等腰三角形波和直角三角形波两种情况下数值试样破坏过程的剪应力分布图。比较图 6.10 和图 6.13，其他条件相同，只是波形不同时，对于等腰三角形波，冲击部位岩石的破坏程度较大，有粉碎圈和破碎圈，但是层裂区岩石的破坏程度较弱；而对于直角三角形波则相反，冲击部位岩石的破坏程度较小，只有破碎圈而没有粉碎圈，但是层裂区岩石的破坏程度较大。究其原因，不同形状的应力波实际上是在相同时段内具有不同的应力值和不同的应变速率，不同形状的应力波对介质的作用结果是这些因素同时作用的综合反映。材料的损伤和破坏一般表现为在外部载荷作用下材料内部微损伤的萌生、扩展和连接过程[1]。如上所述，在冲击载荷作用下，材料的损伤和破坏过程表现出强烈的时效性，即不仅与冲击造成的应力波峰值与材料损伤及破坏相关，而且应力波的持续时间也直接影响材料损伤破坏的程度。在本书中，不同的应力波持续时间主要表现为不同的应变速率。所以，在相同时段内不同的应变速率和不同的应力值，对材料的损伤和破坏程度肯定不同。但是，外部载荷引发的微损伤，其扩展过程的时间与冲击应力波的持续时间相当[1]，所以，相同时段内不同的加载条件可以表现出不同的破坏规律。现用如图 6.14 所示的加载波为等腰三角形波和直角三角形波条件下的破坏单元累计数-加载步曲线说明岩石破坏规律与波形的关系。在等腰三角形波到达应力峰值以前，在相同时刻其应变速率和达到的应力值均大于直角三角形波，在该时段内破坏单元累计数前者整体上大于后者；等腰三角形波达到应力峰值之后，应力开始下降，其破坏单元累计数增加的速率也下降，与等腰三角形波峰值点相对应，破坏单元累计数-加载步曲线也出现一个拐点；等腰三角形波与直角三角形波在等腰三角形波峰值交叉后，两者的破坏单元累计数-加载步曲线也发生交叉；直角三角形波达到应力峰值之前，应变速率不变，所以破坏单元累计数-加载步曲线较圆滑，并且在应力波反射诱发层裂之前，直角三角形波比等腰三角形波的破坏单元数要多；两者波形的不同，造成各自反射波与入射波的叠加效果不同，直角三角形波单元破坏的概率比等腰三角形波要大，

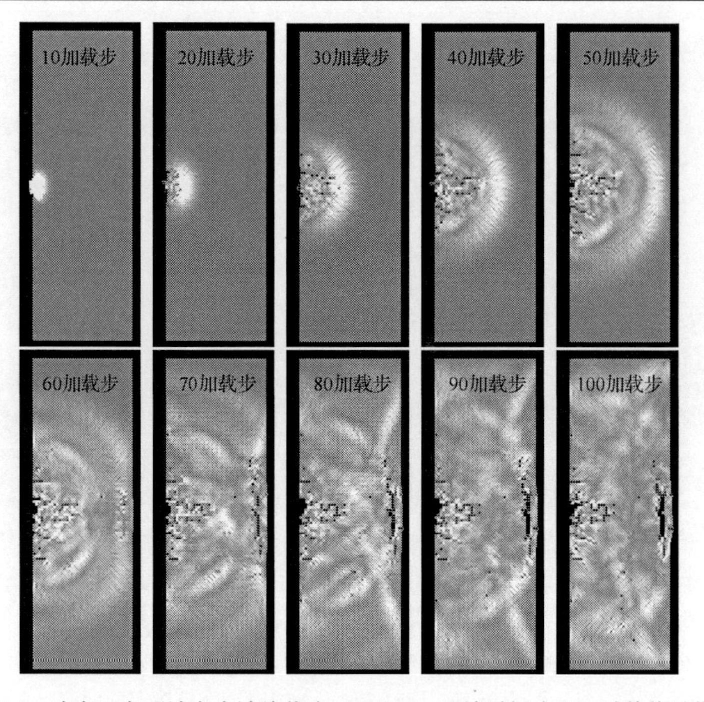

图 6.13　直角三角形波应力波峰值为 100MPa、延续时间为 1μs 时数值试样破坏过程的剪应力分布图

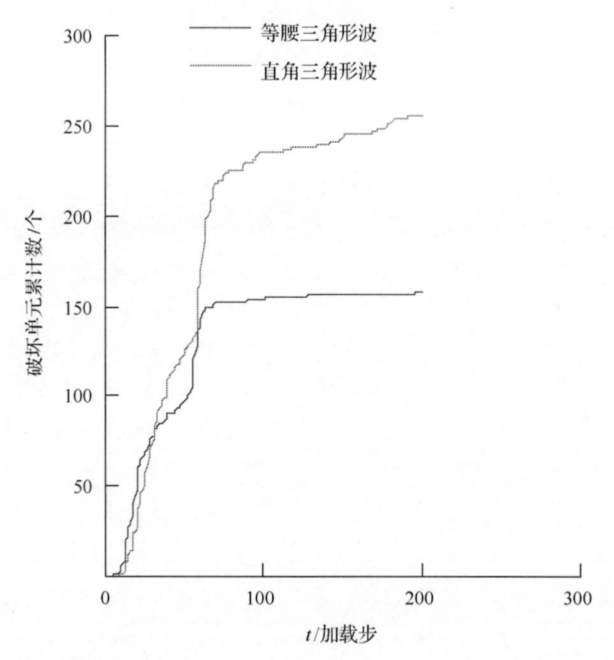

图 6.14　等腰三角形波和直角三角形波试样破坏过程的破坏单元累计数-加载步曲线

所以在破坏单元累计数-加载步曲线上反映层裂破坏的线段前者比后者要长；层裂过程之后由于叠加效果不同，直角三角形波单元破坏的概率比等腰三角形波也要大，在破坏单元累计数-加载步曲线上表现为该段的直线斜率前者比后者要大。因此，材料的损伤和破坏，包括应力波反射诱发层裂过程，都是各个时刻不同加载条件(包括不同波形)下微破裂累积的综合反映。

文献[26]对炮孔在不同波形的应力波作用下介质的动态破裂过程机制进行了数值模拟。结果表明，应变速率较高时，炮孔的径向裂纹较多，同时使应力降低，因此，裂纹扩展距离较短；而应变速率较低时，炮孔的径向裂纹较少，应力衰减也小，结果裂纹较长。并且认为应力波上升时间比下降时间对破裂过程的影响大，应力波上升时间足够长时，裂纹的扩展主要取决于应力波上升时间和应力波峰值。该研究结果与本书的结论是一致的。

6.2.2　不同岩石材料力学参数

在以往的冲击应力波反射诱发层裂过程的研究中，很少考虑材料均质度的影响；另外，材料的压拉比是影响冲击应力波反射诱发层裂过程的主要力学参数。所以，在此只探讨均质度和压拉比两个力学参数对冲击应力波反射诱发层裂过程的影响。

1. 不同均质度

图 6.15 和图 6.3 分别是均质度系数 m 为 2 和 5 两种情况时数值试样破坏过程的剪应力分布图。从图 6.15 来看，此时均质度系数 m 为 2，在冲击部位附近形成了粉碎圈和破碎圈，随着冲击应力波向前传播，强度较低的单元被破坏，在剪应力分布图上表现为波前后面紧跟着出现一定密度的黑点，应力波传播至自由面后由于反射诱发的破坏单元数较少，微破裂之间没有完全贯通，层裂现象不明显；从图 6.3 来看，此时均质度系数 m 为 5，如前所述，在冲击部位附近形成了粉碎圈和破碎圈，从破碎圈到应力波反射前破坏单元数较少，在剪应力分布图上表现为在该时段内出现的黑点较少，但是应力波传播至自由面后由于反射诱发的单元破坏数较多，微破裂完全贯通，层裂现象非常明显。

图 6.16 是不同均质度时数值试样中心 B 点(B 点的位置如图 6.4 所示)的最大主应力波形图，尽管入射波完全一样，应力波峰值为 200MPa、应力波延续时间为 1μs，但传播到 B 点时，不同均质度的介质的应力波峰值都有不同程度的衰减，其中均质度系数 m 为 2 时的应力波峰值比均质度系数 m 为 5 时的应力波峰值小得多，前者应力波峰值大约只有后者的 50%；并且还可以看出前者的传播速度比后者慢，比较图 6.15 和图 6.16 后也可以发现这种情况；从波的形状来看，均质度系数 m 为 2 时应力波波形变化相对较小，说明均质度系数 m 为 2 时应力波的弥散程度相对较大。

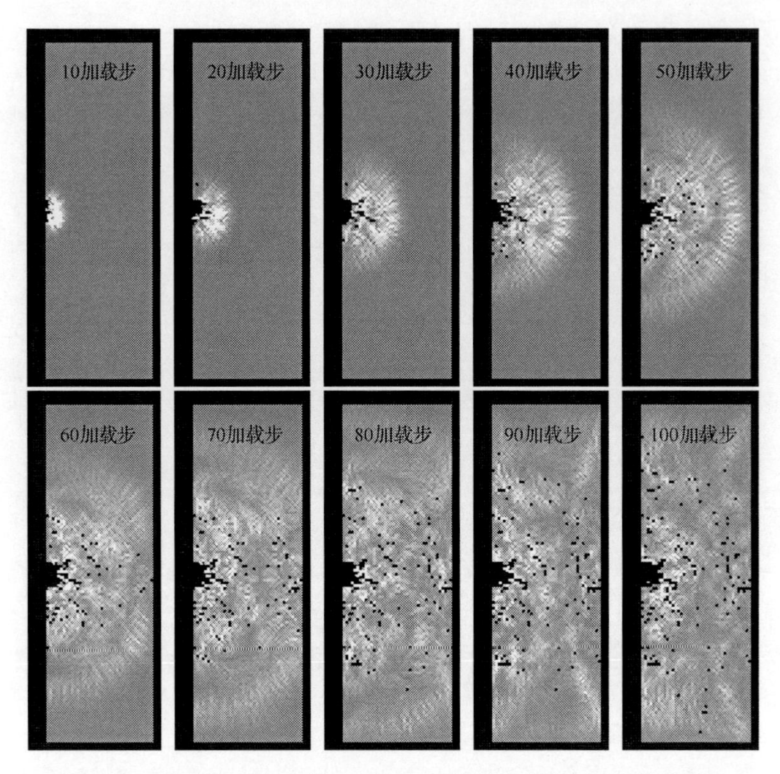

图 6.15 均质度系数 m 为 2 时数值试样破坏过程的剪应力分布图

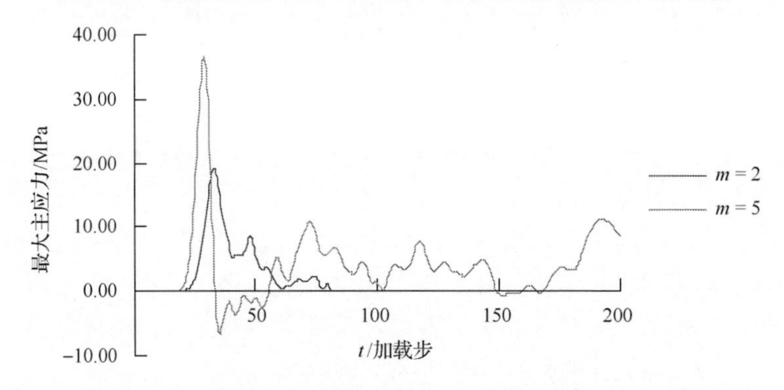

图 6.16 不同均质度时数值试样中心 B 点的最大主应力波形图

由于 y 方向(竖向)的变形相对较小，这里只给出了不同均质度时数值试样中心 B 点在 x 方向(水平方向)的位移-加载步曲线，如图 6.17 所示。从整体来看，均质度低的介质比均质度高的介质变形较大。

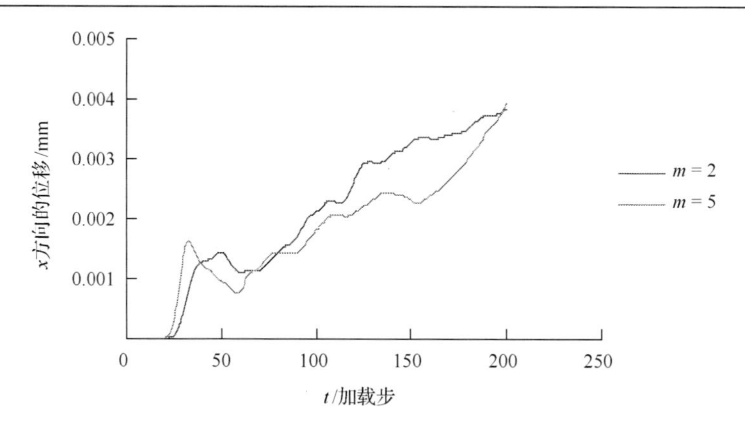

图 6.17　不同均质度时数值试样中心 B 点在 x 方向(水平方向)的位移-加载步曲线

因此，均质度低的介质比均质度高的介质应力波衰减和弥散大的原因可以认为，主要是前者的应力波整体上破坏单元较多和产生较大变形而消耗了大量能量。

应力波在不同均质度的介质内传播的这种性质，可以说明图 6.15 和图 6.3 反映的情况。当应力波传播至自由面时，均质度系数 m 为 2 时，应力波峰值大幅度衰减和发生较大程度的弥散，反射波与入射波叠加后不足以大量破坏岩石，所以层裂现象不明显；而均质度系数 m 为 5 时，应力波峰值衰减幅度相对较小，应力波弥散程度较小，反射波与入射波叠加后可以大量破坏岩石，所以出现明显的层裂现象。

图 6.18 是不同均质度时数值试样破坏过程的破坏单元累计数-加载步曲线。均质度系数 m 为 2 时，破坏单元累计数-加载步曲线没有明显的拐点，说明应力波反射诱发的层裂破坏不明显；而均质度系数 m 为 5 时，如前所述，破坏单元累计数-加载步曲线在应力波反射诱发层裂破坏时出现了明显的拐点。与图 6.18 相对应，均质度系数 m 为 2 时的破坏单元数-加载步曲线相对均质度系数 m 为 5 时的曲线，前者的破坏单元数分布较均匀(图 6.19)，而后者出现两座独立的“山峰”(图 6.6)，说明后者冲击部位附近对岩石的破坏与层裂区岩石的破坏这两个过程独立并且明显。

此外，从图 6.18 还可以看出，在应力波反射之前，在相同时刻，均质度系数 m 为 2 时的破坏单元累计数比均质度系数 m 为 5 时的破坏单元累计数要小，由此可以推断，前者的粉碎圈和破碎圈范围比后者小。说明介质越不均匀，冲击形成的粉碎圈越小。这与实际情况是吻合的。但从整体效果来看，均质度系数 m 为 2 时的损伤破坏程度数比均质度系数 m 为 5 时的要大。

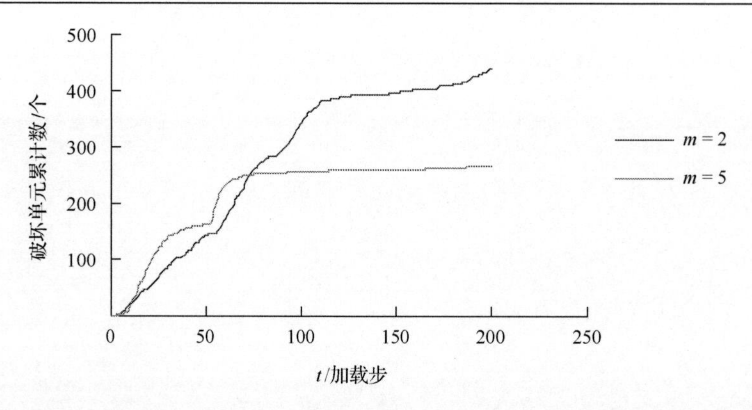

图 6.18　均质度系数 m 为 2 和 5 时数值试样破坏过程的破坏单元累计数-加载步曲线

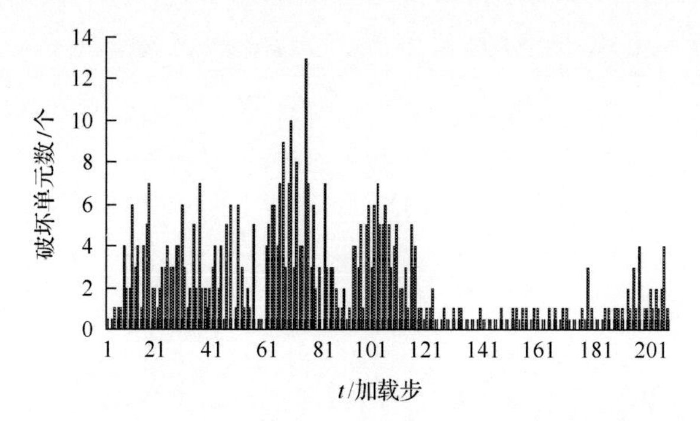

图 6.19　均质度系数 m 为 2 时数值试样破坏过程的破坏单元数-加载步曲线

2. 不同压拉比

所谓压拉比是数值试样抗压强度与抗拉强度之比。图 6.3 和图 6.20 分别是压拉比为 10 和 20 两种情况时数值试样破坏过程的剪应力分布图。比较这两个图，压拉比为 20 时，冲击形成的粉碎圈和破碎圈较大，应力波反射诱发的层裂区的损伤破坏程度也较大，说明压拉比越大，岩石应力波越容易产生损伤和破坏。

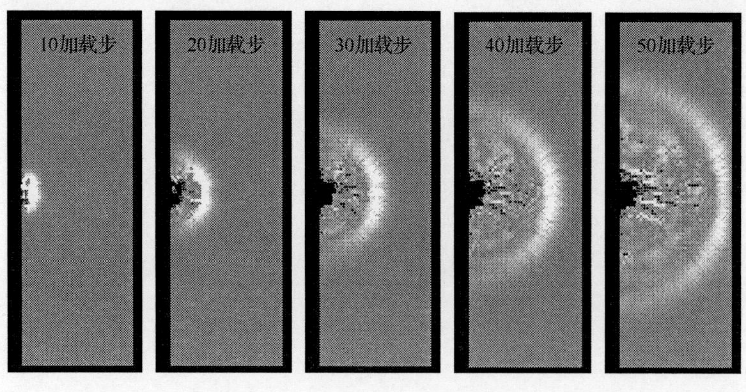

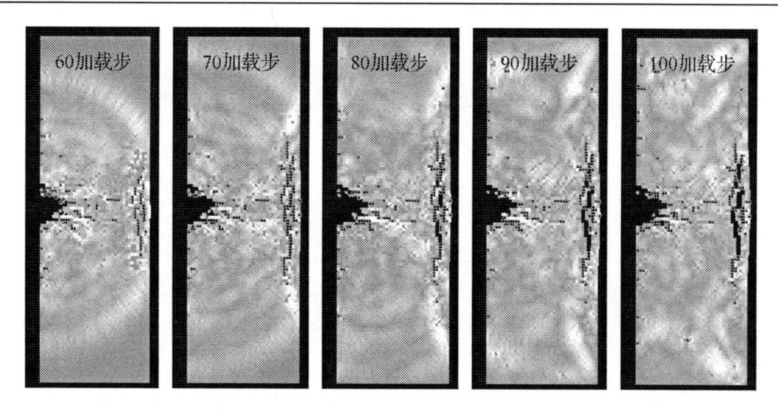

图 6.20　压拉比为 20 时数值试样破坏过程的剪应力分布图

图 6.6 和图 6.21 分别是压拉比为 10 和 20 两种情况时破坏单元数-加载步曲线。比较图 6.6 和图 6.21，压拉比为 20 时，在相同时刻的破坏单元数较大；在初始时段和发生层裂破坏后期，压拉比为 10 时，破坏单元数很少，但压拉比为 20 时，都存在一定数量的破坏单元。

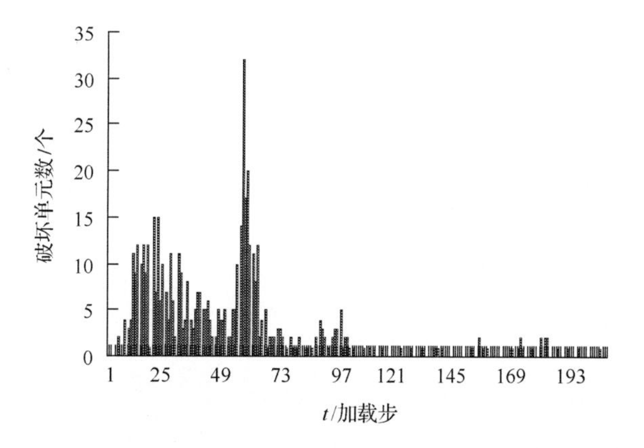

图 6.21　压拉比为 20 时数值试样破坏过程的破坏单元数-加载步曲线

图 6.22 是压拉比为 10 和 20 两种情况时试样破坏过程的破坏单元累计数-加载步曲线。从图 6.22 可以看出，在应力波反射之前，压拉比为 20 的数值试样比压拉比为 10 的数值试样损伤程度要大；应力波反射诱发层裂时，前者比后者也要产生更多的破坏单元；并且在层裂过程之后，压拉比大的比压拉比小的还可以继续对数值试样产生较大的损伤。

总之，压拉比越大，应力波反射越容易诱发层裂。

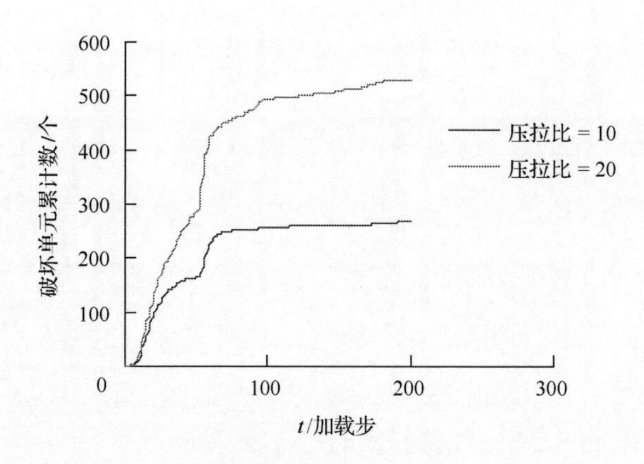

图 6.22　压拉比为 10 和 20 时数值试样破坏过程的破坏单元累计数-加载步曲线

6.2.3　不同自由面情况

研究不同自由面情况下应力波反射诱发层裂破坏的规律，对岩石爆破工程和机械破岩等具有重要的指导意义。在数值试验中我们采用的办法是改变数值试样的长宽比和加载方向，从而改变应力波到达自由面的传播时间，以达到调整其他自由面的反射波是否影响所要研究自由面的层裂破坏的目的。6.1 节和 6.2 节介绍的数值试样的长宽比分别为 1∶2 和 1∶3、加载情况如图 6.1(a)所示的情况，从上述情况的剪应力分布图来看，其他自由面的反射波对右边自由面的层裂破坏基本没有影响，所以层裂研究所得规律均是反映一个自由面情况下应力波反射诱发层裂破坏过程的情况。按照上述方法，下面探讨其他自由面情况下应力波反射诱发层裂破坏过程的规律。

1. 两个平行自由面

此时采用的数值试样的长宽比是 1∶3，但是冲击应力波的加载方式如图 6.1(b)所示。本数值试验的应力波加载是采用冲击部位加平面波传播到较大面时散射成球形波的方法，所以不同传播方向的应力大小是不同的。图 6.23 是距离冲击部位中心点不同距离的 F 点和 G 点的最大主应力波形图，其中 F 点是沿竖向也是平面波的传播方向的点，G 点是沿水平侧向的点。从图 6.23 来看，应力波的最大主应力在竖向比侧向大很多。现在在该情况下研究水平方向两个竖向平行自由面的反射波相互作用诱发层裂破坏的过程。

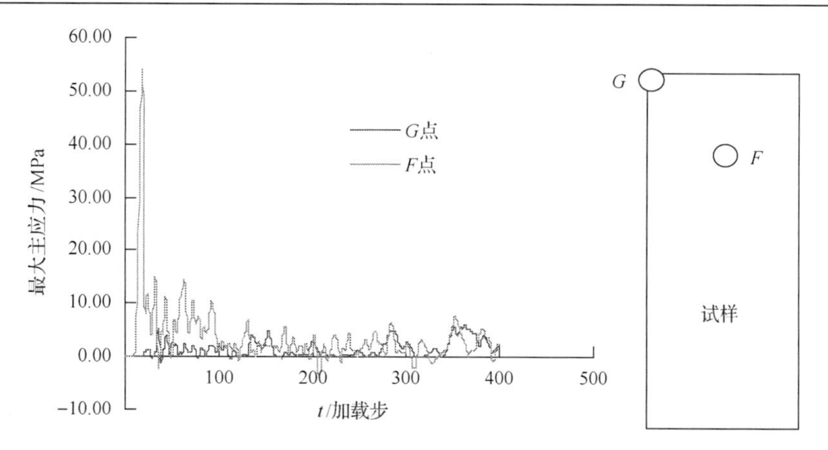

图 6.23　距离冲击部位中心点不同距离的 G 点和 F 点的最大主应力波形图

图 6.24 是上述两个平行自由面条件下数值试样破坏过程的剪应力分布图。从图 6.24 来看，应力波沿数值试样纵向传播时，由于在数值试样两个自由面上发生复杂的应力波反射、透射作用，将不断产生大量的剪切波和拉伸波，反映到剪应力分

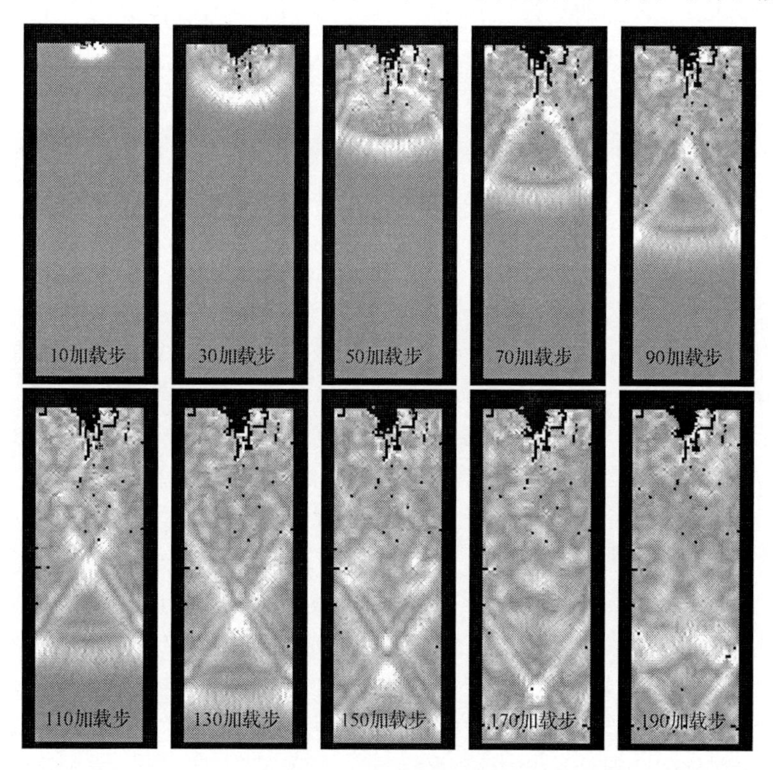

图 6.24　两个平行自由面条件下数值试样破坏过程的剪应力分布图

布图上是压缩波的波前尾随两个剪切波，构成了波前是弧形的三角形。这与理论解析推导的波形传播具有很好的一致性。还可以发现，在应力波传播至左右两个竖向自由面之前，在顶部自由面出现个别微破裂；当加载到第 30 加载步左右时，应力波传播至左右自由面；当应力波反射回来后，先前的微破裂沿竖向有少量延伸；当两个竖向自由面的反射波相互叠加后，这些微破裂未见沿竖向继续延伸。过了破碎区，冲击应力波波前沿数值试样纵向继续传播，尾随波前只有少量微破裂发生，并且这些微破裂分布不均匀，而尾随波前的两反射应力波叠加没有明显诱发微破裂。当冲击应力波沿数值试样纵向继续传播至底部自由面时，应力波产生了一定的衰减，但应力波反射后还能产生微破裂，这些微破裂在水平方向连成一线，出现了不太明显的层裂破坏。

从上述现象可以看出，应力波传播至自由面产生反射诱发层裂破坏，除前面所述与应力波峰值、应力波延续时间和应力波波形等有关外，还与应力波传播的方向有关，即如果相同应力波竖直入射至自由面比斜入射至自由面更容易诱发层裂破坏。究其原因是应力波斜入射至自由面时会发生复杂的应力波反射、透射作用，将不断产生大量的剪切波和拉伸波，使入射波的能量得到分化，只有部分能量转化为拉伸波的能量，削弱了应力波反射诱发层裂破坏的能力。如前所述，应力波在侧向的应力波峰值较竖向要小，加之又是应力波斜入射自由面，所以在侧向自由面没有出现层裂破坏。尽管此时两个反射应力波叠加，也没有明显增加岩石的损伤破坏程度。这同样可以解释应力波在杆状数值试样中传播时应力波反射诱发的层裂破坏。

2. 两个互相垂直自由面

采用的数值试样的长宽比是 1∶2，压拉比为 20，冲击应力波的加载方式如图 6.1(c)所示，此时施加冲击应力波的中心部位距离传播方向的 3 个自由面相等。本试验的目的是研究在两个互相垂直自由面的情况下应力波反射诱发岩石破坏的规律。同样，此时平面波传播方向的应力要大于侧向的应力。

图 6.25 是上述两个互相垂直自由面条件下数值试样破坏过程的剪应力分布图。从图 6.25 来看，一般规律与层裂一样，但有两个不同点：一个是应力波传播至侧向自由面时，由于岩石材料的压拉比为 20(图 6.24 压拉比为 10)，在上下自由面靠近冲击部位的附近可以明显看到应力波反射诱发的层裂破坏，而上下自由面距离冲击部位较远的区域没有层裂破坏发生；另一个是在第 80 加载步左右，两个垂直自由面的反射应力波在角平分线附近叠加，并在直角附近产生一定数量的微破裂，该现象在冲击和爆炸试验中得到了验证。

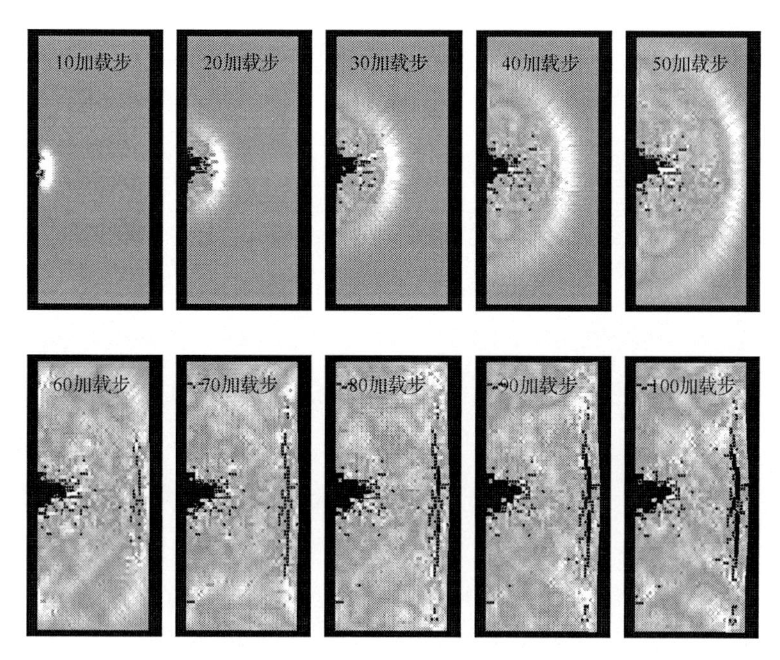

图 6.25　两个互相垂直自由面条件下数值试样破坏过程的剪应力分布图

6.2.4　不同围压

在工程实践及自然界中，如矿岩开挖、岩爆、滑坡，有相当一部分岩石在承受动载荷作用之前，已经处于一定的静应力或地应力状态之中。例如，在地下岩体工程中，地应力是不可忽略的，其一般随着深度的增加而增加，在一定高地应力下的矿产开采过程中，爆破作业是否会对附近采场工作面和顶板及巷道壁面产生层裂破坏，这些情况都与应力波反射诱发层裂破坏有关，对采场人员的工作安全具有十分重要的意义。应力波反射诱发采场、巷道和矿柱的层裂破坏，这种受力状态就可以用受围压的数值试样加冲击载荷来近似模拟，这比单独考虑冲击载荷作用更有实际意义。然而，人们对静应力与冲击载荷联合作用下应力波反射诱发岩石层裂破坏的研究较少。现采用如图 6.1(d)所示的加载方式研究不同围压对应力波反射诱发层裂破坏的影响。图 6.26 是围压为 5MPa、延续时间为 1μs、峰值为 200MPa 的应力波在加载部位水平方向(x 方向)和数值试样顶部自由面竖向(y 方向)的波形图，其中第 100 加载步之前为围压加载过程，从第 101 加载步开始为冲击应力波加载过程。

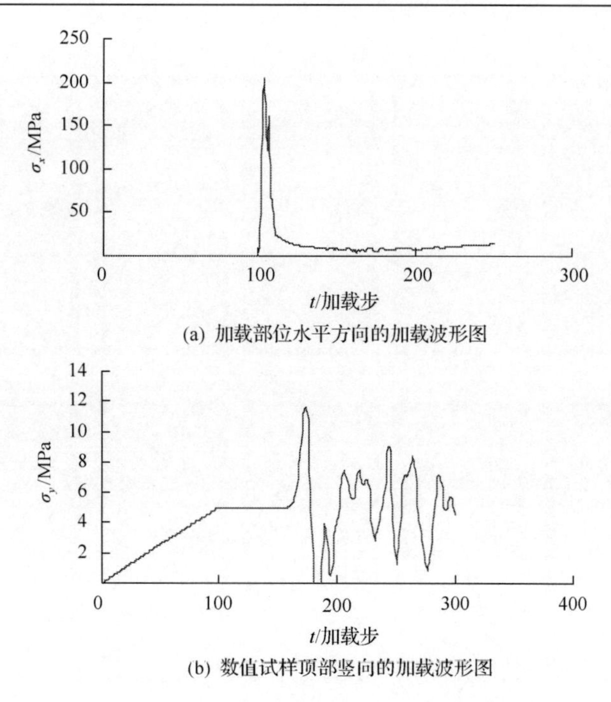

(a) 加载部位水平方向的加载波形图

(b) 数值试样顶部竖向的加载波形图

图 6.26 加围压时数值试样的加载波形图

图 6.27～图 6.30 分别给出了围压为 5MPa、10MPa、15MPa、20MPa 时数值试样破坏过程的剪应力分布图。从图 6.27～图 6.30 来看，围压较小为 5MPa 时，与围压为 0MPa 的图 6.3 比较，冲击应力波形成的粉碎圈有所变小，破碎圈看不到张开的微破裂，应力波反射诱发的层裂破坏区也见不到张开的层裂；当围压增加时，如围压为 10MPa 时，与围压为 5MPa 时的情况相比，粉碎圈大小变化不大，但是形状有所变化，粉碎圈的开口变得较大，到第 180 加载步时，层裂破坏区可以见到裂缝，然后层裂破坏区的裂缝又越变越小，到第 220 加载步时看不到宏观裂缝，但到第 280 加载步时又出现了裂缝；围压为 15MPa 时也表现出与围压为 10MPa 时相同的规律；当围压增加至 20MPa 时，由于应力集中在加围压的过程中已使数值试样的边角产生了一定程度的破坏，在这种条件下冲击应力波形成的粉碎圈的大小和形状与围压为 10MPa、15MPa 时情况大体相同，但在层裂破坏区看不到裂缝。

为了更进一步分析围压对岩石层裂破坏的影响，给出了不同围压条件下数值试样破坏过程的破坏单元累计数-加载步曲线，如图 6.31 所示。从图 6.31 来看，随着围压的增加，冲击应力波造成的粉碎圈和破碎圈内的微破裂数有减少的趋势，在层裂破坏区的微破裂也有较小的减少的趋势。从整体来看，随着围压的增加，岩石的损伤破坏程度有减小的趋势。

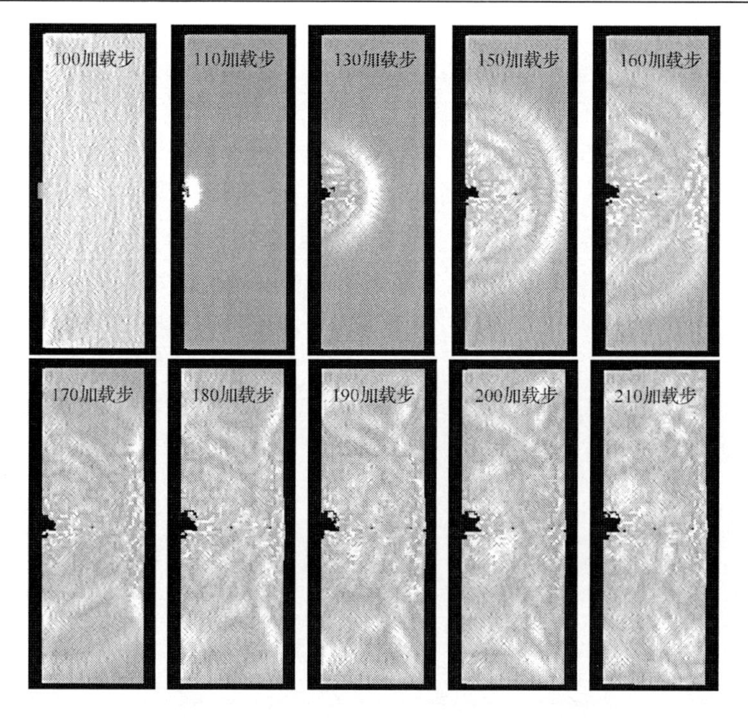

图 6.27　围压为 5MPa 时数值试样破坏过程的剪应力分布图

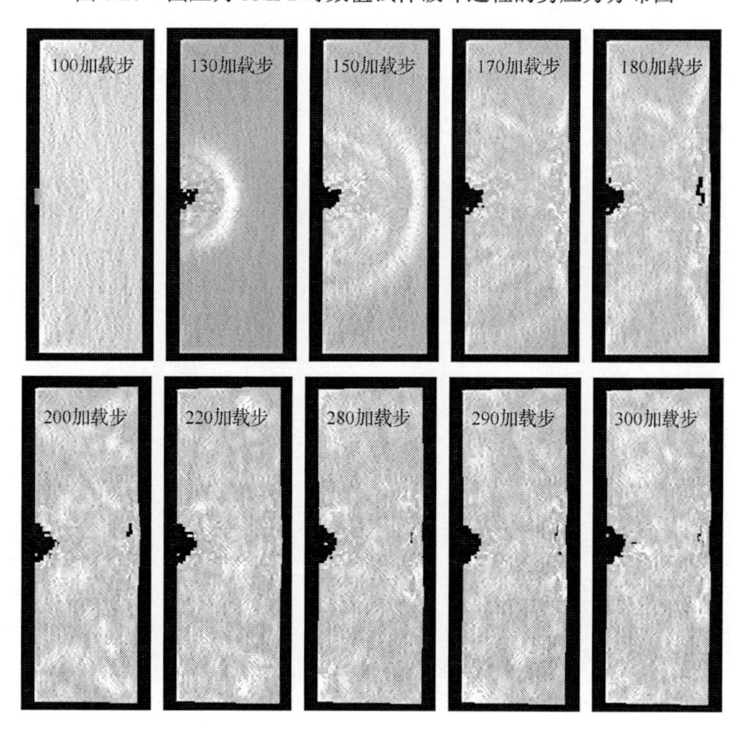

图 6.28　围压为 10MPa 时数值试样破坏过程的剪应力分布图

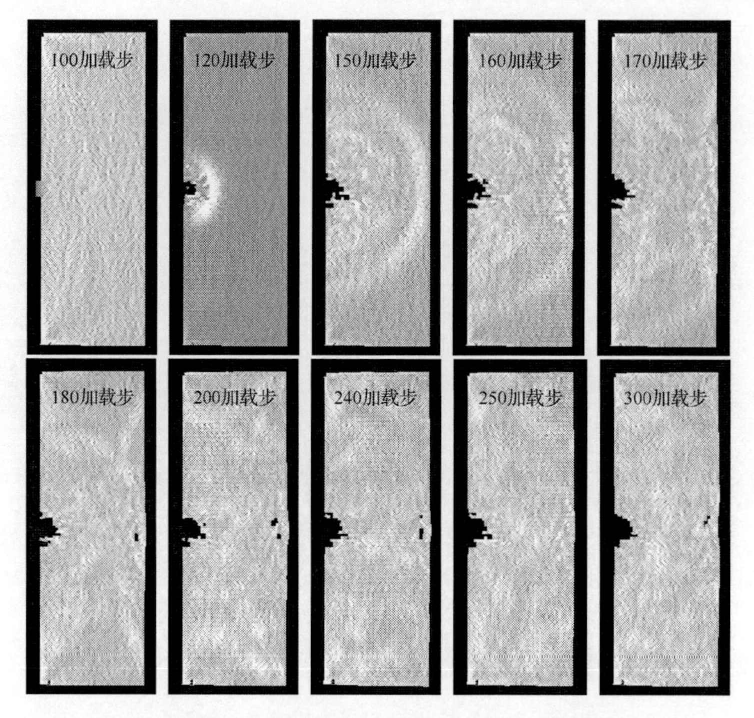

图 6.29　围压为 15MPa 时数值试样破坏过程的剪应力分布图

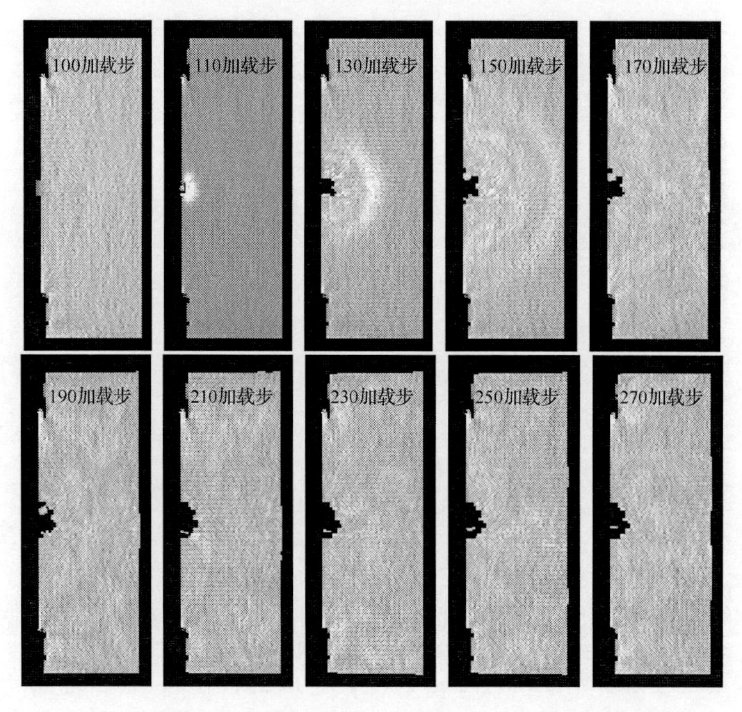

图 6.30　围压为 20MPa 时数值试样破坏过程的剪应力分布图

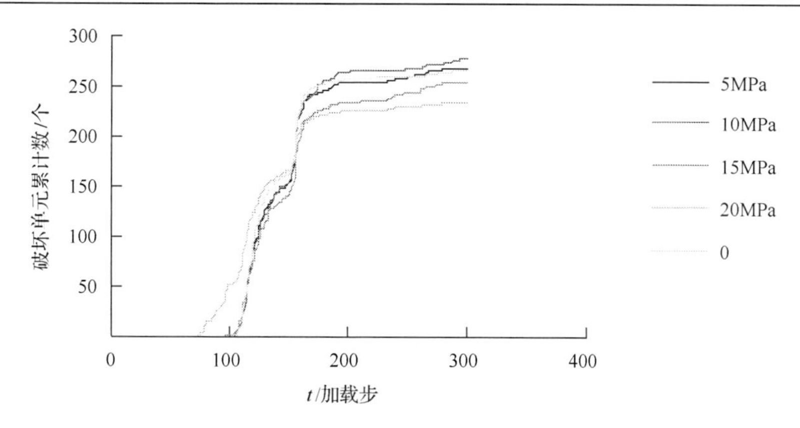

图6.31 不同围压条件下数值试样破坏过程的破坏单元累计数-加载步曲线

从剪切应力分布图(图6.27～图6.30)和破坏单元累计数-加载步曲线(图6.31)综合分析来看，可以认为，由于围压的作用可能使层裂破坏现象得不到宏观展示，但并不是说层裂破坏区应力波反射没有诱发微破裂。例如，围压为20MPa时，尽管应力波反射在层裂破坏区诱发了微破裂，但由于围压的作用这些微破裂并没有张开和连接，此时看不到宏观层裂的产生。而围压为10MPa、15MPa时，层裂区的裂缝有时张开有时又闭合，可能是应力波在数值试样内来回传播，有时为压应力波，有时为拉应力波，形成压、拉交替应力加上围压共同作用的综合结果。

6.3 本章小结

采用基于细观损伤力学基础上开发的动态版 $RFPA^{2D}$ 数值模拟软件，对冲击载荷作用下非均匀性介质中应力波反射诱发层裂过程进行了数值模拟，对其影响因素如应力波(应力波延续时间、应力波峰值和应力波波形)、材料性质(均质度、压拉比)、自由面和围压分别进行了数值分析和比较，得到了如下结论。

(1)应力波延续时间较短时，在应力波上升阶段应变速率较大，此时冲击应力波造成的岩石粉碎圈相对较大，破碎圈内的微破裂相对更加发育；应力波延续时间较长时，岩石破碎圈范围有增大的趋势，并且破碎圈内微破裂有相互连接贯通的趋势。对于应力波反射诱发的层裂破坏来看，应力波延续时间较短时，层裂破坏更明显，表现为层裂区较长，张开程度较大；对于确定尺寸的数值试样，加大应力波延续时间，层裂破坏现象会越来越不明显，甚至消失。应力波延续时间较短时，数值试样不会发生整体失稳破坏；加大应力波延续时间，数值试样发生整体失稳破坏所需时间有减小的趋势。

(2)应力波峰值较低时，冲击部位附近和层裂区的岩石破坏程度减弱，表现为粉碎圈较小，破碎圈相对较大，层裂区的微裂纹有的没有完全贯通；应力波峰值较大时，冲击部位附近和层裂区的岩石破坏程度增大，表现为粉碎圈较大，破碎圈相对较小，但破碎圈内沿水平径向的裂纹较多较长，层裂区的微裂纹完全贯通，层裂区鼓起程度加大；应力波峰值变化时，尽管层裂区的破坏程度有变化，但层裂区的厚度和长度变化不大。此外，应力波峰值较大时，在数值试样冲击部位和层裂区以外区域，微破裂增加。

(3)不同形状的应力波实际上是应力波在相同时段内具有不同的应力值和不同的应变速率，不同形状的应力波对介质的作用结果是这些因素同时作用的综合反映；应力波反射诱发层裂过程是各个时刻不同加载条件(包括不同波形)下微破裂累积的宏观体现。

(4)均质度较低时，由于应力波峰值大幅度衰减和发生较大程度的弥散，反射波与入射波叠加后不足以大量破坏岩石，层裂现象相对不明显；而均质度较大时，由于应力波峰值衰减幅度和应力波弥散程度较小，反射波与入射波叠加后可以大量破坏岩石，出现相对明显的层裂现象。

(5)压拉比越大，应力波反射越容易诱发层裂。

(6)应力波传播至自由面产生反射诱发层裂破坏，不仅与应力波峰值、延续时间和波形有关，还与应力波传播的方向有关，即如果相同应力波竖直入射至自由面比斜入射至自由面更容易诱发层裂破坏。

(7)两个垂直自由面的反射应力波在角平分线附近叠加，容易诱发层裂破坏的产生。

(8)随着围压的增加，冲击应力波造成的粉碎圈和破碎圈有减少的趋势，在层裂破坏区的微破裂也有一定程度的减少。尽管由于围压的作用可能使层裂破坏现象得不到宏观展示，但并不是说层裂破坏区应力波反射没有诱发微破裂的产生。层裂区的裂缝有时张开有时又闭合，可能是应力波在数值试样内来回传播，有时为压应力波，有时为拉应力波，形成压、拉交替应力加上围压共同作用的综合结果。

参考文献

[1] 董雁瑾, 叶宁, 韩闻生. 层裂微裂纹的形态及层裂程度的表征参量[J]. 应用力学学报, 1998, 15(2): 36-42

[2] 郭文章, 王树仁, 刘殿书. 岩石爆破层裂机理的研究[J]. 工程爆破, 1997, (3): 1-4

[3] Tuler F R, Butcher B M. A criterion for the time dependence of dynamic fracture[J]. International Journal of Fracture Mechanics, 1968, 4(4): 322-328

[4] 唐春安, 王述红, 傅宇芳. 岩石破裂过程数值试验[M]. 北京：科学出版社, 2003

[5] Khan A S. Advances in Plasticity[M]. Norman: The University of Oklahoma, 1989

[6] Nahme H, Worswick M J. Dynamic properties and spall plane formation of brass[J].Journal De Physique, 1994, 4(8): 707-712

[7] 杨永琦. 矿山爆破技术与安全[M]. 北京: 煤炭工业出版社, 1991

[8] Tuler F R, Butcher B M. A criterion for the time dependence of dynamic fracture[J]. International Journal of Fracture, 1968, 4(4): 431-437

[9] Rajendran A M, Dietenberger M A, Grove D J. A void growth-based failure model to desribe spallation[J]. Journal of Applied Physics, 1989, 65(4): 1521-1527

[10] Barnes J. Spall behaviour of the low alloyed high strength steel[J]. Journal De Physique IV, 1994, 100(3): 632a

[11] Chen D N, Yu Y Y, Yin Z H, et al. On spall strength[J]. Journal of Ningbo University, 2003, 16(4): 434-441

[12] 朱兆祥, 李永池, 王肖钧. 爆炸作用下钢板层裂的数值分析[J]. 应用数学和力学, 1981, 2(4): 353-368

[13] 李永池, 金咏梅, 张伟, 等. 硬化材料中的波传播与层裂效应研究[J]. 弹道学报, 1997, 9(2): 1-5

[14] 王肖钧, 刘文韬, 张刚明, 等. 爆炸载荷下钢板层裂的二维数值计算[J]. 爆炸与冲击, 1999, 19(2): 97-102

[15] Klepaczho J R, Brara A. An experiment method for dynamic tensile testing of concrete by spalling[J]. International Journal of Impact Engineering, 2001, 25(4): 387-409

[16] Diaz-Rubio F G, Pérez J R, Gálvez V S. The Spalling of long bars as a reliable method of measuring the dynamic tensile strength of ceramics[J]. International Journal of Impact Engineering, 2002, 27(2): 161-177

[17] 杨卓越, 赵家萍, 李保成. 平面波冲击载荷下两种不同结构钢层裂特征[J]. 中北大学学报(自然科学版), 1999, 20(2): 110-113

[18] 蒋小华, 陈朗, 冯长根, 等. 炸药爆炸驱动下铜板的层裂现象[J]. 爆炸与冲击, 2003, 23(6): 569-572

[19] 胡时胜, 张磊, 武海军, 等. 混凝土材料层裂强度的实验研究[J]. 工程力学, 2004, 21(4): 128-132

[20] 于翘. 工程材料研究中科学问题的思考[J]. 中国工程科学, 1999, 1(3): 1-4

[21] Chau K T, Zhu W C, Tang C A, et al. Numerical simulations of failure of brittle solids under dynamic impact using a new computer program-DIFAR[J]. Key Engineering Materials, 2004, 261-263: 239-244

[22] 朱万成, 唐春安, 黄志平, 等. 静态和动态载荷作用下岩石劈裂破坏规律的数值模拟[J]. 岩石力学与工程学报, 2005, 24(1): 1-7

[23] Zhu W C, Tang C A. Numerical simulation of Brazilian disk rock failure under static and dynamic loading[J]. International Journal of Rock Mechanics and Mining Sciences, 2006, 43(2): 236-252

[24] 黄志平. 动态载荷作用下岩石破裂过程的数值模拟[D]. 沈阳: 东北大学, 2004

[25] 李夕兵, 古德生. 岩石冲击动力学[M]. 长沙: 中南工业大学出版社, 1994

[26] Cho S H, Kaneko K. Influence of the applied pressure waveform on the dynamic fracture processes in rock[J]. International Journal of Rock Mechanics and Mining Sciences, 2004, 41(5): 771-784

第 7 章　非均匀性介质 SHPB 试验数值分析

早在 1914 年，霍布金森提出了测试瞬态脉冲应力下的压杆技术。1949 年，Kolsky[1]对它做了改进，发展成 SHPB 试验装置，如图 7.1 所示。众所周知，SHPB 试验的经典分析基于如下基本假设[2]：①在杆中传播的应力波能够用一维应力波理论描述；②试样中的应力与应变场在轴向上是均匀的；③岩石试样的惯性效应可忽略；④压缩界面的摩擦效应可忽略。在上述假设的基础上，利用 SHPB 装置得到加载脉冲的应力-时间、应变-时间、应变速率-时间的动态曲线，可以研究应变速率敏感材料的动态特性与应变速率历史等。这个装置不仅使实验室高速加载容易实现，而且在加载方式上由最初的单轴压缩向三轴压缩或拉伸、扭转方面演化发展，使岩石等材料在高应变速率加载下的各种动态特性的研究成为可能[3]。20 世纪 60 年代以来，有很多国外研究者对脆性材料的动态破坏及 SHPB 技术进行了研究[3-12]。直到 80 年代，我国的科技工作者才开始 SHPB 领域的研究[13-20]，随着 SHPB 测试装置和测试技术的发展[1,13-18]，试验材料也由最初的金属材料转化为岩石、陶瓷和混凝土等脆性材料。从 90 年代起，利用 SHPB 测试脆性材料的动力特性成为研究的热点[3]。

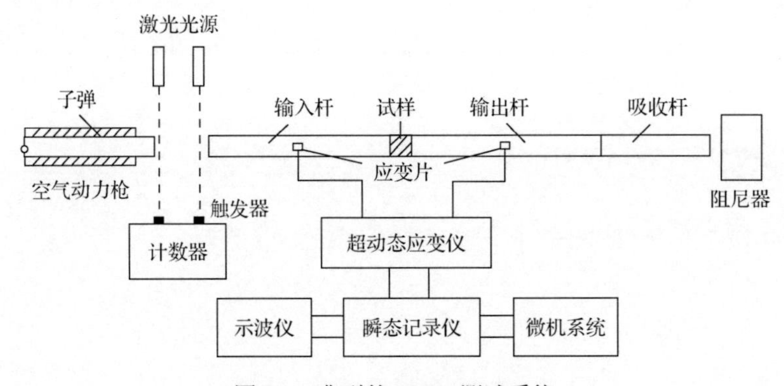

图 7.1　典型的 SHPB 测试系统

SHPB 试验通常用于确定材料在一维应力压缩状态下，应变速率为 $10^2 \sim 10^3 s^{-1}$ 的应力、应变、应变速率的关系。然而，当应变速率接近 $10^4 s^{-1}$ 时，关于 SHPB 试验的经典分析的基本假设必须重新认定[2]。此外，由于 SHPB 装置以一维应力波理论为基础，杆径和径长比必须满足一定要求，以便减小大尺寸压杆横向惯性效应引起的波形弥散[13]。因而 SHPB 装置长期以来局限于应变速率为 $10^2 \sim 10^3 s^{-1}$ 的小尺寸金属类均质材料的动态性能测试。

为了把 SHPB 试验适用的材料的应变速率范围扩大，接近或超过 10^4s^{-1}，并能够用 SHPB 试验较精确地测定大直径岩石试样的动态力学性能，大量学者展开了大量有关 SHPB 测试技术的研究，从试验装置、测试方法和数据处理[13,15-17,19,21-23]等方面做出了各种改进，得到了较好的结果，发现可以通过波形整型器和改变发射管的尺寸及形状来改良加载波的形状，用万向头来改善岩石试样与杆系的接触状态，从而显著改善岩石试样的受力状态，用软性介质滤去高频振荡，减少弥散效应；此外，通过 SHPB 试验和数值分析发现[2, 24]，试样两端的应力平衡依赖于试样厚度及加载速率，减少岩石试样厚度、提高加载速率可以改善岩石试样的受力均匀状态。

但是，随着 SHPB 试验装置研究领域的拓宽，其传统的两个基本假定(一维应力假定和均匀性假定)均受到挑战[25-28]，因此，有必要对 SHPB 试验技术和分析原理作进一步的研究[2]，寻求一种数学上相对简单，但却能充分考虑应力波传播复杂性的分析计算方法是必要的。近年来，数值模拟方法在 SHPB 试验及分析中发挥着越来越重要的作用。例如，加载应力波的形状(发射管的形状和长度)和 SHPB 试验材料的选择在国内外 SHPB 试验中越来越引起科技人员的重视[25-27]，数值模拟可以作为选择和设计合适的加载应力波波形的重要手段[28, 29]；由于试验测量的应力波距离岩石试样有一定的距离，随着传播距离的增大，应力波在大尺寸或黏弹性压杆中的传播有升时增大的弥散现象，并不是岩石试样实际承受的载荷，有人提出利用傅里叶变换等进行弥散修正[25, 26]，当然可靠的数值模拟可以代替和检验这一修正方法[28-31]；还可以利用数值计算模拟对 SHPB 试验压杆上粘贴的应变片的实际灵敏度系数进行标定，从而减少了人为因素产生的误差[28]。总之，数值模拟可以对不同长度、形状的应力波在不同材料压杆中的传播特性进行系统分析，作为对 SHPB 试验技术的完善和补充。但在以往数值模拟中[10, 28, 30, 31]，一般假设岩石试样是均匀的，这与岩石和混凝土等非均匀性材料的实际情况是不相符的。

本章尝试利用新近开发的动态版 $RFPA^{2D}$[32-34]数值模拟软件，将岩石视为非均匀性介质，从细观角度对 SHPB 试验技术进行分析和探讨。

7.1　非均匀性材料 SHPB 试验的局限性

对于岩石和混凝土等非均匀性材料，基于均匀性假定和一维假定的大直径 SHPB 间接测量技术存在明显的缺陷和问题。

7.1.1　大直径 SHPB 装置偏离一维应力波理论基础

在 SHPB 装置测试时，应当保证维持一维假定。对于岩石和混凝土等非均匀性材料，测试岩石试样必须足够大以便能够代表材料的真实力学性能，这就要求 SHPB 装置要有较大的杆径，而杆径的增大又使 SHPB 试验的一维应力波理论基础得不到满足，试验波形表现出极大的振荡，即大杆径 SHPB 装置的弥散效应。SHPB 装置随着杆径的增大，在原一维假定中已忽略了杆中质点的横向惯性运动，即忽略杆的横向收缩或膨胀对动能的贡献，这时应该考虑。Strutt 和 Rayleigh[35]对该现象进行了研究，得到其理论解析式为

$$C_{\mathrm{p}} = C_0\left[1-\pi^2\mu^2\left(\frac{r}{\lambda}\right)^2\right] \tag{7.1}$$

式中，C_{p}为不同谐波分量的传播速度；$C_0=\sqrt{E/\rho}$，其中，E、ρ分别为弹性杆的弹性模量和密度；μ、r分别为弹性杆的泊松比和半径；λ为谐波波长。

由式(7.1)可见，随着弹性杆半径的增大，谐波分量不再近似地以同一个波速C_0传播，而表现出谐波频率相关性，即出现所谓的波形的弥散效应。

波形的弥散效应不但表现为实际所测得的波形带有明显的振荡，而且表现为输入波为矩形脉冲时，所测得的波形的波头具有一定的上升沿。这是压杆的横向泊松效应使得矩形脉冲在杆中弥散传播造成的，并且这种影响随传播距离的增大而增大。一些材料上升沿升时远小于整个波形历时，但有一些材料上升沿升时和整个波形历时接近，这种情况下波形问题是影响测试技术的关键[36]。对于非均匀性材料，大直径 SHPB 试验产生的弥散效应是否对测试结果的影响更大是值得研究的。

7.1.2 大直径 SHPB 装置偏离应力均匀假定的基础

SHPB 测量方法的基本要求就是岩石试样内部应力应变状态均匀。对于岩石和混凝土等非均匀性材料，破坏应变只有千分之几，很难满足这种均匀性要求[27]。下面的理论分析可看出岩石试样内部应力应变状态的不均匀性对测试结果的影响。

如图 7.1 所示，试验中，岩石试样被冲击压缩在粘贴有应变片的输入杆与输出杆之间。发射管撞击输入杆产生入射脉冲σ_{i}，对岩石试样加载后产生反射脉冲σ_{r}和透射脉冲σ_{t}，岩石试样为短圆柱体。根据一维应力波传播原理，岩石试样前、后端面的应力$\sigma_{\mathrm{s1}}(t)$、$\sigma_{\mathrm{s2}}(t)$随时间t的变化规律为

$$\sigma_{\mathrm{s1}}(t)=E\frac{A}{A_{\mathrm{s}}}\left[\varepsilon_{\mathrm{i}}(t)+\varepsilon_{\mathrm{r}}(t)\right] \tag{7.2}$$

$$\sigma_{\mathrm{s2}}(t)=E\frac{A}{A_{\mathrm{s}}}\varepsilon_{\mathrm{t}}(t) \tag{7.3}$$

式中，E、A分别为压杆材料的弹性模量、横截面积；A_{s}为岩石试样的横截面积；$\varepsilon_{\mathrm{i}}(t)$、$\varepsilon_{\mathrm{r}}(t)$、$\varepsilon_{\mathrm{t}}(t)$分别为入射、反射、透射应变脉冲。

因此，岩石试样中的平均应力 σ_s 为

$$\sigma_s(t) = \frac{EA}{2A_s}\left[\varepsilon_i(t) + \varepsilon_r(t) + \varepsilon_t(t)\right] \tag{7.4}$$

此外，由一维应力波理论，岩石试样中的平均应变 ε_s 及平均应变速率 $\overline{\varepsilon}_s$ 为

$$\varepsilon_s(t) = \frac{C_0}{L}\int_0^t\left[\varepsilon_i(t) - \varepsilon_r(t) - \varepsilon_t(t)\right]dt \tag{7.5}$$

$$\overline{\varepsilon}_s = \frac{C_0}{L}\left[\varepsilon_i(t) - \varepsilon_r(t) - \varepsilon_t(t)\right] \tag{7.6}$$

式中，C_0 为压杆材料的波速；L 为岩石试样的初始长度。

如果假设岩石试样中的应力均匀，则，

$$\varepsilon_r(t) = \varepsilon_t(t) - \varepsilon_i(t) \tag{7.7}$$

因而，

$$\sigma_s(t) = \frac{EA}{A_s}\varepsilon_t(t) \tag{7.8}$$

$$\varepsilon_s(t) = -\frac{2C_0}{L}\int_0^t \varepsilon_r(t)dt \tag{7.9}$$

$$\overline{\varepsilon}_s(t) = -\frac{2C_0}{L}\varepsilon_r(t) \tag{7.10}$$

式(7.8)～式(7.10)是 SHPB 试验经典分析的基本方程，其导出是以岩石试样中的应力、应变均匀为前提的。如前所述，对于非均匀性材料，这种应力、应变均匀性的前提往往较难成立。测试结果也表明，岩石试样内部应力、应变的不均匀性对岩石混凝土等非均匀性材料的动态应力-应变曲线的影响很大[27]。

7.2　非均匀性材料 SHPB 试验数值模拟与分析

7.2.1　非均匀性材料 SHPB 试验弥散效应的数值分析

如前所述，材料的非均匀性越大，要求 SHPB 试验的试样的压杆直径越大。本章采用动态版 RFPA^{2D} 数值模拟软件分别对 3 种不同压杆直径（ϕ40、ϕ80、ϕ100）的 SHPB 装置进行数值分析，并从以下 3 个方面讨论波形弥散的影响：①SHPB 装置中压杆直径 ϕ 和杆长 L_0 对弥散结果（主要是升时）的影响；②SHPB 装置中不

同加载波形状对弥散结果的影响；③这种弥散对试验结果，如应力-时间曲线、应变-时间曲线、应变速率-时间曲线和应力-应变曲线等的影响。

1. 直径和杆长对弥散结果的影响

压杆几何尺寸 $L_0\times\phi$ 分别取 2000mm×40mm、3000mm×80mm、5000mm×100mm，这里，L_0 为杆长，ϕ 为直径，如图 7.2 所示。杆材为钢材，弹性模量 E=200GPa，杆材密度 ρ_0=7800kg · m^{-3}，泊松比 $\mu=0.3$，见表 7.1。压杆 $x=0$ 端作用一矩形脉冲，其幅度 σ_0=1GPa（小于压杆的屈服极限），持续时间 t_0=300μs。

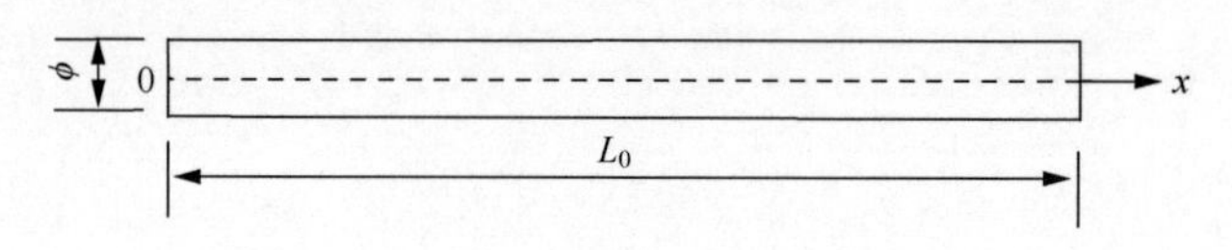

图 7.2　压杆几何尺寸

表 7.1　压杆材料力学参数取值表

参数名称	参数值
密度/(kg · m^{-3})	7800
弹性模量/GPa	200
泊松比	0.3

在相同矩形脉冲作用下，波在上述不同压杆中的传播过程采用 RFPA^{2D} 数值模拟软件进行分析，与岩石材料不同的是，压杆是钢材，其细观基元的性质采用简单的弹塑性输入。设定压杆数值试样单元尺寸为 10mm，数值试样单元的力学特性服从韦伯分布，其韦伯分布参数见表 7.2。由表 7.2 所示的单元组成的试样的宏观力学参数与表 7.1 所示的压杆材料力学参数近似对应。

表 7.2　压杆数值试样的韦伯分布参数

参数名称	参数值	参数名称	参数值
弹性模量/GPa	210	均质度系数 m_1	100
泊松比	0.3	均质度系数 m_2	100
容重/(kg · m^{-3})	7800	均质度系数 m_3	100

将上述力学问题简化为平面应变问题进行分析。

以压杆几何尺寸 $L_0\times\phi$=5000mm×100mm 为例，说明应力波在压杆中的传播过程。由于篇幅所限，这里只给出其最大剪应力分布图（最大剪应力是最大主应力与最小主应力之差除以 2），如图 7.3 所示。从该图可以看出应力波在压杆内的传播过程。应力波到达数值试样中心位置的时间大约为 500μs，该结果与根据弹性波动理论计算的结果（一维纵波速度可以按照 $C_\mathrm{v}=\sqrt{E/\rho}$ 计算，其中 C_v 为一维纵波速度，E 为弹性模量，ρ 为密度)一致。说明该软件的应力分析是正确的。

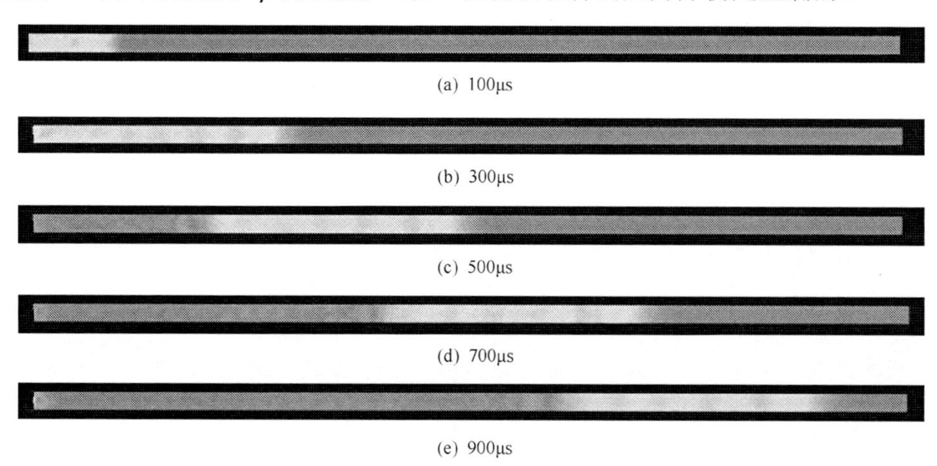

图 7.3　应力波在压杆中的传播过程的最大剪应力分布图

压杆弥散效应的计算结果如图 7.4 所示，图中曲线 1 和曲线 2 分别代表距杆端 50cm 和 100cm 处的应力脉冲。分析结果表明，应力脉冲在传播过程中，其升时逐渐增加，而且杆径越粗，其升时越大，如图 7.5 所示。这里升时 t_r 是指应力

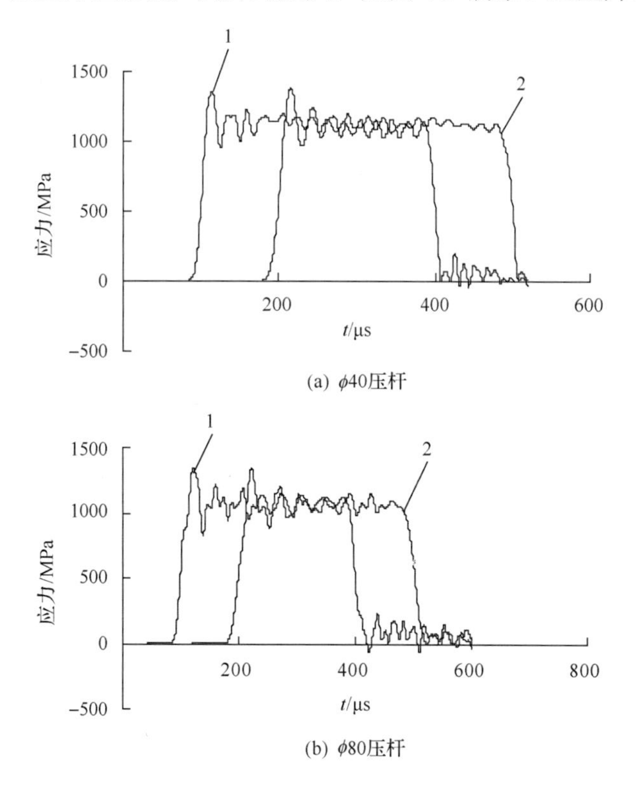

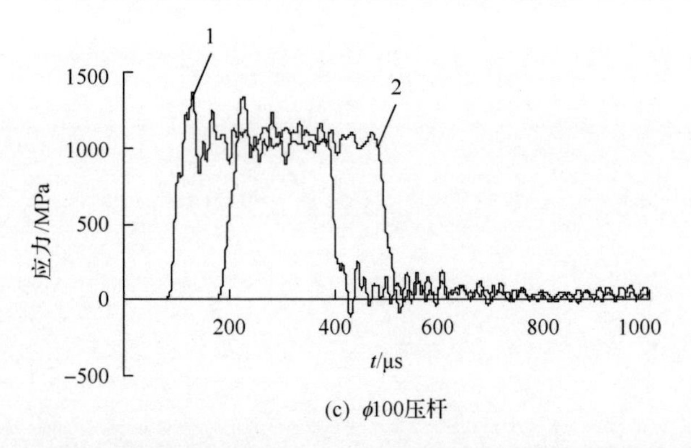

(c) ϕ100压杆

图 7.4　不同直径压杆分别距杆端 50cm 和 100cm 处的应力脉冲升时比较

1: x=50cm 处的应力脉冲；2: x=100cm 处的应力脉冲

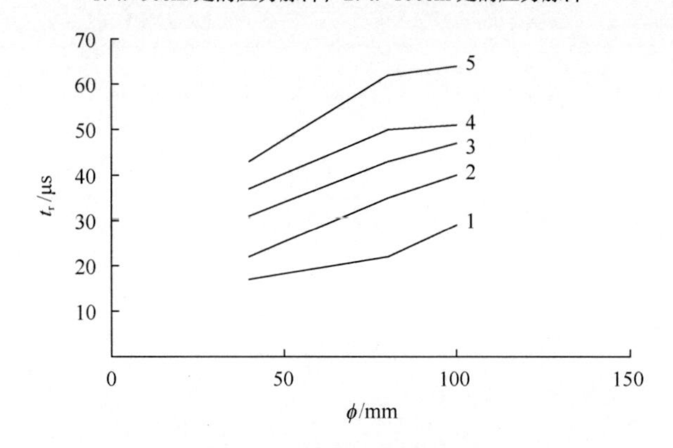

图 7.5　应力脉冲升时随杆径变化曲线(t_r- ϕ 曲线)

1: x =10cm 处的应力脉冲升时随杆径变化曲线；2: x =50cm 处的应力脉冲升时随杆径变化曲线；
3: x =100cm 处的应力脉冲升时随杆径变化曲线；4: x =150cm 处的应力脉冲升时随杆径变化曲线；
5: x =190cm 处的应力脉冲升时随杆径变化曲线

脉冲起始点到其最大值所经历的时间。在距杆端 50cm 处，3 种不同杆径中，应力脉冲升时分别为 22μs、35μs 和 40μs；在距杆端 100cm 处，3 种不同杆径中，应力脉冲升时分别为 30μs、43μs 和 50μs。其中，在距杆端 100cm 处本节分析结果与文献[30]采用动态有限元 HONDO 程序在近似条件下的模拟升时结果比较，结果见表 7.3。对比结果表明，两者很接近，说明采用 $RFPA^{2D}$ 数值模拟软件对 SHPB 试验中的弥散效应进行分析是可行的。

表 7.3　$RFPA^{2D}$ 数值模拟软件模拟升时与 HONDO 程序模拟升时[30]比较

杆径/mm	40/37	80/74	100/100
距杆端距离 100cm	30/27	43/41	50/52

同时，图 7.6 则给出了应力脉冲升时 t_r 随传播距离 x 而增加，而且这种增加主要集中在杆端处，之后则处于缓慢、线性地增加。计算表明，ϕ100 压杆中，距杆端 4.5m 处的升时高达 83μs(文献[30]采用动态有限元 HONDO 程序模拟的结果是 84μs)，这对破坏应变只有千分之几的岩石类脆性材料来说，就意味着数值试样破坏结果和形态与装置杆径和杆长密切相关。

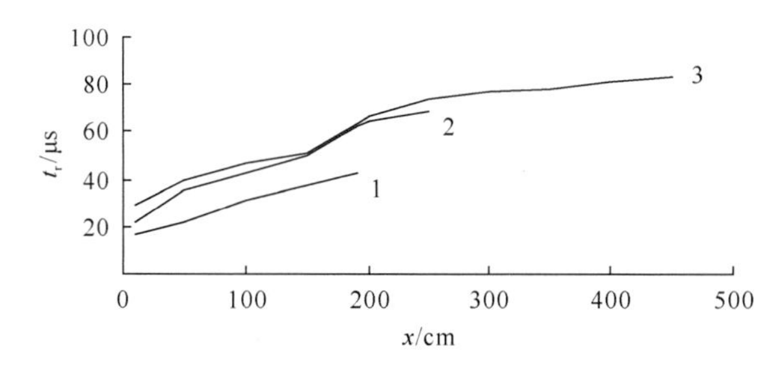

图 7.6　应力脉冲升时随传播距离变化曲线(t_r-x 曲线)

1: ϕ40 压杆中应力脉冲升时-传播距离变化曲线；2: ϕ80 压杆中应力脉冲升时-传播距离变化曲线；3: ϕ100 压杆中应力脉冲升时-传播距离变化曲线

2. 加载波形状对弥散结果的影响

从上一节的分析可以看出，矩形脉冲加载时加载波形发生了严重的 P-C 振荡，而且波头上升沿时间与杆径和杆长有关，这必然增大了试验的随机误差。鉴于动态测试矩形脉冲加载的这些不足，文献[13]开展了大量的试验工作，并提出了钟形及理想半正弦波加载进行岩石类脆性材料动态测试的试验技术，认为半正弦波加载可以明显减小岩石 SHPB 试验的波形振荡。文献[31]从数值模拟角度对该问题进行了深入研究，证实和显示 SHPB 试验半正弦波加载的优越性。文献[27]也认为将矩形冲击脉冲“改造成”三角形脉冲，使其上升沿拉长，可以减小混凝土材料 SHPB 试验的波形振荡。现将上述数值模拟中的矩形脉冲改为如图 7.7 所示的三角形脉冲，其他条件相同，三角形脉冲对弥散结果的影响分析如下。

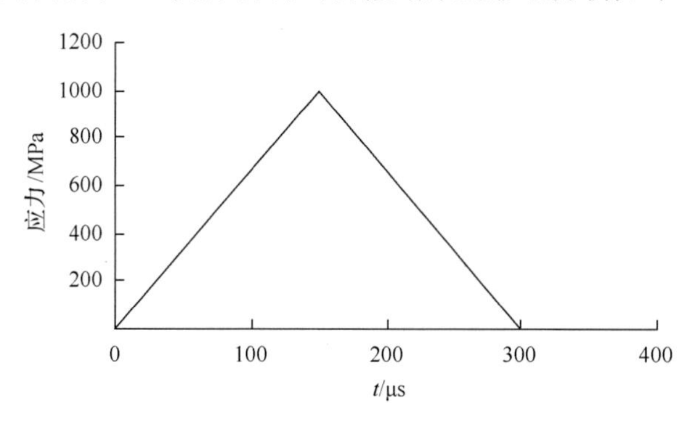

图 7.7　三角形脉冲

加载波为相同的三角形脉冲时，距压杆端部相同距离处的波形曲线如图 7.8 所示。从图 7.8 可以看出，杆径不同而距离相同时，3 条应力曲线基本重合，离散性很小。现用脉冲上升沿时间变化量的大小表征波形的弥散效应。波头上升沿时间变化如图 7.9 所示，从图 7.9 来看，波头上升沿时间随杆径的增大有增大趋势，但变化不大。图 7.8 和图 7.9 说明三角形脉冲加载时，波形并不因入射杆直径的变化而产生较大的弥散效应。本节分析结果与文献[31]用 LS-DYNA 非线性动力分析有限元程序的模拟结果是一致的。

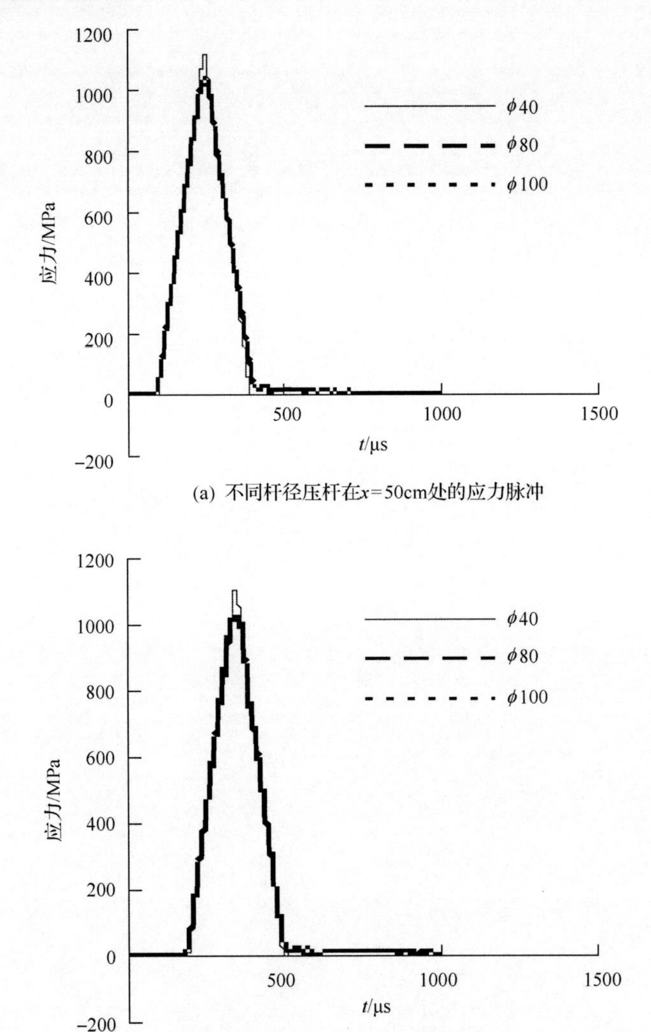

(a) 不同杆径压杆在x=50cm处的应力脉冲

(b) 不同杆径压杆在x=100cm处的应力脉冲

图 7.8　不同杆径压杆距端部相同距离处的应力脉冲比较

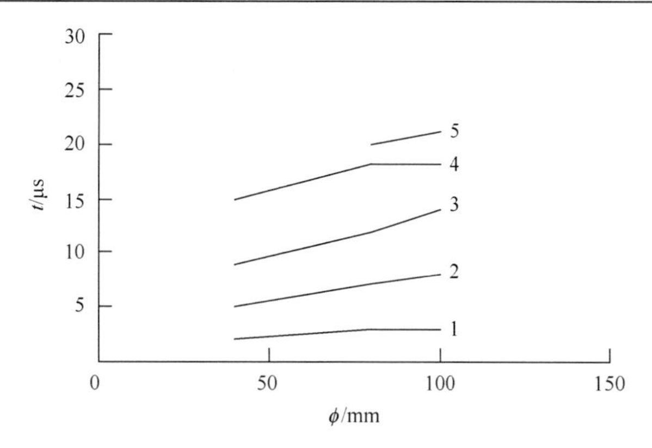

图 7.9　不同杆径压杆距端部不同距离处的波头上升沿时间变化比较

1: 不同杆径压杆距端部距离 x =10cm 处的波头上升沿时间变化规律；2: 不同杆径压杆距端部距离 x =50cm 处的波头上升沿时间变化规律；3: 不同杆径压杆距端部距离 x =100cm 处的波头上升沿时间变化规律；4: 不同杆径压杆距端部距离 x =150cm 处的波头上升沿时间变化规律；5: 不同杆径压杆距端部距离 x =200cm 处的波头上升沿时间变化规律

图 7.10 给出了波形随传播距离 x 的变化规律，从整体上来看，波形变化不大。脉冲上升沿时间变化值–传播距离曲线如图 7.11 所示。从图 7.11 来看，脉冲上升

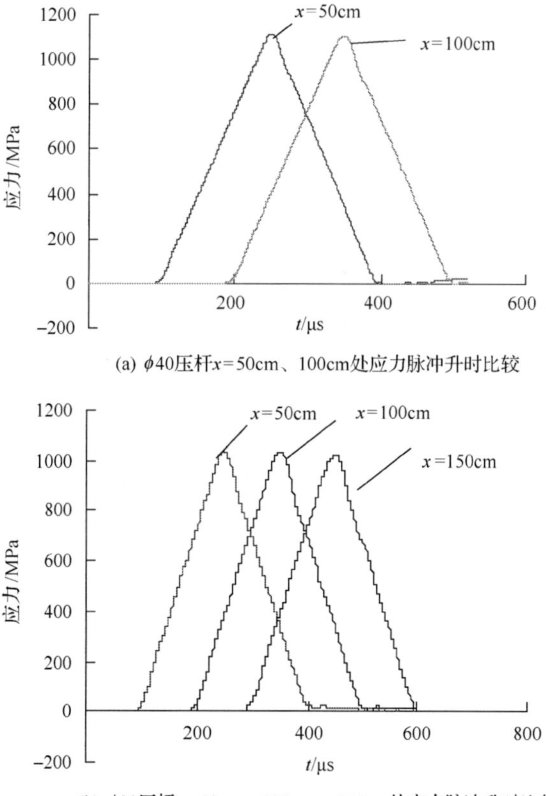

(a) ϕ40压杆x=50cm、100cm处应力脉冲升时比较

(b) ϕ80压杆x=50cm、100cm、150cm处应力脉冲升时比较

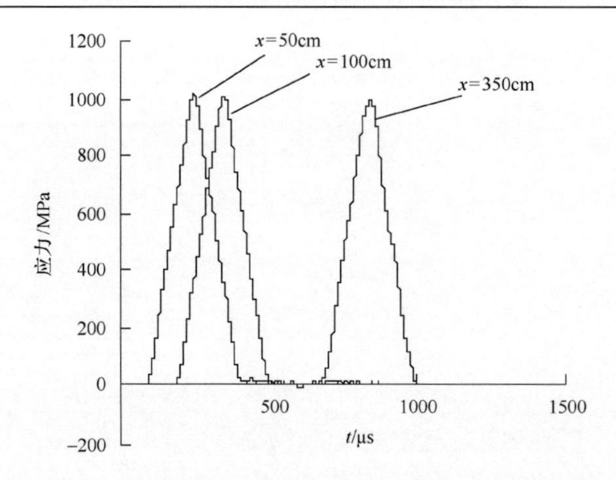

(c) ϕ100压杆x=50cm、100cm、350cm处应力脉冲升时比较

图 7.10　不同杆径压杆距端部不同距离处的应力升时脉冲比较

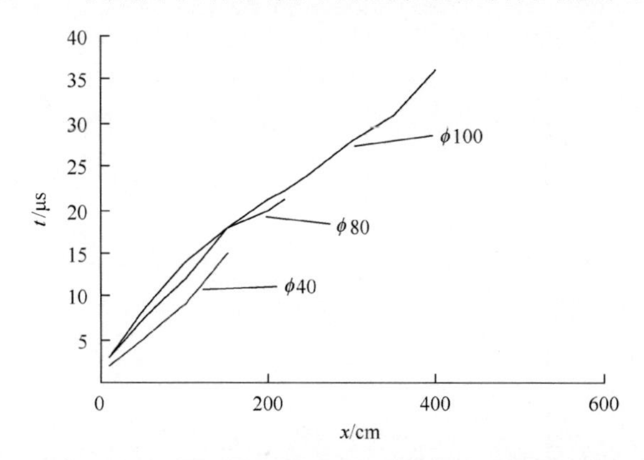

图 7.11　应力脉冲上升沿时间变化值-传播距离曲线

沿时间变化值随着传播距离的增加而增加，但是这种增加在杆端附近没有矩形脉冲明显。计算表明，ϕ100 压杆中，距离杆端 4.0m 处的应力脉冲上升沿时间变化值为 36μs，但明显低于矩形脉冲加载时的 80μs。

上述分析说明，与矩形脉冲加载相比，三角形脉冲加载可有效降低大直径 SHPB 试验的弥散效应，是岩石混凝土等非均匀性材料 SHPB 动态测试较理想的加载波形。该数值分析验证明了文献[31]的结论。

7.2.2　大直径 SHPB 试验弥散效应对数值试样测试结果的影响

如 7.1.1 节所说，在 SHPB 试验技术中，一维假定是其最基本假定。根据这一基本假定，可以利用一维应力波理论推导出试样材料的应力 $\sigma_s(t)$、应变 $\varepsilon_s(t)$ 和平均应变速率 $\bar{\varepsilon}_s(t)$ 的关系，如式(7.8)～式(7.10)所示，进而求出应力-应变关系。式(7.8)～式(7.10)中，$\varepsilon_i(t)$ 和 $\varepsilon_r(t)$ 为入射杆中与试样接触的端面处的入射应变脉冲和反射应变脉冲；$\varepsilon_t(t)$ 为输出杆中与试样接触的端面处的透射应变脉冲。但实际采用的是粘贴在两根压杆上的应变片测到的值，这里已经忽略了应变片贴片处(通常在压杆的中部)到岩石试样两端波形弥散的影响。

Follansbee 和 Frantz[25]曾专门讨论过这种影响，并对这种影响进行了修正。但是，通常的 SHPB 装置大多属于小直径的，这种弥散造成的影响不大，另外 Follansbee 和 Frantz 提出的修正方法又十分烦琐，因此，一般不考虑这种影响。文献[30]讨论了大直径 SHPB 装置的这种影响，结果表明，这种影响主要表现在真实应力-应变曲线与 SHPB 试验所测应力-应变曲线的起始部分存在差异。现在用 RFPA^{2D} 数值模拟软件分析应变片贴片处到数值试样两端波形弥散对应力-应变曲线的影响。

在计算中假定直径为 100mm 的输入杆杆长 4.5m，输出杆杆长 2m，贴片位置都设定在杆中间，分别为 2250mm 和 1000mm 处(图 7.12)，两杆材料参数如 7.2.1 节第 1 小节中所述，压杆材料的波速 C_0=5190m · s^{-1}。数值试样材料密度 ρ 为 2650kg · m^{-3}，泊松比 μ 为 0.3，数值试样的直径 D_s 约为压杆直径的 5/6，取 80mm，数值试样的长径比 L_s/D_s 为 1∶2，即 L_s=40mm、D_s＝80mm。数值分析中，假设数值试样与压杆为理想界面接触，取数值试样与压杆的单元尺寸都为 10mm。

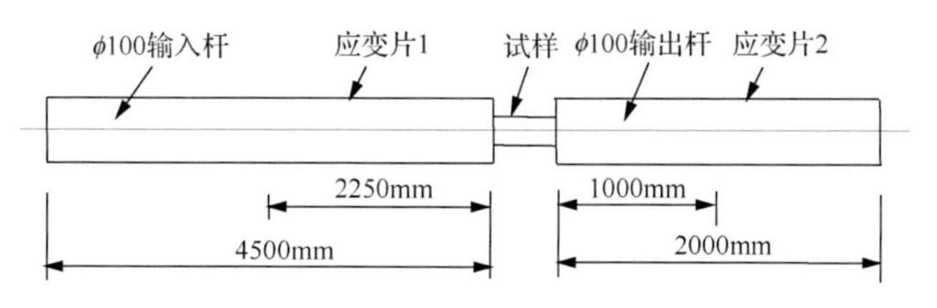

图 7.12　SHPB 装置及数值试样位置和应变片位置

1. 理想弹性岩石、三角形脉冲加载时

用 RFPA 数值模拟软件可以模拟得到应力脉冲在压杆及数值试样中的传播过程。以端部输入的三角形脉冲为例进行说明，如图 7.13 所示。由于篇幅所限，这里只给出剪应力分布图，如图 7.14 所示，颜色亮度反映了单元剪应力的相对大小，

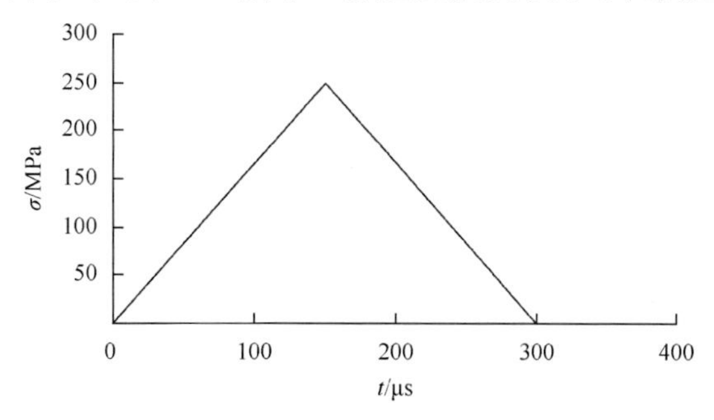

图 7.13　理想弹性岩石端部输入的三角形脉冲

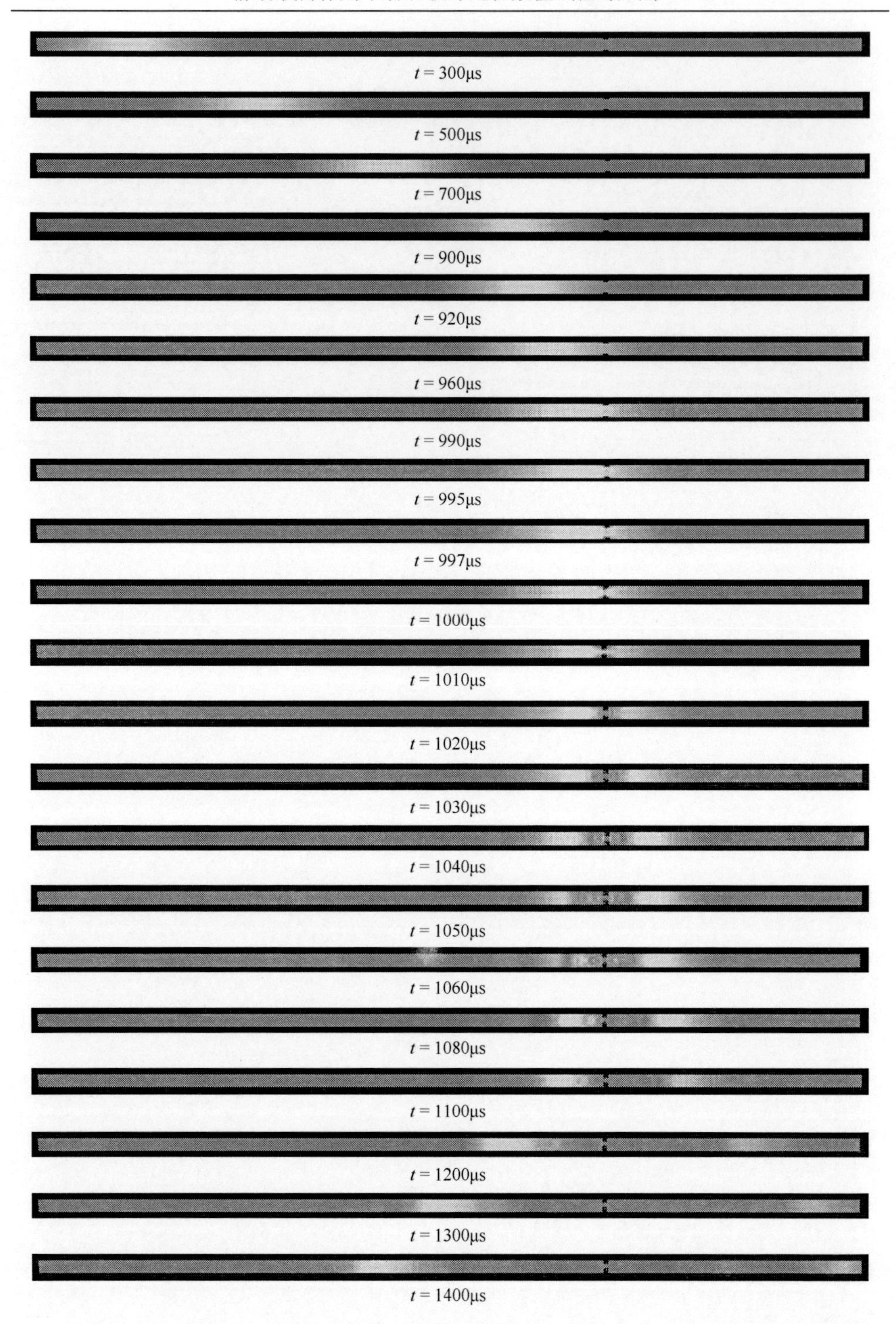

图 7.14　三角形脉冲在压杆及数值试样中传播过程的剪应力分布图(RFPA 数值模拟软件模拟图)

越亮的部位表示此处所受的剪应力值也越大，数值试样单元被破坏时用黑色表示。此时，数值试样为理想弹性岩石，取均质度系数为300，数值试样强度与单元强度约为 200MPa。从图 7.14 可以看出应力脉冲在数值试样中的传播过程。应力脉冲在输入杆中经过 920μs 左右到达数值试样位置，此时应力脉冲开始产生反射和透射；在 997μs 左右数值试样开始破坏，破坏的单元表现为黑色。

同时，由二维计算得出在贴片 1 处的入射应变脉冲 $\varepsilon_{\mathrm{i}}(t)$ 、反射应变脉冲 $\varepsilon_{\mathrm{r}}(t)$ 和贴片 2 处的透射应变脉冲 $\varepsilon_{\mathrm{t}}(t)$，如图 7.15 所示。在数值试样受冲击初期，岩石为理想弹性材料，此时，入射应变脉冲通过数值试样时透射到输出杆的幅值相对来说大一些，而反射回去的应变脉冲幅值相对来说要小一些；在数值试样受冲击后期，岩石被破坏，数值试样内裂缝数突然增加，此时，入射应变脉冲通过数值试样时透射到输出杆的幅值大幅度下降，而反射回去的应变脉冲幅值突然增加。这主要是因为岩石冲击破裂过程中新生或扩展裂缝对应力波的传播有影响，增加了应力波的衰减。由此可知这些缺陷对反射脉冲波形和透射脉冲波形的影响都很大。

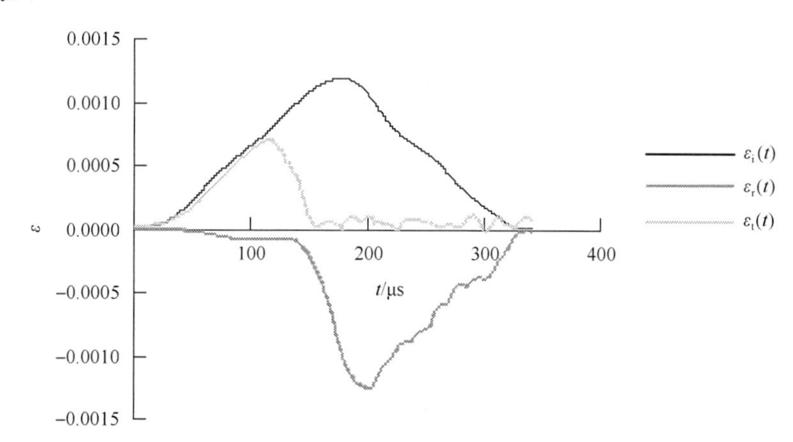

图 7.15　三角形脉冲加载时距数值试样端面 225cm 处所得的入射应变脉冲、反射应变脉冲及 100cm 处的透射应变脉冲

理想弹性岩石；均质度系数为 300；数值试样强度为 200MPa；三角形脉冲加载

再将上述 3 个波形直接代入一维计算公式式(7.4)～式(7.6)求得数值试样的应力-时间曲线如图 7.16 所示，应变-时间曲线如图 7.17 所示，应力-应变曲线如图 7.18 所示。从上述曲线来看，曲线都比较光滑，说明输入端为三角形脉冲加载时，波的弥散不会引起试验结果的振荡，对测试结果的影响较小。

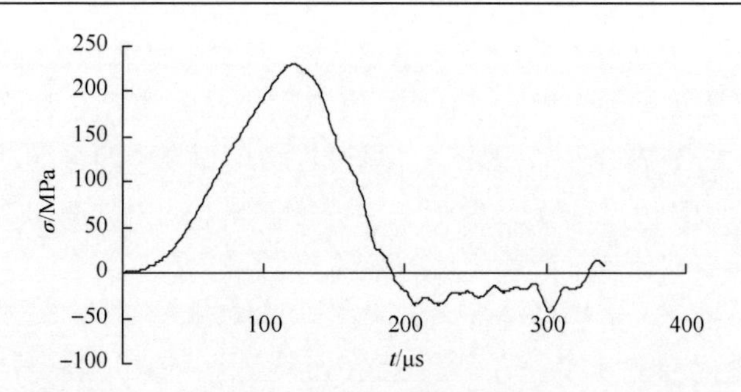

图 7.16　三角形脉冲加载时数值试样的应力-时间曲线

理想弹性岩石；均质度系数为 300；数值试样强度为 200MPa；三角形脉冲加载

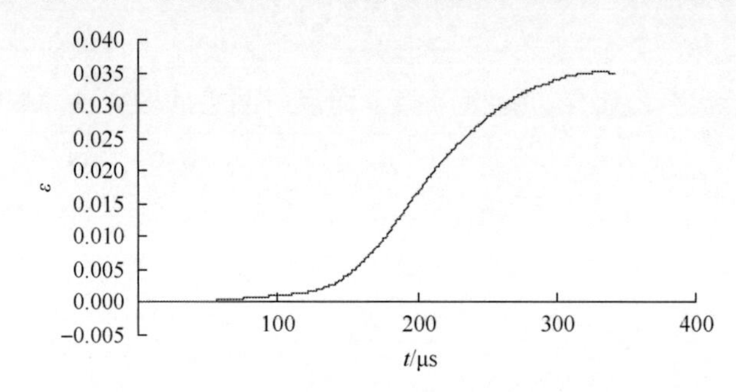

图 7.17　三角形脉冲加载时数值试样的应变-时间曲线

理想弹性岩石；均质度系数为 300；数值试样强度为 200MPa；三角形脉冲加载

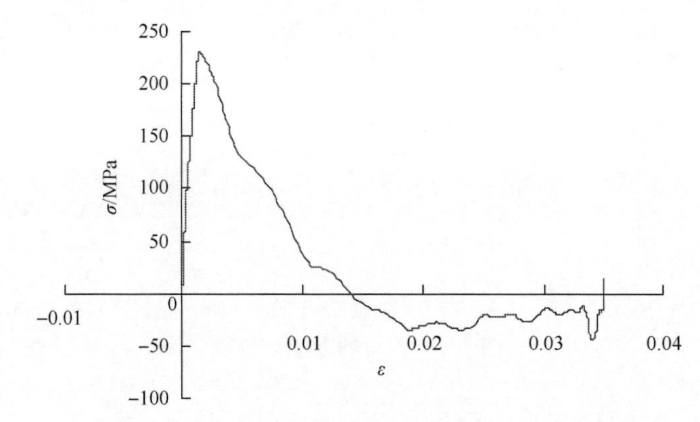

图 7.18　三角形脉冲加载时数值试样的应力-应变曲线

理想弹性岩石；均质度系数为 300；数值试样强度为 200MPa；三角形脉冲加载

此时，应变速率-时间曲线如图 7.19 所示。众所周知，利用 SHPB 测定数值试样材料的应力-应变曲线的好处之一是数值试样在变形的大部分时间均处于应变速率稳定阶段[30]。从图 7.19 来看，三角形脉冲加载时，应变速率-时间曲线也近似为三角形，且较光滑，说明波的弥散对数值试样内部受力稳定状态的影响较小。

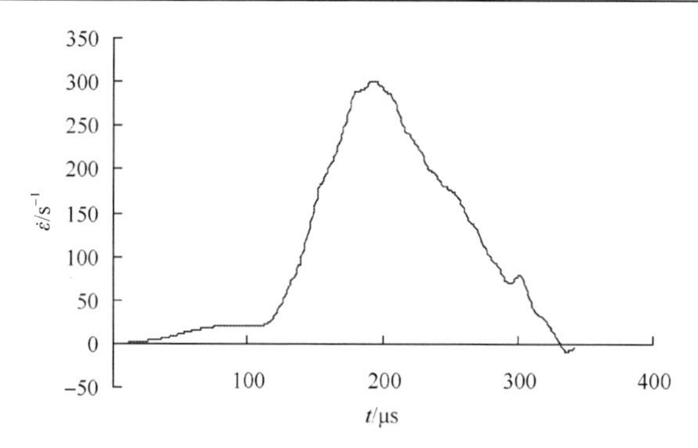

图 7.19　三角形脉冲加载时数值试样的应变速率-时间曲线

理想弹性岩石；均质度系数为 300；数值试样强度为 200MPa；三角形脉冲加载

2. 理想弹性岩石、矩形脉冲加载时

当其他条件相同，只是将加载脉冲由三角形脉冲改为矩形脉冲(矩形脉冲如图 7.20 所示)时，由二维计算得出在贴片 1 处的入射应变脉冲 $\varepsilon_i(t)$、反射应变脉冲 $\varepsilon_r(t)$ 和贴片 2 处的透射应变 $\varepsilon_t(t)$，如图 7.21 所示；由一维计算公式式(7.4)～式(7.6)

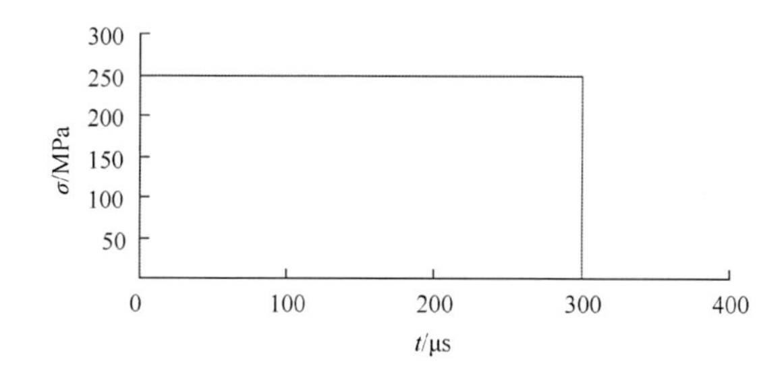

图 7.20　理想弹性岩石端部输入的矩形脉冲

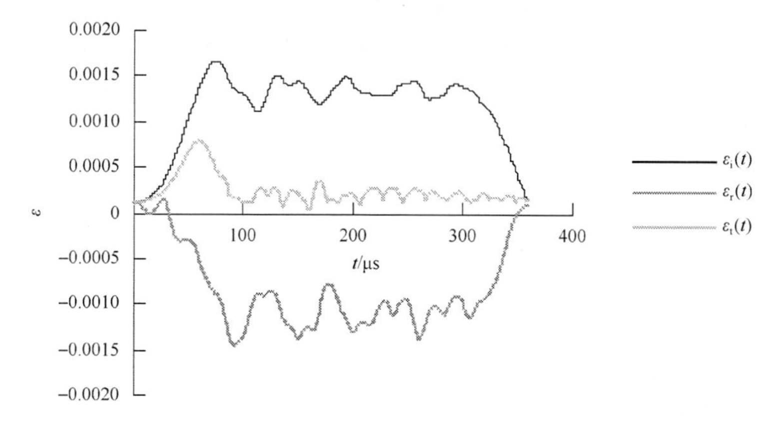

图 7.21　矩形脉冲加载时距数值试样端面 225cm 处所得的入射应变脉冲、反射应变脉冲及 100cm 处的透射应变脉冲

理想弹性岩石；均质度系数为 300；数值试样强度为 200MPa；矩形脉冲加载

求得数值试样的应力-时间曲线如图 7.22 所示，应变-时间曲线如图 7.23 所示，应力-应变曲线如图 7.24 所示，应变速率-时间曲线如图 7.25 所示。与三角形脉冲加载时相比，上述曲线除应变-时间曲线之外，都出现较大的振荡，这说明不同的加载波形会较大地影响试验结果。所以，选择合适的加载波形对于大直径 SHPB 试验具有重要的意义，其中三角形脉冲加载对于大直径 SHPB 试验来说相对是比较合适的。

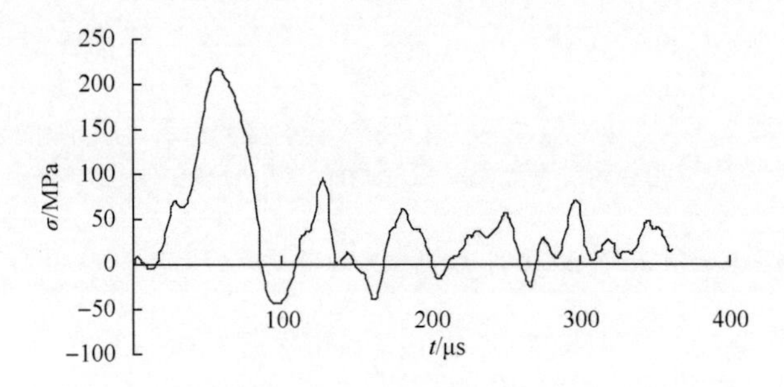

图 7.22　矩形脉冲加载时数值试样的应力-时间曲线

理想弹性岩石；均质度系数为 300；数值试样强度为 200MPa；矩形脉冲加载

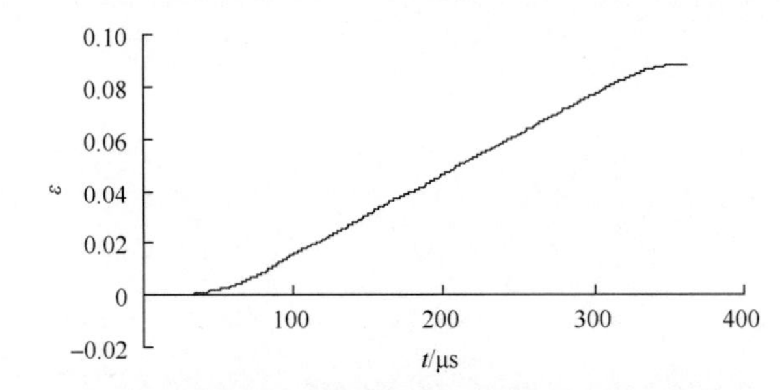

图 7.23　矩形脉冲加载时数值试样的应变-时间曲线

理想弹性岩石；均质度系数为 300；数值试样强度为 200MPa；矩形脉冲加载

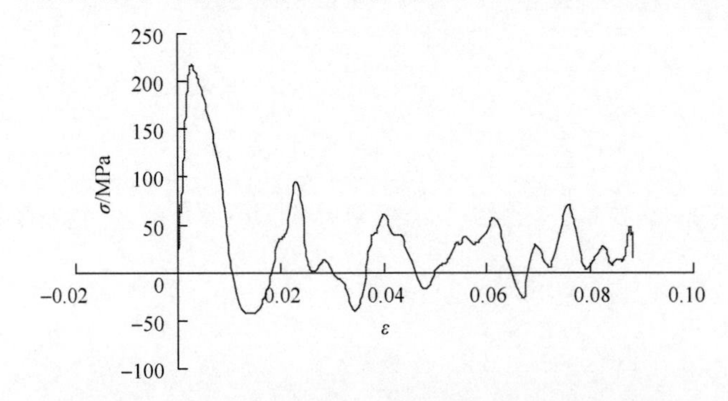

图 7.24　矩形脉冲加载时数值试样的应力-应变曲线

理想弹性岩石；均质度系数为 300；数值试样强度为 200MPa；矩形脉冲加载

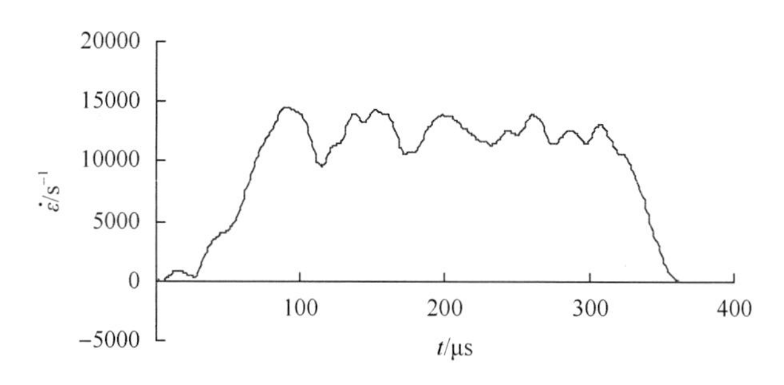

图 7.25　矩形脉冲加载时数值试样的应变速率-时间曲线

理想弹性岩石；均质度系数为 300；数值试样强度为 200MPa；矩形脉冲加载

3. 非均匀性岩石、三角形脉冲加载时

现讨论数值试样为非均匀性岩石时，波的弥散对试验结果的影响。此时，假设数值试样韦伯分布参数中均质度系数为 3、强度为 200MPa、弹性模量为 120GPa，加载脉冲为如图 7.26 所示的三角形脉冲。此时由二维计算得出在贴片 1 处的入射应变脉冲 $\varepsilon_{\mathrm{i}}(t)$ 、反射应变脉冲 $\varepsilon_{\mathrm{r}}(t)$ 和贴片 2 处的透射应变脉冲 $\varepsilon_{\mathrm{t}}(t)$，如图 7.27 所示；由一维计算公式式(7.4)～式(7.6)求得数值试样的应力-时间曲线如图 7.28 所示，应变-时间曲线如图 7.29 所示，应力-应变曲线如图 7.30 所示，应变速率-时间曲线如图 7.31 所示。从图 7.15 与图 7.27 来看，两者的曲线都比较平滑，说明岩石的均质度对波的弥散影响不大；但是因为非均匀性岩石是逐渐破坏的，而理想弹性岩石是脆性瞬时破坏的，所以，非均匀性岩石的反射波的开始部分较光滑，逐渐增加，而理想弹性岩石的反射波出现了明显的拐点。试验结果曲线除应变-时间曲线之外，非均匀性岩石比理想弹性岩石都出现了较大的振荡，这主要是由不同均质度的岩石本身造成的，不是波形弥散造成的。

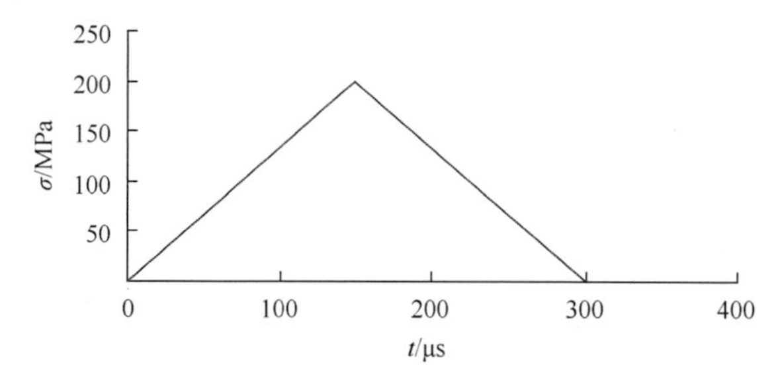

图 7.26　非均匀性岩石端部输入的三角形脉冲

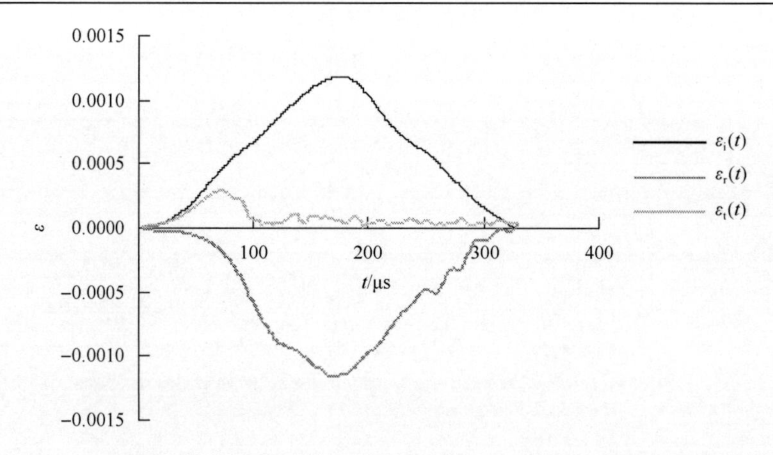

图 7.27　距数值试样端面 225cm 处所得的入射波、反射波及 100cm 处的透射波

非均匀性岩石；均质度系数为 3；数值试样强度为 200MPa；三角形脉冲加载

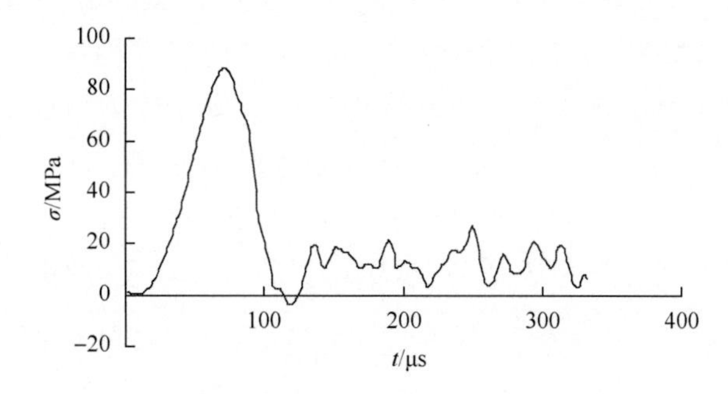

图 7.28　数值试样的应力-时间曲线

非均匀性岩石；均质度系数为 3；数值试样强度为 200MPa；三角形脉冲加载

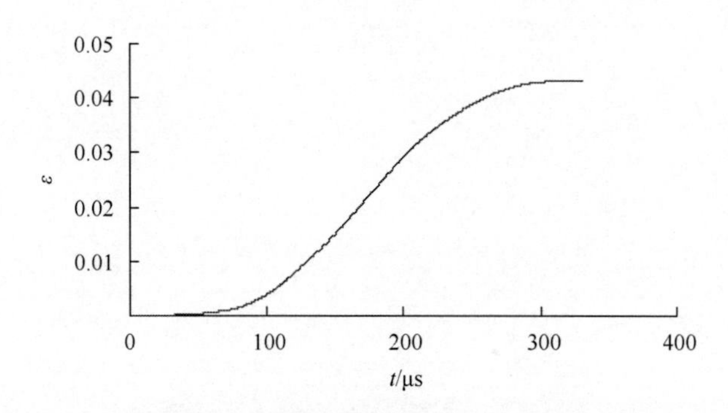

图 7.29　数值试样的应变-时间曲线

非均匀性岩石；均质度系数为 3；数值试样强度为 200MPa；三角形脉冲加载

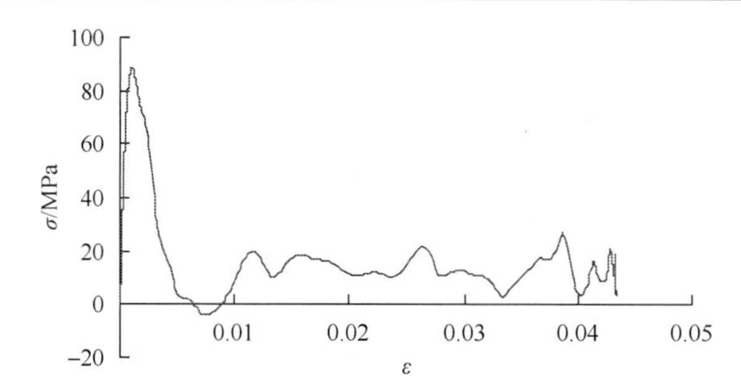

图 7.30　数值试样的应力-应变曲线

非均匀性岩石；均质度系数为 3；数值试样强度为 200MPa；三角形脉冲加载

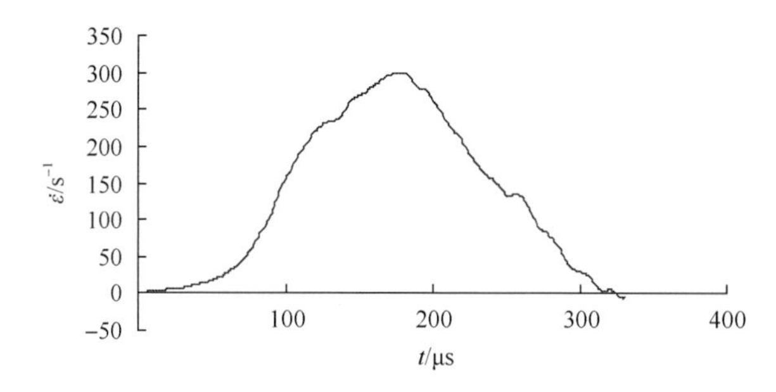

图 7.31　数值试样的应变速率-时间曲线

非均匀性岩石；均质度系数为 3；数值试样强度为 200MPa；三角形脉冲加载

但是，大直径 SHPB 装置的主要对象是混凝土等易脆非均匀性材料，这类材料的破坏应变很小，因此波形弥散对这类材料试验结果的影响也是敏感的[30]。

7.3　本 章 小 结

(1) 基于细观损伤力学基础而开发的动态版 $RFPA^{2D}$ 数值模拟软件能够较真实地模拟 SHPB 试验中波形传播和材料的破坏过程。

(2) 在 SHPB 试验技术中，由于压杆的横向泊松效应，波形在传播过程中的弥散现象是客观存在的。大直径 SHPB 装置中，这种弥散所造成的影响已不能忽略。二维数值计算表明，压杆的直径越粗，这种弥散的影响就越大；随着波形传播距离的增大，这种弥散就越明显。

(3) 选择合适的加载波形可以减小 SHPB 动态测试的弥散效应，其中三角形波加载可比较有效地解决大直径 SHPB 动态测试的弥散，是岩石混凝土等非均匀性材料 SHPB 动态测试较理想的加载波形。

(4) 波形弥散对 SHPB 试验的最终结果也是有影响的，选择合适的加载波形对于大直径 SHPB 试验可以得到较准确的试验结果，其中三角形脉冲加载对于大直

径 SHPB 试验来说相对是比较合适的。波头上升沿时间随杆径的增大有增大趋势，但变化不大。脉冲上升沿时间变化值随传播距离的增加而增加，并且这种增加在杆端附近更明显，之后有较缓慢的增加趋势。计算表明，ϕ100 粗杆中，距杆端 4.0m 处的升时变化值为 36μs，但明显低于矩形脉冲加载时的升时值。

(5)岩石的均质度对波的弥散影响不大；非均匀性岩石的试验结果曲线比理想弹性岩石均出现较大的振荡，这主要是由不同均质度的岩石本身造成的。但是，大直径 SHPB 装置的主要对象是混凝土等易脆材料，这类材料的破坏应变很小，因此波形弥散对这类材料试验结果的影响是敏感的。

参考文献

[1] Kolsky H. An investigation of the mechanical properties of materials at very high rates of loading[J]. Proceeding of the Physical Society, 1949, 62(1): 676-700

[2] 陈大年, 王焕然, 陈建平, 等. 高加载率 SHPB 试验分析原理的再研究[J]. 工程力学, 2005, 22(1): 82-87

[3] 宋小林, 谢和平, 王启智. 大理岩的高应变率动态劈裂实验[J]. 应用力学学报, 2005, 22(3): 419-426

[4] Zhao J, Li H B. Experimental determination of dynamic tensile properties of a granite[J]. International Journal of Rock Mechanics and Mining Sciences, 2000, 37(5): 861-866

[5] Lambert D E, Ross C A. Strain rate effects on dynamic fracture and strength[J]. International Journal of Impact Engineering, 2000, 24(10): 985-998

[6] Lifshitz J M, Leber H. Data processing in the split Hopkinson pressure bar tests[J]. International Journal of Impact Enginering, 1994, 15(6): 723-733

[7] Zhao H, Gary G. On the use of SHPB techniques to determine the dynamic behavior of materials in the range of small strains[J]. International Journal of Solids Structures, 1996, 33(23): 3363-3375

[8] Frew D J, Forrestal M J, Chen W. A split Hopkinson pressure bar technique to determine compressive stress-strain data for rock materials[J]. Experimental Mechanics, 2001, 41(1): 40-46

[9] Tedesco J W, Ross C A, Brunair R M. Numeric analysis of dynamic split cylinder tests[J]. Computers & Structures, 1989, 32(3): 609-624

[10] Tedesco J W, Hughes M L, Ross C A. Numerical simulation of high strain rate concrete compression tests[J]. Computers & Structures,1994, 51(1): 65-77

[11] Hughes M L, Tedesco J W, Ross C A. Numerical analysis of high strain rate splitting tensile tests[J]. Computers & Structures, 1993, 47(4/5): 653-671

[12] Rodriguez J, Navarro C, Sánchez-Gálvez V. Splitting test: an alternative to determine the dynamic tensile strength of ceramic materials[J]. Journal De Physique, 1994, 4(C8): 101-106

[13] 李夕兵, 古德生. 岩石冲击动力学[M]. 长沙:中南工业大学出版社, 1994

[14] 苏碧军，王启智. 平台巴西圆盘试样岩石动态拉伸特性的实验研究[J]. 长江科学院院报, 2004, 21(1): 22-25

[15] 胡时胜. 霍普金森压杆技术[J]. 兵器材料科学与工程, 1991, (11): 40-47

[16] 王鲁明, 赵坚, 华安增, 等. 脆性材料 SHPB 实验技术的研究[J]. 岩石力学与工程学报, 2003, 22(11): 1798-1802

[17] 刘剑飞, 胡时胜, 王道荣. 用于脆性材料的 Hopkinson 压杆动态实验新方法[J]. 实验力学, 2001, 16(3): 283-290

[18] 刘剑飞, 王正道, 胡时胜. 低阻抗多孔介质材料的 SHPB 实验技术[J]. 实验力学, 1998, 13(2): 218-223

[19] 孟益平, 胡时胜. 混凝土材料冲击压缩实验中的一些问题[J]. 实验力学, 2003, 18(1): 108-111

[20] 叶明亮, 续建科, 牟宏, 等. 岩石抗拉强度试验方法的探讨[J]. 贵州工业大学学报(自然科学版), 2001, 30(6): 19-25

[21] 刘孝敏, 胡时胜. 应力脉冲在变截面 SHPB 锥杆中的传播特性[J]. 爆炸与冲击, 2000, 20(2): 110-114

[22] 巫绪涛, 胡时胜, 张芳荣. 两点应变测量法在 SHPB 测量技术上的运用[J]. 爆炸与冲击, 2003, 23(4): 309-312

[23] Meng H, Li Q M. An SHPB set-up with reduced time-shift and pressure bar length[J]. International Journal of Impact Engineering, 2003, 28(6): 677-696

[24] Wu X J, Gorham D A. Stress equilibrium in the split Hopkinson pressure bar test[J]. Journal De Physique Ⅳ, 1997, 7(3): C3-91-C3-96

[25] Follansbee P S, Frantz C. Wave propagation in the Split Hopkinson Pressure Bar[J]. Journal of Engineering Materials and Technology, 1983, 105(1): 61-66

[26] Gong J C. Dispersion in vestigation in the Split Hopkinson Pressure Bar[J]. Journal of Engineering Materials and Technology, 1990, 112(3): 309-314

[27] 巫绪涛, 胡时胜, 杨泊源, 等. SHPB 技术研究混凝土动态力学性能存在的问题和改进[J]. 合肥工业大学学报(自然科学版), 2004, 27(1): 63-66

[28] 董钢, 巫绪涛, 杨伯源, 等. 直锥变截面 Hopkinson 压杆实验的数值模拟[J]. 合肥工业大学学报(自然科学版), 2005, 28(7): 795-798

[29] 李夕兵，周子龙，王卫华, 等. 运用有限元和神经网络为 SHPB 装置构造理想冲头[J]. 岩石力学与工程学报, 2005, 24(23): 4215-4218

[30] 刘孝敏, 胡时胜. 大直径 SHPB 弥散效应的二维数值分析[J]. 实验力学, 2000, 15(4): 371-376

[31] 周子龙, 李夕兵, 赵国彦, 等. 岩石类 SHPB 实验理想加载波形的三维数值分析[J]. 矿冶工程, 2005, 25(3): 18-20

[32] Chau K T, Zhu W C, Tang C A, et al. Numerical simulations of failure of brittle solids under dynamic impact using a new computer program-DIFAR[J]. Key Engineering Materials, 2004, 261-263: 239-244

[33] 朱万成, 唐春安, 黄志平, 等. 静态和动态载荷作用下岩石劈裂破坏规律的数值模拟[J]. 岩石力学与工程学报, 2005, 24(1): 1-7

[34] Zhu W C, Tang C A. Numerical simulation of Brazilian disk rock failure under static and dynamic loading[J]. International Journal of Rock Mechanics and Mining Sciences, 2006, 43(2): 236-252

[35] Rayleigh, Lord. Theory of Sound[M]. London: Macmillan Co., 1894

[36] 邹广平, 李秀坤, 张学义. 用于大尺寸试件的 SHPB 装置[J]. 应用科技, 2002, 29(11): 8-10

第8章　动载荷作用下巷道破坏过程数值分析

岩爆是在深部高地应力岩体中开挖地下硐室、巷道时常发生的矿山地质灾害，它是由于岩石中积蓄的弹性应变能突然释放而发生的、以急剧猛烈为特征的动力现象，是岩体的一种脆性破裂过程。以往人们把岩爆所涉及的力学过程(如岩石和煤的变形与破裂过程)视为静态(或准静态)，但是静载荷理论不能阐明岩爆的全部机制[1]。储存有大量的应变能仅仅是发生岩爆的必要条件，而不是充要条件，必须有外部的扰动才能触发岩爆[1]。在采矿工程中，爆破、机械振动、相邻岩爆产生的应力波、地震波等动态应力都可能成为触发岩爆的扰动，对于深部岩体，巷道周边的应力集中更加明显，故动态扰动对于岩爆的触发作用也更加突出。因此，对动态扰动触发巷道破坏的研究具有非常重要的理论价值和现实意义。

此外，各种巷道或硐室加固后在战时既可作为人员的隐蔽地，又可作为一些重要战略物资、设备的贮藏地，不失为较安全、方便、节约空间的场所。因此，也有必要对拟利用的巷道结构从力学角度进行详尽的分析，特别是要考虑受到攻击时爆炸应力波对巷道结构的破坏作用，找出此情况下容易破坏的巷道部位，从而确定加固部位、措施，使巷道转作军事用途时，更好地发挥其经济、军事效益。

在以往的研究中，普遍把静动载荷作用下岩石破裂视为两个独立的过程分别进行研究。静载荷作用下的研究相对比较成熟，借助于刚性或伺服控制试验机，可以很容易测得岩石破裂过程。在动载荷作用下，借助于SHPB压杆等试验设备，许多学者测试了岩石的动态强度并建立了本构关系[2-7]，提出了许多基于断裂力学或损伤力学的模型[8-10]。但是，对于处于深部的岩体而言，它最先承受高地应力的作用，开挖也在巷道周边引起二次应力，动态扰动往往会成为触发岩爆的一个重要因素，所以有必要将静动载荷作用下岩石破裂的两个过程统一进行研究，即研究静动载荷作用下巷道破坏的机制。在试验方面，静动载荷作用下岩石破裂过程一般由两套独立的加载设备来完成，因此开展动态扰动作用下处于静态应力的岩体发生失稳破裂的试验具有一定的技术难度[11-14]。所以寻求一种能够研究静动载荷作用下的巷道破坏机理和参数敏感性研究工具的需求日益强烈。

RFPA 数值模拟软件实现了静动载荷作用的边界条件，适合开展动态扰动下处于深部高地应力巷道的变形与破裂过程的数值模拟，认识动态扰动触发深部巷道发生失稳破裂的力学机制[15]。在进行动态扰动触发深部岩体破裂过程分析时，RFPA数值模拟软件分两个步骤进行：①对数值试样施加静载荷，以模拟地应力状态，并保存计算获得的位移和应力数据；②对数值试样施加动载荷，以模拟动态扰动，并进行应力分析，把计算结果与静态计算获得的应力和位移场进行叠加，并以此为基础进行破坏过程分析，直到整个计算结束。本章试图用 RFPA 数值模拟软件，研究动载荷作用下和静动载荷作用下的巷道破坏机理。

8.1　横观各向同性岩体中的巷道动力响应的数值分析

层状结构是沉积岩的主要特征之一。沉积过程中所形成的层状结构的黏土层，在各向同性面内各个方向的矿物成分及物理力学性质是大体相同的，但在垂直此面方向内的力学性质却有很大差别。类似这样沉积形成的天然地质体，其变形破坏分析可以采用横观各向同性弹性体模型描述[16]。

横观各向同性现象在地质材料中比较常见，各向异性性对岩体的应力-应变分析及破坏力学行为有很重要的影响，国内外学者在静力学范围内做了很多相关的研究工作[16-25]。在动力学方面，层状介质中波的传播在地震勘探和土建工程中也早已给予了足够重视，并有一套完整的方法[26]。应力波对层状岩体破坏的研究，主要集中在岩体爆破技术方面，如余永强等分析了层状岩体爆破损伤断裂机理[27]；在其他方面，如梁庆国等利用物理模拟试验，研究了层状岩体边坡在强地震作用下的变形破坏问题[28]。总之，层状岩体动力破坏模式的建立和定量的力学分析还需更多研究[28]。

在层状岩体中开挖硐室、巷道等以后，围岩中的原岩应力状态遭到破坏，应力发生重新分布。原岩应力和硐室等形状的非对称性，使硐室围岩均处于不同的应力状态下，不同位置岩体的主应力方向与层理面的交角也不相同，从而导致了岩体的变形、破坏形式也不相同[24]。层状岩体的稳定性受层面控制，在该类岩体中进行开挖常常导致块体失稳，给工程建设带来巨大的危害[29]。迄今为止，对层状岩体中的巷道在静载荷作用下的稳定与破坏问题进行了大量研究，主要是采用模拟试验、数值分析方法探讨巷道的不同破坏形式，以及不同的应力状态、不同的层面空间展布方向和巷道的几何形状与尺寸对巷道稳定与破坏的影响[30-34]。

如前所述，层状岩体开挖后经常形成楔形块体，对地下结构物的顶拱和边墙的稳定性构成威胁。动力扰动(地震、爆破及机械振动)作用将加剧块体的运动，进而影响硐室等地下结构物的整体稳定性，所以研究动力扰动下层状岩体中巷道的动力响应、稳定性及破坏具有现实意义。目前，关于层状岩体中巷道的动力响应与稳定性分析的资料较少，与此有关的主要是层状岩体中硐室群的动力响应与稳定性分析。例如，张丽华等采用动力离散元法分析了大型地下硐室群的动力响应，认为高烈度地震对于节理岩体中的地下结构有明显影响[35]。至于横观各向同性岩体中的巷道在动载荷作用下的破坏过程分析的研究还未见报道。

本节采用基于细观损伤力学基础上开发的动态版 RFPA^{2D} 数值模拟软件，并充分考虑到岩石的非均匀性，建立一种简单直接的数值模型来模拟横观各向同性岩体中的巷道在动载荷作用下的破坏过程，对于研究横观各向同性岩体开挖工程的稳定性分析无疑具有重要的理论和实际意义。

8.1.1 数值模型

1. 巷道围岩由一种非均匀性介质组成时

为了与细观各向同性岩体中巷道在动载荷作用下的破坏过程比较，本节模拟了巷道围岩由一种非均匀性介质组成时在动载荷作用下的破坏过程。模型只考虑地面的冲击应力波作用对巷道的破坏，忽略了地应力作用对巷道结构变形的影响。巷道模型如图 8.1 所示，模型尺寸为 100m×100m，巷道断面为马蹄形，其中矩形部分尺寸为 15m×15m，圆冠高度为 3m。计算模型的四边设为自由边界。

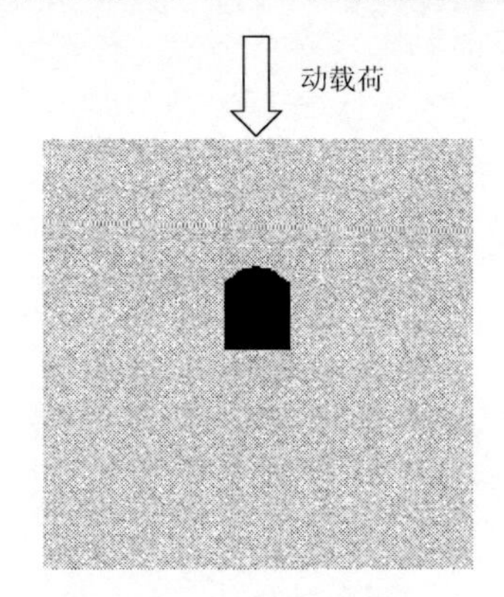

图 8.1　巷道模型图

图 8.1 中动载荷为外部施加的冲击应力波。在通常的动力分析中，为简化计算，将冲击应力波假设成一脉冲载荷。在此，只分析球面冲击应力波对巷道破坏的影响，并假设加载的脉冲载荷为梯形波，如图 8.2 所示，正压时间为 1.5μs，正压峰值为 220MPa。巷道围岩的力学参数见表 8.1。

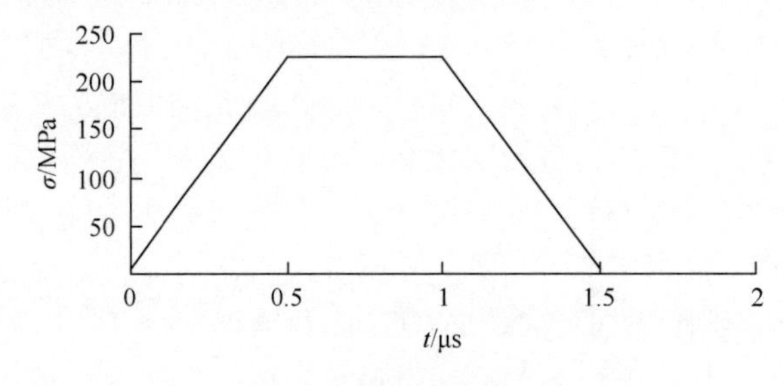

图 8.2　加载的脉冲载荷

表 8.1　巷道围岩的力学参数取值表

参数名称	取值
容重/(g·cm^{-3})	2.76
弹性模量/GPa	30.00
泊松比	0.30
抗拉强度/MPa	3.00
抗压强度/MPa	30.00
内摩擦角/(°)	35.00

用数值试样模型来表示实际模型，数值试样模型尺寸为 100mm×100mm，设定数值试样单元尺寸为 0.5mm×0.5mm。假设材料是非均匀性的，单元的力学特性服从韦伯分布，数值试样单元的韦伯分布参数见表 8.2。表 8.2 中的数值试样单元的韦伯分布参数与表 8.1 中的巷道围岩的力学参数近似对应。

表 8.2　数值试样单元的韦伯分布参数

参数名称	参数值	参数名称	参数值
弹性模量/GPa	30	均质度系数 m_1	3.0
抗压强度/MPa	200	均质度系数 m_2	3.0
泊松比	0.3	均质度系数 m_3	100
容重/(kg·m^{-3})	2670	均质度系数 m_4	100
残余强度/MPa	0.1	压拉比	10
残余泊松比	1.1	内摩擦角/(°)	35
最大拉应变	5	最大压应变	100

2. 巷道围岩为横观各向同性介质时

在图 8.1 所示的模型的基础上，充填了另外一种介质，与原介质形成层状，层状岩体之间为理想界面接触，充填层与水平方向夹角为 45°，并认为组成的层状岩体是各向同性的，模型如图 8.3 所示。为了比较软、硬充填层对巷道破坏的影响，

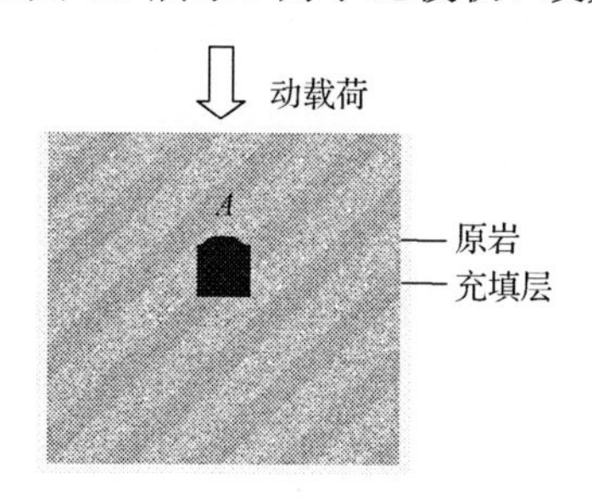

图 8.3　岩体为横观各向同性时的计算模型

模拟了软、硬两种充填层的影响。其中较硬充填层介质单元的韦伯分布参数见表 8.3，较软充填层介质单元的韦伯分布参数见表 8.4。为了分析比较，表 8.3 和表 8.4 中的两种充填层介质及原岩介质参数除抗压强度和弹性模量有差别外，其他参数均相同；两种充填层介质的抗压强度和弹性模量均比原岩介质低。

表 8.3　较硬充填层介质的韦伯分布参数

参数名称	参数值	参数名称	参数值
弹性模量/GPa	25	均质度系数 m_1	3.0
抗压强度/MPa	150	均质度系数 m_2	3.0
泊松比	0.3	均质度系数 m_3	100
容重/(kg · m^{-3})	2670	均质度系数 m_4	100
残余强度/MPa	0.1	压拉比	10
残余泊松比	1.1	内摩擦角/(°)	35
最大拉应变	5	最大压应变	100

表 8.4　较软充填层介质的韦伯分布参数

参数名称	参数值	参数名称	参数值
弹性模量/GPa	15	均质度系数 m_1	3.0
抗压强度/MPa	100	均质度系数 m_2	3.0
泊松比	0.3	均质度系数 m_3	100
容重/(kg · m^{-3})	2670	均质度系数 m_4	100
残余强度/MPa	0.1	压拉比	10
残余泊松比	1.1	内摩擦角/(°)	35
最大拉应变	5	最大压应变	100

为了分析论述问题方便，模型的巷道顶板中点记成 A，如图 8.3 所示。

将上述力学问题简化为平面应变问题进行分析，并且只考虑应力波传播到计算边界之前的过程。数值模拟时，取时间步长为 0.1μs。

8.1.2　巷道在球面冲击应力波作用下破坏过程的数值模拟与分析

动态版 RFPA^{2D} 数值模拟软件与其他动态版数值模拟软件的不同之处在于其能够模拟岩石类脆性材料在瞬时完成的动载荷作用下，从细观单元的破裂到裂纹萌生扩展及形成宏观破裂的整个过程，不但可以得到破裂过程中应力波的传播过程，还可以模拟出相应的应力场和变形场的整个演化过程。

1. 巷道围岩由一种非均匀性介质组成时

计算模型如图 8.1 所示，所加的球面冲击应力波在巷道的正上方，加载波形如图 8.2 所示。

图 8.4 只给出了峰值为 220MPa 的球面冲击应力波作用下巷道破坏过程的最大剪应力分布图。图中颜色亮度反映了细观单元最大剪应力的相对大小，越亮的部位表示此处的最大剪应力越大。图 8.4 中的亮半圆表示球面冲击应力波波阵面，球面冲击应力波从数值试样顶部向下传播。从最大剪应力分布图中可以看出，在球面冲击应力波波源处形成一个黑坑，表示该处的单元已被破坏；经过黑坑的应力波大幅度衰减，此后应力波传播所经过的区域被破坏的单元数较少，在最大剪应力分布图上表现为黑点面积较少；当应力波传播到第 90 加载步(时间为 9μs)左右，球面冲击应力波到达巷道壁，应力波在巷道壁产生反射，巷道壁开始发生层裂，如第 110 加载步(传播时间为 11μs)的最大剪应力分布图所示，随着应力波在巷道壁的继续反射，巷道壁层裂破坏现象越来越明显。应力波传播经过巷道后，层裂破坏停止。并且，还可以看出，应力波传播经过洞穴会产生绕射现象，在巷道底板处波阵面有一个缺口。

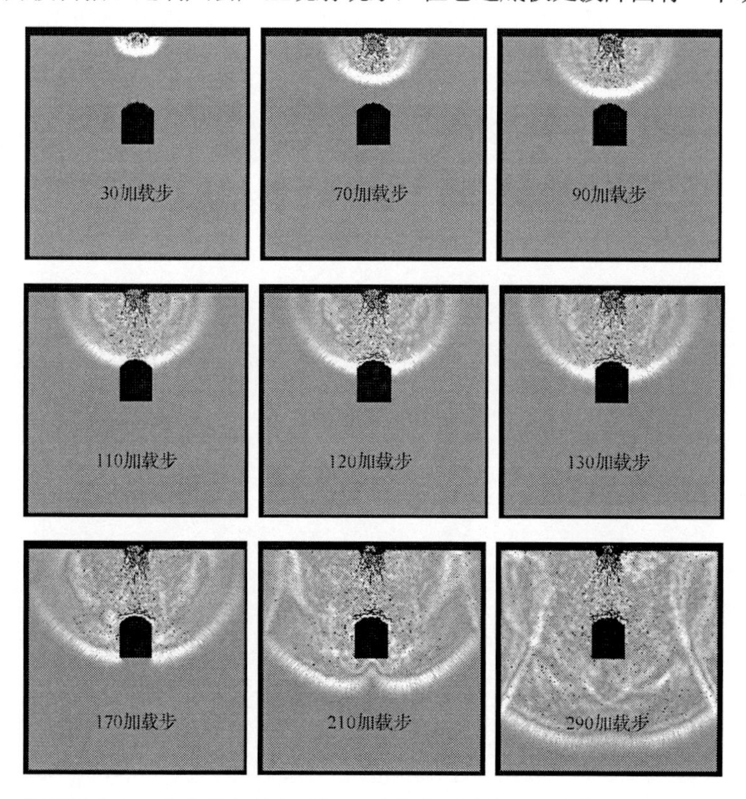

图 8.4　巷道围岩由一种非均匀性介质组成时在球面冲击应力波作用下巷道破坏过程的最大剪应力分布图

从上述情况来看，数值模拟能逼真地再现应力波传播过程中的波动现象。

2. 横观各向同性岩体中巷道在球面冲击应力波作用下的破坏过程

数值模型如图 8.3 所示。除在原非均匀性岩体介质中斜向布置了一些充填层之外，其他条件与如图 8.1 所示的模型相同。

图 8.5 给出了充填层介质较硬时巷道破坏过程的最大剪应力分布图。应力波的传播规律基本与图 8.4 相同。与图 8.4 相比，从第 90 加载步来看，应力波在原岩体中传播比在如图 8.3 所示层状岩体中传播要快；由于组成层状岩体的力学特性的差异，应力波在相邻两层中的传播速度不同，其中在原岩体中传播较快，在后加的充填层中传播较慢，波阵面呈现齿形，并且在与层理面方向垂直的波阵面呈现的齿形更明显；从最终破坏结果来看，由于充填层的力学性质较弱，充填层的局部破坏程度比原岩体要大；在第 105 加载步左右时，应力波到达巷道顶板壁产生反射，由于反射产生的层裂破坏较图 8.4 不明显，说明应力波在较硬层中传播消耗的能量较大，应力波速度衰减较大，层状岩体可以抑制巷道壁层裂破坏的发生。

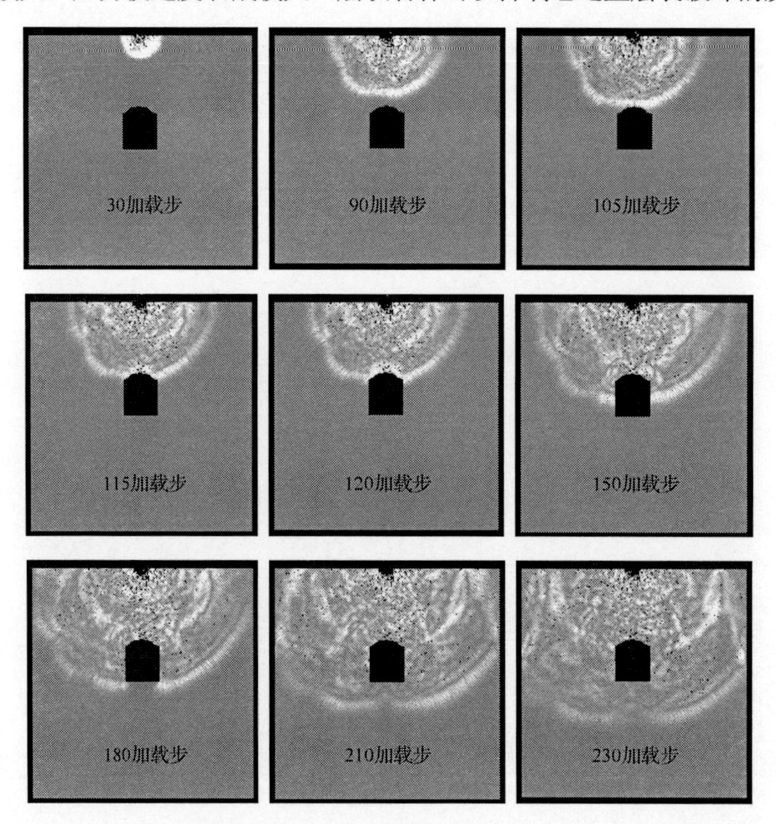

图 8.5　巷道围岩为横观各向同性时巷道在球面冲击应力波作用下破坏过程的最大剪应力分布图(充填层介质较硬时)

图 8.6 给出了充填层介质较软时巷道破坏过程的最大剪应力分布图。应力波的传播规律基本与图 8.5 相同。但与图 8.5 相比，波阵面呈现齿形现象更加明显；从最终破坏结果来看，较软弱层的局部破坏程度比原岩体大的现象更明显，应力波经过软弱层时，可看到明显的破坏层；并且，还可以看到巷道表面产生的层裂破坏现象较图 8.5 也更明显。

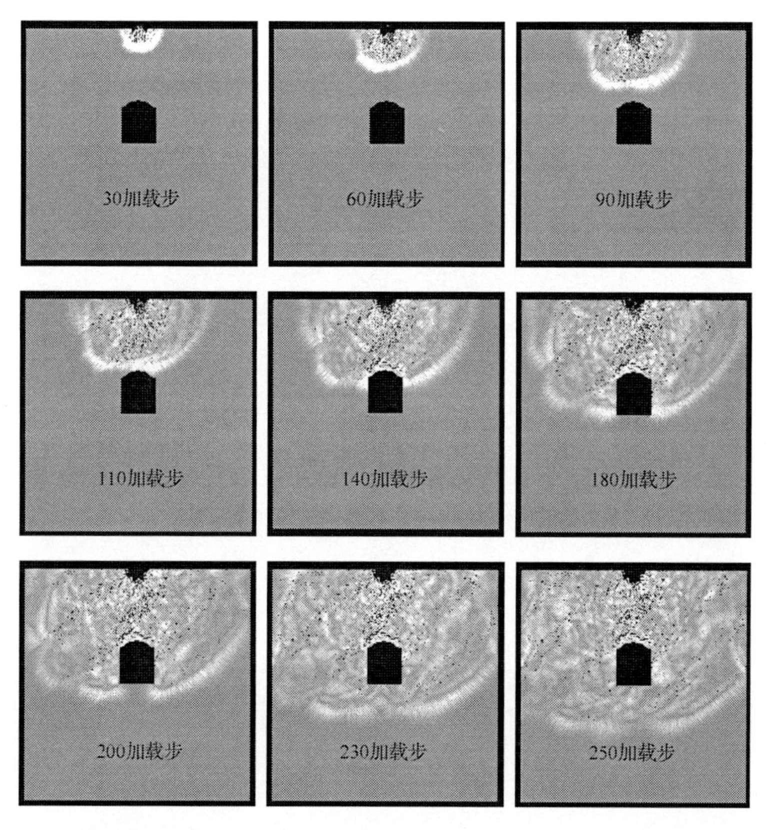

图 8.6　巷道围岩为横观各向同性时巷道在球面冲击应力波作用下破坏过程的最大剪应力分布图(充填层介质较软时)

为了进一步分析横观各向同性岩体中巷道围岩在应力波作用下的效应，图 8.7～图 8.10 分别给出了较硬和较软充填层对应的层状岩体模型中巷道顶板 A 点的最大主应力-时间历程图、最小主应力-时间历程图和剪应力-时间历程图，以及竖向位移-时间历程图。从图 8.7～图 8.9 来看，层状岩体中的充填层较硬时，巷道顶板 A 点的最大主应力、最小主应力和剪应力的峰值的绝对值整体上都比充填层较软时要大，并且充填层较硬时这些应力的响应均超前于充填层较软时的情况。说明组成层状岩体的介质的力学性质，如弹性模量和强度越接近，应力波传播时幅值衰减越小，传播速度也越快。从图 8.10 来看，巷道顶板 A 点的竖向位移的响应特征与应力的响应特征刚好相反，即层状岩体中的充填层较硬时，巷道顶板 *A* 点的竖向位移的峰值比充填层较软时的要小。但同样，充填层较硬时竖向位移的响应超前于充填层较软时的情况。这说明，组成层状岩体的介质的力学性质，如弹性模量和强度越接近，巷道顶板动力扰动下引起的位移峰值越小，从整体来看，巷道稳定性较强；相反，组成层状岩体的介质的力学性质相差较大时，从整体来看，巷道稳定性减弱。

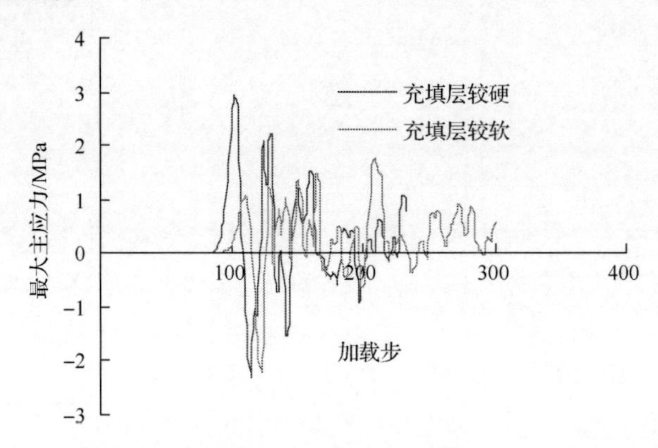

图 8.7　层状岩体模型中巷道顶板 *A* 点的最大主应力-时间历程图

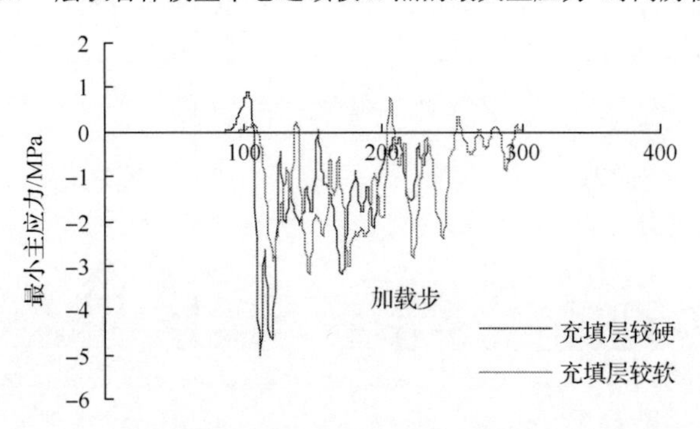

图 8.8　层状岩体模型中巷道顶板 *A* 点的最小主应力-时间历程图

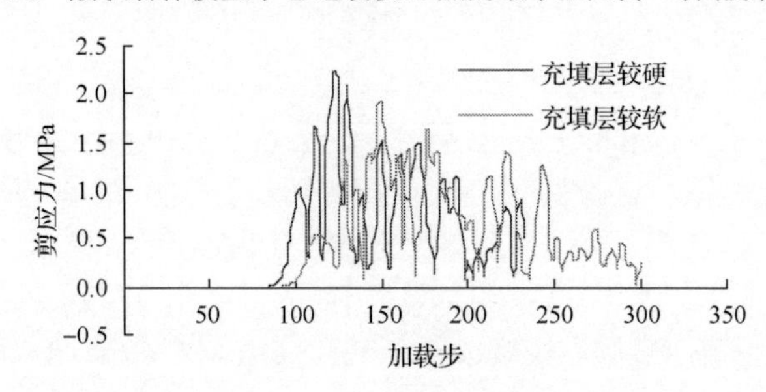

图 8.9　层状岩体模型中巷道顶板 *A* 点的剪应力-时间历程图

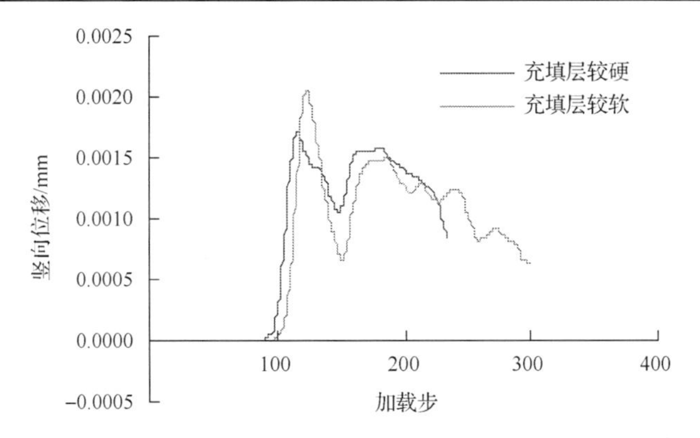

图 8.10　层状岩体模型中巷道顶板 *A* 点的竖向位移-时间历程图

此外，为了分析均质度系数对横观各向同性岩体中的巷道在动载荷作用下破坏过程的影响，图 8.11 还给出了均质度系数 m=100 时横观各向同性岩体中巷道在

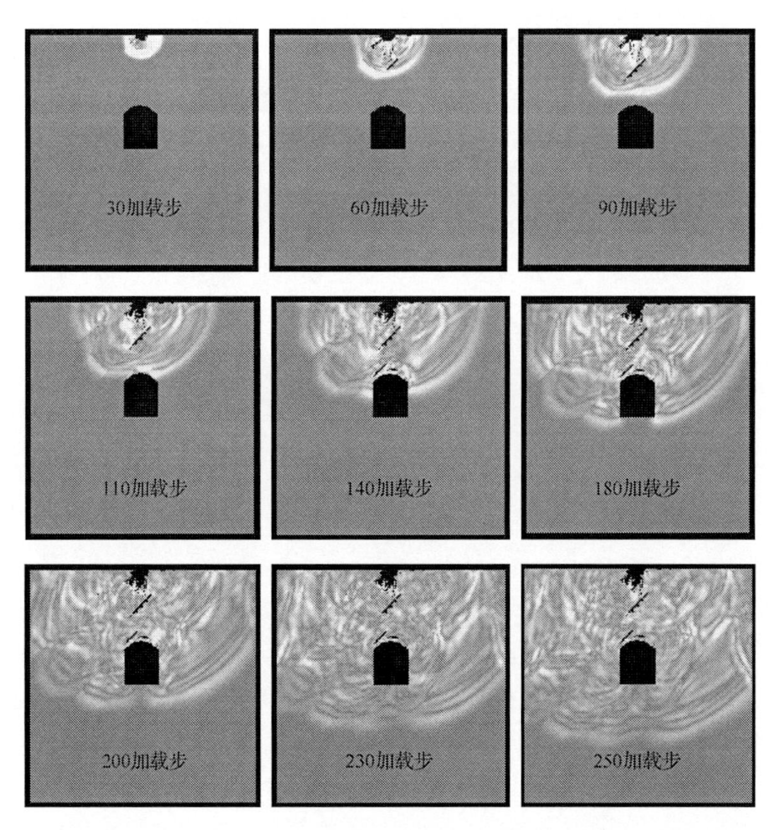

图 8.11　均质度系数 m=100 时横观各向同性岩体中巷道在动载荷作用下破坏过程的最大剪应力分布图

动载荷作用下破坏过程的最大剪应力分布图。图 8.11 对应的模型与图 8.3 相同，充填层参数除均质度系数不同外，其他与表 8.4 中的参数相同。从图 8.11 来看，均质度系数 m=100 时，岩石为均匀性介质，应力波的传播规律与图 8.5 和图 8.6 大体相同；不同的是，在动载荷作用下层状岩体的破坏主要是层与层之间出现明显的脱层，而软弱层上的破坏单元较少。前面所述的图 8.6 的模型条件与图 8.11 的模型条件除均质度系数不同外，其他条件均相同，图 8.6 的均质度系数 m=3。从图 8.6 来看，应力波经过的软弱层被破坏部位，在最大剪应力分布图上表现为黑点均匀分布，呈蜂窝状；软弱层破坏带与邻近的较硬岩层带呈明显的层状分布，但两层之间的破坏单元没有连接成裂缝。同时，从图 8.6 和图 8.11 比较来看，均质度系数 m 增加时，由于脱层消耗较多的能量，巷道的层裂破坏有减弱的迹象。这说明均质度系数 m 对层状岩体在动载荷作用下的破坏模式影响较大，岩石越均匀，层状岩体的破裂面越会沿着岩层的界面方向扩展，从整体上削弱巷道的稳定性，但此时巷道的层裂破坏有减弱的迹象。

图 8.12～图 8.15 分别给出了不同均质度系数时层状岩体模型中巷道顶板 A 点的最大主应力-时间历程图、最小主应力-时间历程图和剪应力-时间历程图、剪应力-时间历程图，以及竖向位移-时间历程图。从图 8.12～图 8.15 来看，层状岩体的均质度系数较大时，巷道顶板 A 点的最大主应力、最小主应力和剪应力的峰值的绝对值和竖向位移都比均质度系数较小时要大，并且均质度系数较大时这些应力和位移的响应均超前于均质度系数较小时的情况。说明层状岩体越均质，应力波传播时幅值衰减越小，传播速度也较快，巷道顶板在动力扰动下引起的位移峰值也较大。从整体来看，层状岩体越均质，巷道稳定性没有增强反而减弱，这主要是层与层之间的界面破坏引起的。

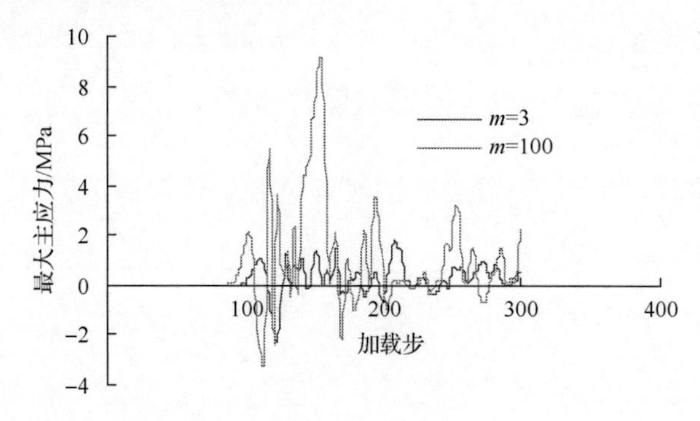

图 8.12　不同均质度系数时层状岩体模型中巷道顶板 A 点的最大主应力-时间历程图

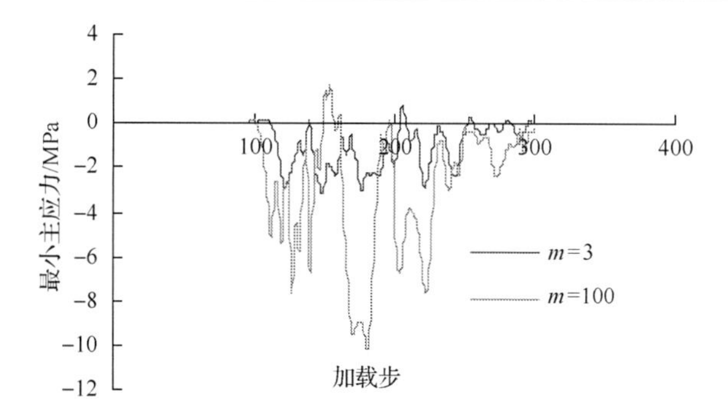

图 8.13　不同均质度系数时层状岩体模型中巷道顶板 A 点的最小主应力-时间历程图

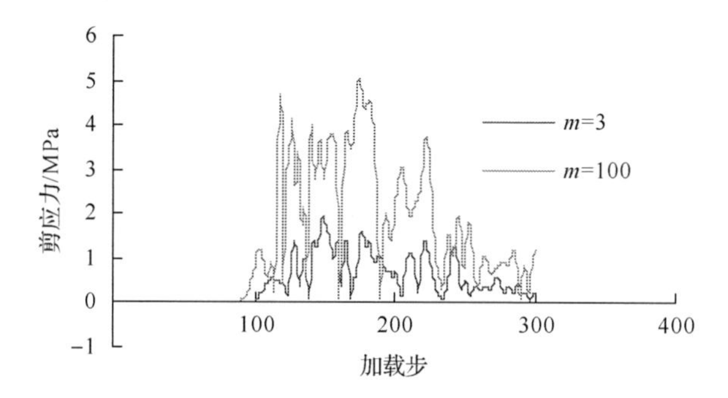

图 8.14　不同均质度系数时层状岩体模型中巷道顶板 A 点的剪应力-时间历程图

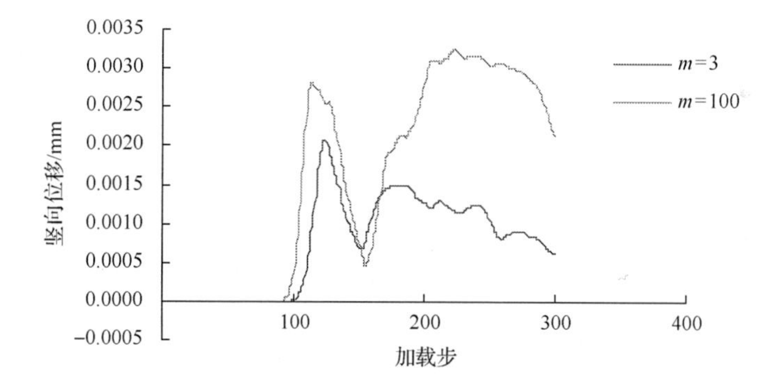

图 8.15　不同均质度系数时层状岩体模型中巷道顶板 A 点的竖向位移-时间历程图

8.1.3　小结

本节采用基于细观损伤力学基础上开发的动态版 RFPA^{2D} 数值模拟软件，对动载荷作用下横观各向同性围岩中巷道的破坏过程进行了数值模拟，结果表明，组成层状岩体的材料性质对应力波的传播、巷道结构的应力分布、位移、时间历程等都有一定的影响。

(1) 组成层状岩体的材料力学特性，如强度和弹性模量的差异，是波阵面呈现齿形的原因；从破坏模式来看，组成层状岩体的材料力学性质差异大到一定程度时可看到破坏带与周围的岩层呈明显的层状。

(2)组成层状岩体的材料力学性质的差异对巷道的稳定性影响较大，即层状岩体材料力学性质越接近，巷道顶板动力扰动下引起的位移峰值越小，从整体来看，巷道稳定性较强；反之，组成层状岩体的材料力学性质相差较大时，从整体来看，巷道稳定性减弱。

(3)组成层状岩体的材料均质度系数 m 对层状岩体在动载荷作用下的破坏模式影响较大，岩石越均匀，层状岩体的破裂面都沿着岩层的界面方向扩展，此时巷道的层裂破坏有减弱的迹象。

(4)层状岩体越均匀，应力波传播时幅值衰减越小，传播速度也较快，此时巷道顶板动力扰动下引起的位移峰值也较大。从整体来看，巷道稳定性没有增强反而减弱，这主要是层与层之间的界面破坏引起的。

8.2 含不连续面巷道的动力破坏过程及应力位移特征数值分析

由于地质构造应力场的作用，岩体中残留了不同等级的构造形迹[36]。在巷道工程中，即使主巷道选用完整、坚硬岩石作为围岩，也可能在局部部位遇到破碎岩体的断层带，如采煤巷道有薄煤层这样软弱夹层是常见的[37]。这些大小断层及节理裂隙对巷道围岩稳定性的影响是明显的，其规律也较复杂[36]。若断层破碎带宽度为数毫米至数厘米，其间的软弱夹层不会直接对工程构成危险，但节理或软弱夹层的存在削弱了整个岩体的强度和稳定性[38]。此种结构在一般情况下虽稳定，但在遇到一定强度的外界扰动，如爆炸应力波作用时，可能受到破坏，围岩稳定性难以控制[37]。所以，研究含软弱夹层及不连续面巷道在动力扰动下的破坏具有现实意义。

为安全生产需要，一般都研究含软弱夹层巷道在受上部岩体重力作用时的情形[39-41]。本节利用 RFPA^{2D} 数值模拟软件，将岩石视为非均匀性介质，从细观角度对动力扰动下含不连续面巷道的破坏过程进行分析和探讨。

8.2.1 数值模型

取某巷道工程一断面处的破坏作为计算实例，该巷道为未受加固的裸巷。模型只考虑地面的应力波(球面波)作用对巷道的破坏，忽略地应力作用对巷道结构内各点变形的影响。巷道的计算模型如图 8.1 所示，模型的四边为自由边界。模型尺寸为 100m×100m，巷道为马蹄形，其中矩形部分尺寸为 15m×15m，圆冠高度为 3m。

如图 8.1 所示，巷道地面施加动力扰动。在通常的动力分析中，为简化计算，将动荷载假设成一脉冲荷载。在此，只分析球面波对巷道破坏的影响，并假设加载波为梯形波，如图 8.2 所示，正压时间为 1.5μs，正压峰值为 220MPa。

巷道围岩的力学参数见表 8.1。

同样，用数值试样模型来表示实际计算模型，数值试样模型尺寸为 100mm×100mm，设定数值试样单元尺寸为 0.5mm×0.5mm。假设材料是非均匀性的，其力学特性服从韦伯分布，数值试样单元的韦伯分布参数也见表 8.2。表 8.2 中的数值试样单元的韦伯分布参数与表 8.1 中的巷道围岩的力学参数近似对应。

本节讨论的模型分如下两种情况：

(1)巷道围岩为完整岩石，如图 8.1 所示。

(2)巷道围岩中含不连续面，即在图 8.1 的基础上加一个不连续面，如图 8.16 所示，巷道顶板上方穿越一水平倾角为 30°的不连续面，不连续面宽度为一个单元(0.5mm×0.5mm)和两个单元(1mm×1mm)两种情况。为了分析论述问题方便，在模型中确定了 5 个测点，巷道顶板中点记成 *A*，圆冠与侧壁的交点记成 *B*，巷道侧壁中点记成 *C*，巷道底板角点和中点分别记成 *D* 和 *E*；为了比较，巷道围岩为完整岩石时，规定巷道壁相应点分别记成 *A*1、*B*1、*C*1、*D*1 和 *E*1。

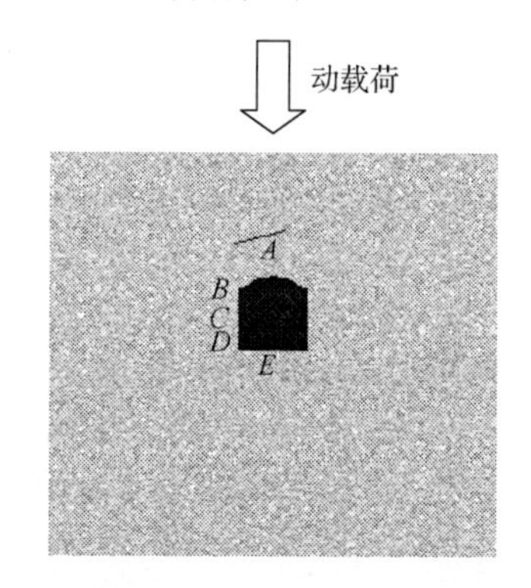

图 8.16　巷道围岩中含不连续面时的数值试样模型

将上述力学问题简化为平面应变问题进行分析。数值模拟时，取时间步长为 0.1μs。

8.2.2　巷道在球面冲击应力波作用下破坏过程的数值模拟

1. 巷道围岩为完整岩石时

巷道围岩为完整岩石时，其在球面冲击应力波作用下破坏过程的数值模拟如 8.1.2 节中的第 1 小节所示。

2. 巷道围岩中含不连续面时

数值试样模型如图 8.16 所示。此时，除了在巷道的上方布置了一条倾斜的不连续面之外，其他条件与图 8.1 所示的模型相同。

当不连续面厚度为一个单元(0.5mm)时，图 8.17 给出了该情况下的巷道破坏过程的最大剪应力分布图。应力波的传播规律基本与图 8.4 相同。此外，从图 8.17 来看，应力波传播到不连续面时，应力波被阻断在不连续面的一端，如第 30 加载步所示；接着应力波从不连续面的一端绕到不连续面的另一端，如第 75、第 80 和第 90 加载步所示，结果波阵面出现了一个缺口。从第 90 加载步来看，与图 8.4 相比，由于不连续面的存在，应力波产生绕射现象，应力波速度有所减缓。并且还可以看到，应力波碰到不连续面时，在不连续面处产生反射，从第 80 加载步开始在不连续面靠波源的壁面有层裂破坏发生。从最终破坏结果来看，应力波在巷道顶板产生层裂破坏时图 8.17 较图 8.4 不明显，这说明应力波传播经过不连续面时，消耗了一定的能量，不连续面可以削弱层裂破坏的发生。

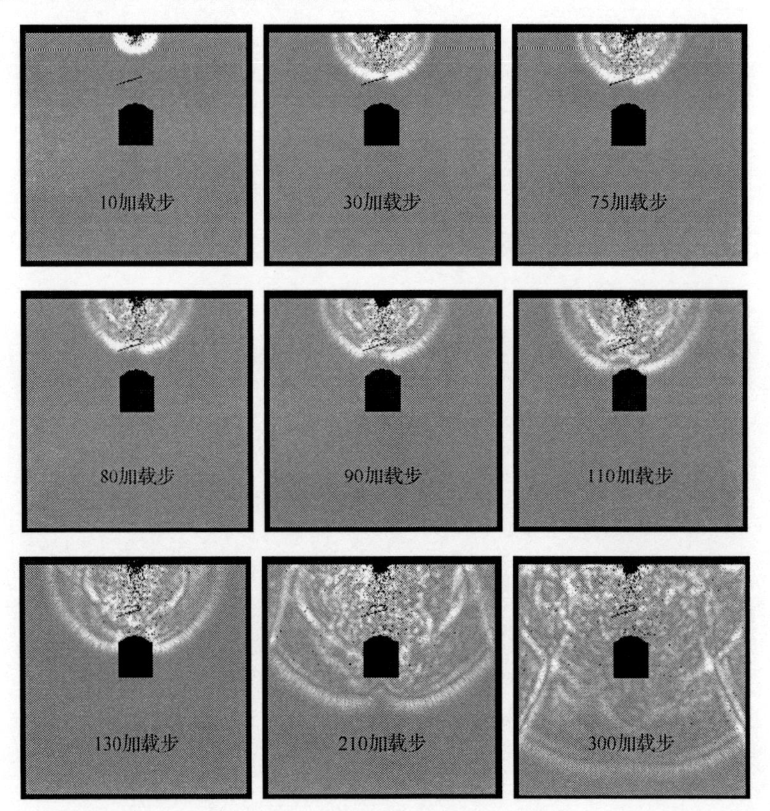

图 8.17　含不连续面(不连续面厚度为一个单元)时巷道在球面冲击应力波作用下破坏过程的最大剪应力分布图

当不连续面厚度为两个单元(1mm)时，图 8.18 给出了该情况下巷道破坏过程的最大剪应力分布图。应力波的传播规律基本上与图 8.4 和图 8.17 相同。与图 8.17 相比，图 8.18 中应力波在不连续面处产生反射，使不连续面形成拉伸破坏，出现更加明显的层裂现象，如第 70～90 加载步所示；应力波从不连续面的一端绕到不连续面的另一端，如第 90 和第 110 加载步所示，结果波阵面出现了一个更大的缺口。从图 8.18 的第 90 加载步来看，与图 8.4 和图 8.17 相比，由于较大不连续面的存在，应力波产生绕射现象，应力波速度更加减缓。从最终破坏结果来看，应力波传到巷道顶板时，由于应力波传播经过较大不连续面时，消耗能量较大，巷道没有产生层裂破坏。这说明较大岩体不连续面可以有效抑制巷道层裂破坏的发生。

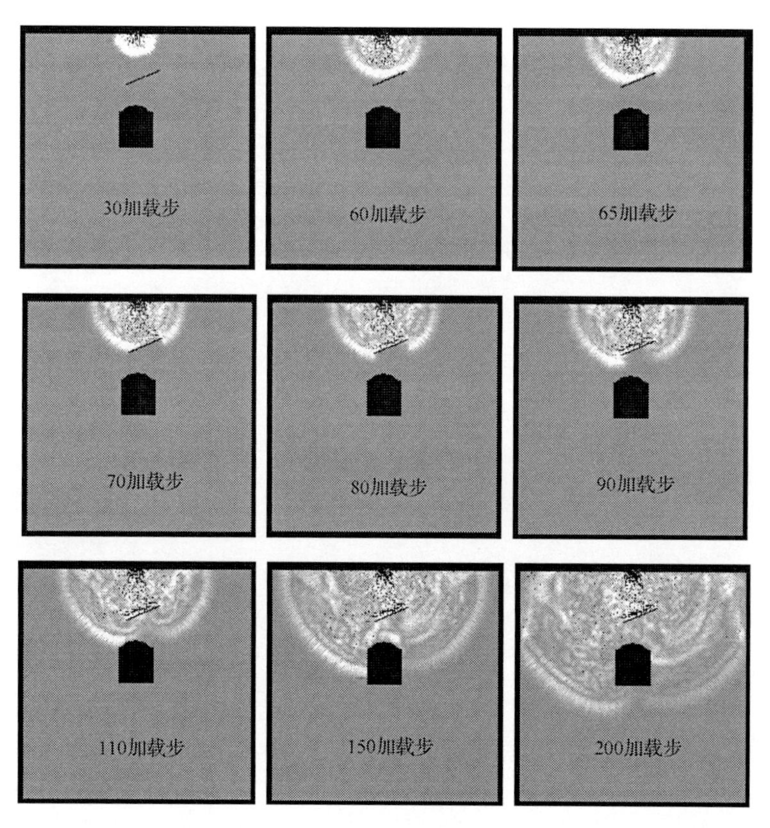

图 8.18　含不连续面(不连续面厚度为两个单元)的巷道在球面冲击应力波作用下破坏过程的最大剪应力分布图

8.2.3 巷道围岩的应力-时间历程分析

1. 含不连续面的巷道围岩的应力-时间历程分析

为分析含不连续面的巷道结构在应力波作用下的效应，本节给出了模型中含不连续面(两个单元宽度)的巷道围岩 5 个测点处的最大主应力-时间历程图，如图 8.19 所示。表 8.5 给出了含不连续面的巷道围岩 5 个测点处的最大主应力峰值。

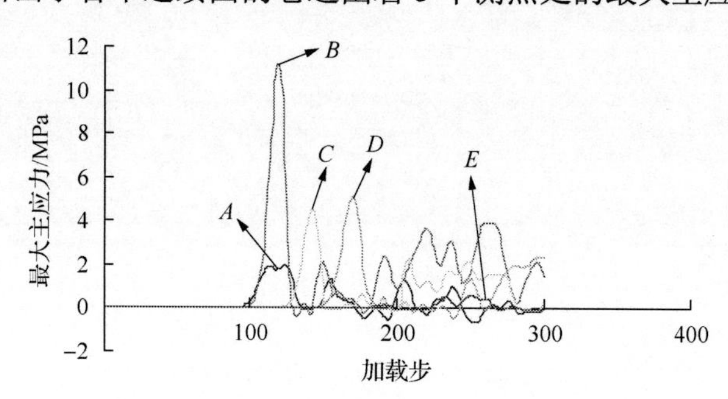

图 8.19 含不连续面的巷道围岩 5 个测点的最大主应力-时间历程图

表 8.5 含不连续面的巷道围岩 5 个测点处的最大主应力峰值

测点	A	B	C	D	E
最大主应力峰值/MPa	2.00	11.20	4.60	5.14	0.60

由图 8.19 和表 8.5 可以看到：

(1)当应力波经过巷道围岩中的不连续面传经巷道时，应力波先到达巷道顶板测点 B 处，如图 8.18 的第 110 加载步所示，此处的最大主应力峰值是巷道围岩各测点中最大的，约是邻近测点 A 处最大主应力峰值的 5.6 倍。应力波从测点 B 处传播到测点 C、D、E 处，最大主应力峰值在壁面处逐渐减小，而在角点处有反弹现象。说明最大主应力随传播距离而衰减，但如果遇到拐弯等情况时可能有放大现象。

(2)测点 A 处的最大主应力峰值均小于测点 B、C 和 D 处的最大主应力峰值，然而只有测点 A 处产生破坏，这可以从上述 5 个测点处的最小主应力-时间历程图比较得到结论，如图 8.20 所示，尽管测点 A 处的最大主应力峰值较小，但是最小主应力峰值的绝对值是最大的，见表 8.6。如果假设顶板处最小主应力的方向与拉应力的方向近似一致，可以认为顶板处的破坏是由拉应力产生的。

表 8.6 含不连续面的巷道围岩 5 个测点处的最小主应力峰值

测点	A	B	C	D	E
最小主应力峰值/MPa	−3.59	−2.51	−2.48	−2.05	−2.14

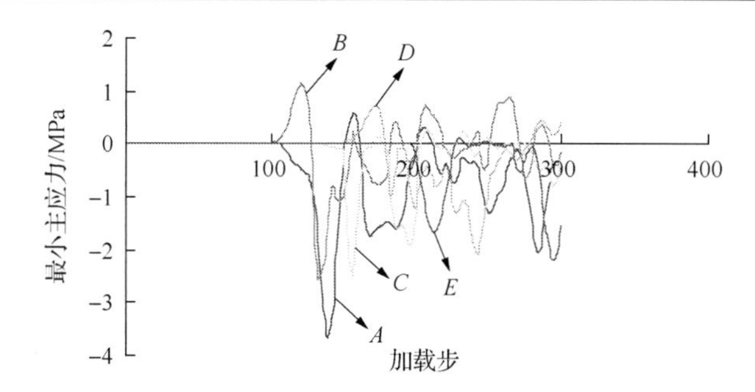

图 8.20　含不连续面的巷道围岩 5 个测点的最小主应力-时间历程图

2. 有、无不连续面的巷道围岩的应力-时间历程比较

为考虑不连续面对巷道结构的影响，现将如图 8.1 所示的巷道围岩为完整岩石与图 8.16 所示的含不连续面(两个单元宽度)的巷道围岩测点的应力-时间历程进行比较。图 8.21 给出了巷道围岩为完整岩石时相应 5 个测点处的最大主应力-时间历程图，表 8.7 给出了巷道围岩为完整岩石时相应 5 个测点处的最大主应力峰值。图 8.22 给出了巷道围岩为完整岩石时相应 5 个测点处的最小主应力-时间历程图，表 8.8 给出了巷道围岩为完整岩石时相应 5 个测点处的最小主应力峰值。

从图 8.21、图 8.22 和表 8.7、表 8.8 来看，巷道围岩为完整岩石时所遵循的一般规律与巷道围岩中含不连续面时相同。值得注意的是，此时应力波首先到达测点 *A*1 处，而测点 *A*1 处的最大主应力值却比测点 *B*1 处的小，如前所述，这同样说明拐弯等边界形状对介质的应力状态影响较大。此外，从图 8.22 可发现，测点 *B*1 处的最小主应力主要是压应力，这说明测点 *B*1 处主要处于夹制状态，这主要是由边界形状引起的。

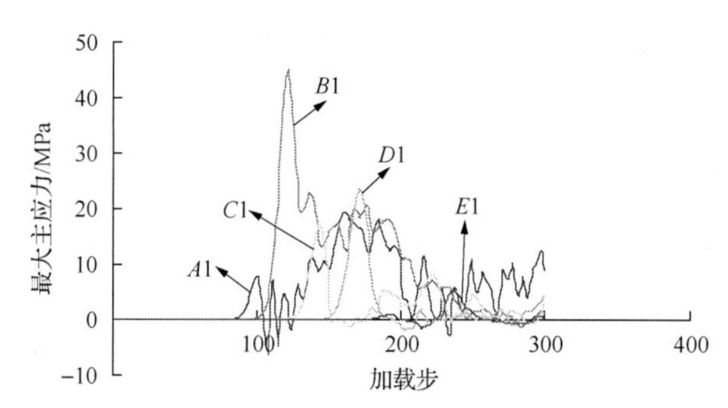

图 8.21　巷道围岩为完整岩石时相应 5 个测点处的最大主应力-时间历程图

表 8.7　巷道围岩为完整岩石时相应 5 个测点处的最大主应力峰值

测点	*A*1	*B*1	*C*1	*D*1	*E*1
最大主应力峰值/MPa	19.50	45.30	17.10	23.70	5.26

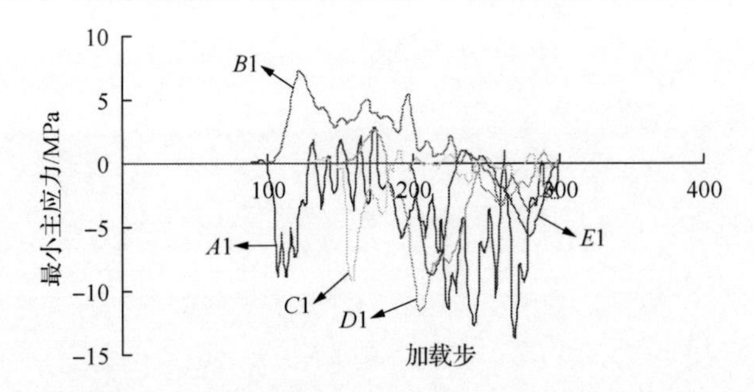

图 8.22 巷道围岩为完整岩石时相应 5 个测点处的最小主应力-时间历程图

表 8.8 巷道围岩为完整岩石时相应 5 个测点处的最小主应力峰值

测点	*A*1	*B*1	*C*1	*D*1	*E*1
最小主应力峰值/MPa	−13.70	−3.67	−9.03	−1.14	−8.61

为了区别巷道围岩为完整岩石与含不连续面巷道围岩测点的应力-时间历程的主要差异，将两种巷道相应测点处的最大主应力-时间历程两两进行比较，如图 8.23～图 8.27 所示；同时，将两种巷道相应测点处的最小主应力-时间历程两两进行比较，如图 8.28～图 8.32 所示。

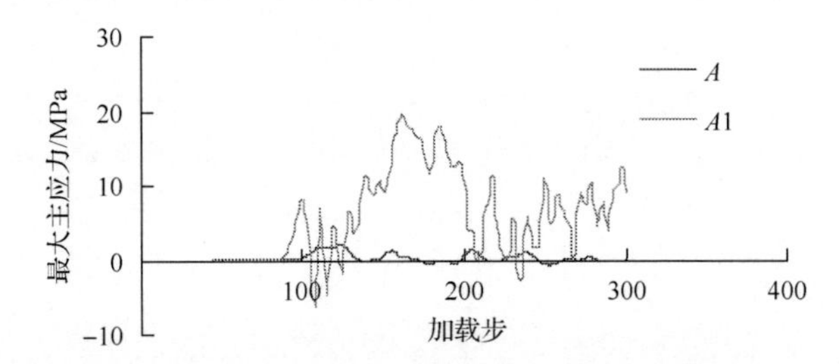

图 8.23 测点 *A* 和 *A*1 处的最大主应力-时间历程比较

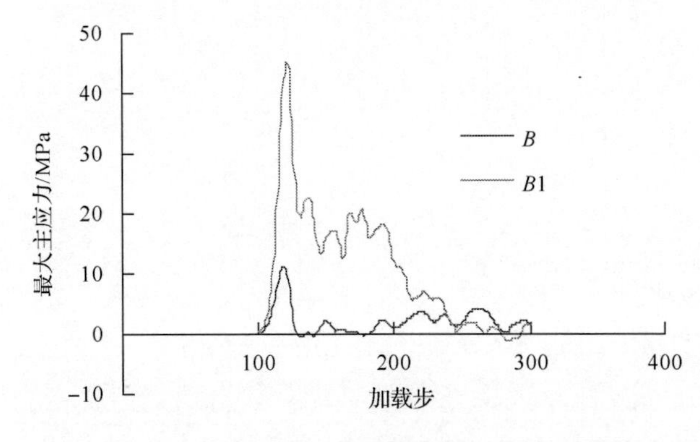

图 8.24 测点 *B* 和 *B*1 处的最大主应力-时间历程比较

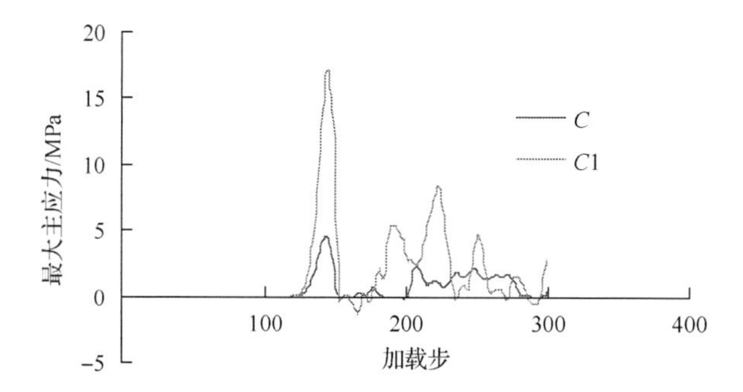

图 8.25　测点 C 和 $C1$ 处的最大主应力-时间历程比较

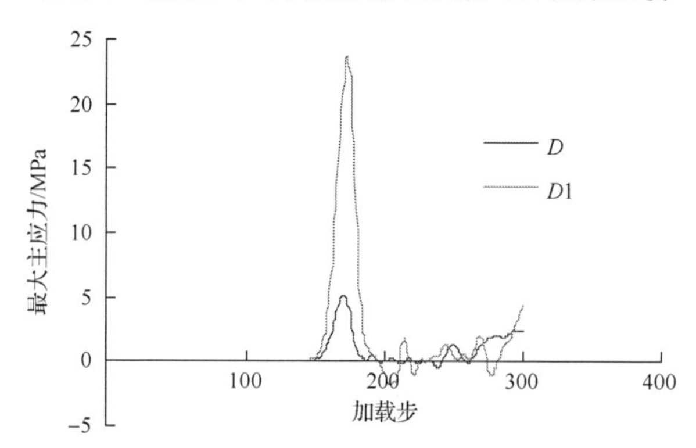

图 8.26　测点 D 和 $D1$ 处的最大主应力-时间历程比较

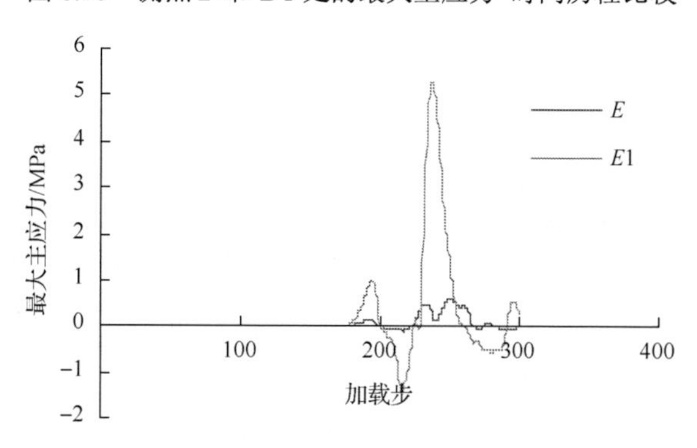

图 8.27　测点 E 和 $E1$ 处的最大主应力-时间历程比较

从图 8.23～图 8.27 来看，巷道围岩有不连续面时，测点 A 处的最大主应力峰值(2.0MPa)小于巷道围岩为完整岩石时测点 $A1$ 处的最大主应力峰值(19.5MPa)，应力峰值衰减到巷道围岩为完整岩石时的 10%。同样，从测点 B 和 $B1$、C 和 $C1$、D 和 $D1$、E 和 $E1$ 处的最大主应力-时间历程比较来看，应力峰值分别衰减到巷道围岩为完整岩石时的 25%、27%、22%、11%。说明不连续面的存在，会导致相应测点处的最大主应力峰值大幅度衰减。

从图 8.28～图 8.32 来看，巷道存在不连续面时，处于较开阔自由面的测点，如测点 *A*、*C*、*E* 处的最小主应力峰值的绝对值均比巷道围岩为完整岩石时相应测点 *A*1、*C*1、*E*1 处的最小主应力峰值的绝对值小，分别衰减到巷道围岩为完整岩石时的 26%、27%和 25%；而在角点，如测点 *B* 和 *D* 处的最小主应力峰值的绝对值比巷道围岩为完整岩石时相应测点 *B*1 和 *D*1 处的最小主应力峰值的绝对值有时增大有时减小，如测点 *B* 是测点 *B*1 的 68%。说明不连续面的存在，在开阔自由面处会导致最小主应力峰值的绝对值衰减，而在角点处有时会使最小主应力峰值的绝对值衰减，有时又会使之增大。

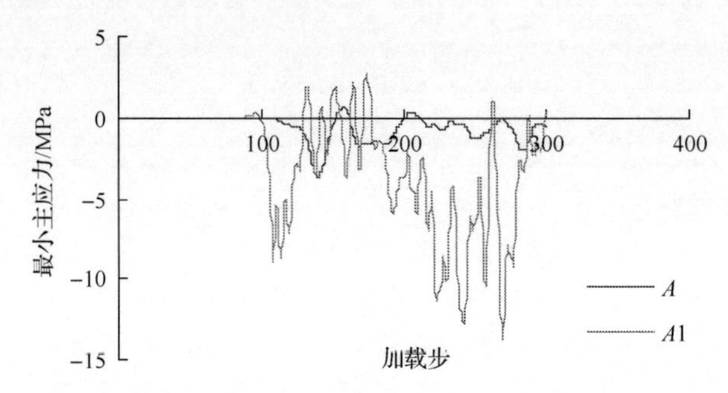

图 8.28　测点 *A* 和 *A*1 处的最小主应力-时间历程比较

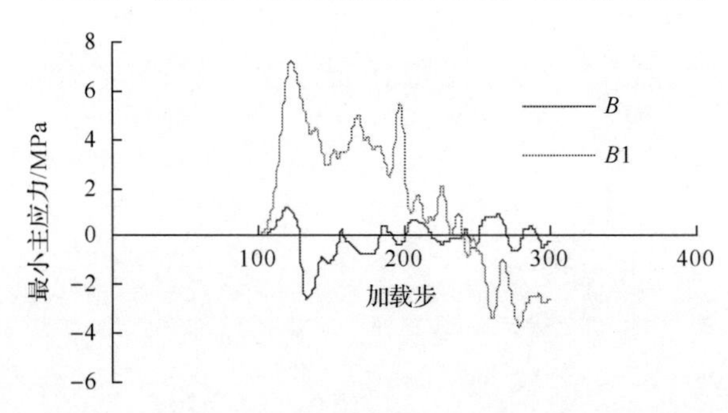

图 8.29　测点 *B* 和 *B*1 处的最小主应力-时间历程比较

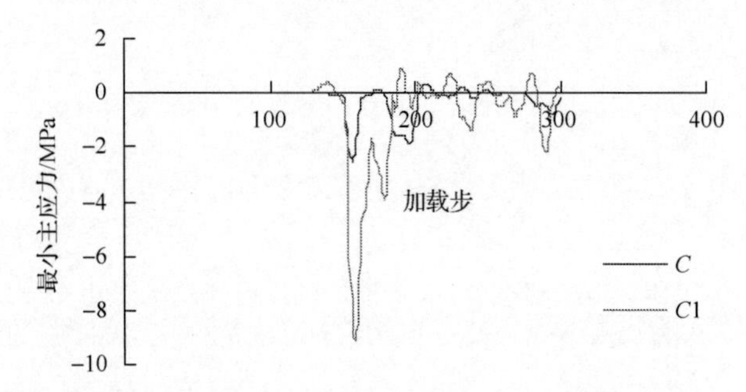

图 8.30　测点 *C* 和 *C*1 处的最小主应力-时间历程比较

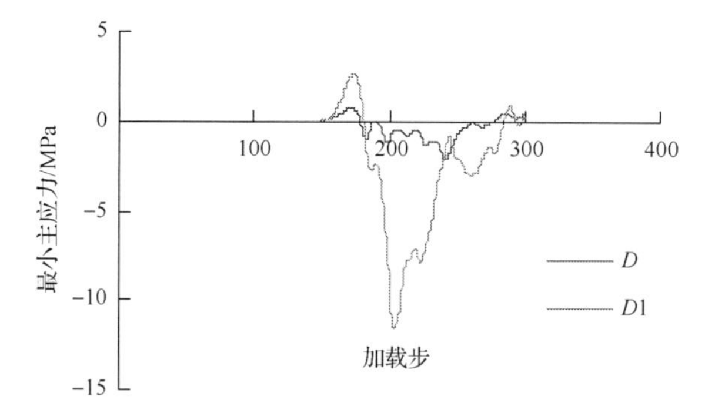

图 8.31　测点 D 和 $D1$ 处的最小主应力-时间历程比较

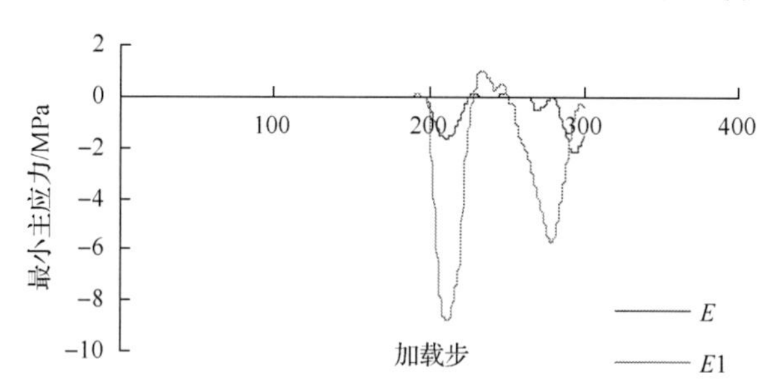

图 8.32　测点 E 和 $E1$ 处的最小主应力-时间历程比较

8.2.4　巷道围岩的位移-时间历程分析

1. 含不连续面的巷道围岩的位移-时间历程分析

图 8.33 给出了如图 8.16 所示模型中含不连续面(两个单元宽度)的巷道围岩 5 个测点处的竖向位移-时间历程。表 8.9 给出了含不连续面的巷道围岩 5 个测点处的竖向位移峰值。

从图 8.33 及表 8.9 来看，5 个测点中，巷道顶板测点 A 处的竖向位移值最大，这主要是由巷道顶板产生层裂破坏引起的。从细观力学的角度来说，岩石晶粒的变形是很小的，塑性变形主要是晶粒之间的滑移。岩石弹塑性变形过程中，其宏观体积响应只是各种微结构之间相互作用的平均结果，变形的主要机理是微裂纹成核和增长及微裂纹聚集而生成细观裂纹和裂纹的扩展与传播[42]。而在未产生层裂破坏的其他 4 个测点处，竖向位移峰值是按测点 B、C、D、E 由大到小排列，这说明应力波传播引起测点处质点的竖向位移随传播距离的增大而衰减。这与实际观测结果是相符的。

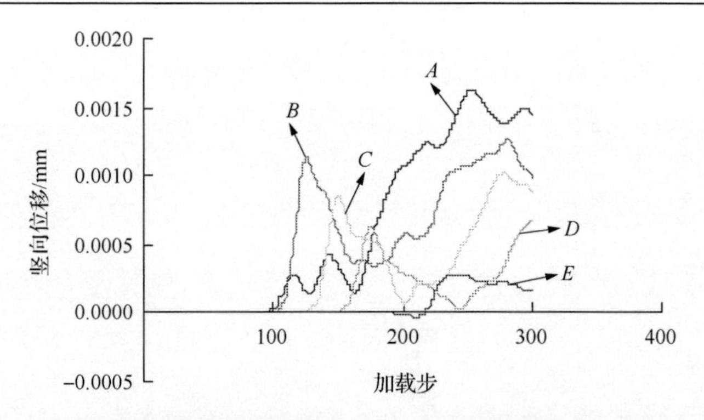

图 8.33　含不连续面的巷道围岩 5 个测点处的竖向位移-时间历程图

表 8.9　含不连续面的巷道围岩 5 个测点处的竖向位移峰值

测点	*A*	*B*	C	*D*	*E*
竖向位移峰值/mm	1.63×10^{-3}	1.13×10^{-3}	8.50×10^{-4}	6.20×10^{-4}	2.80×10^{-4}

2. 有、无不连续面的巷道围岩的竖向位移-时间历程比较

现将图 8.1 所示巷道围岩为完整岩石时与图 8.16 所示含不连续面(两个单元宽度)的巷道相应测点处的竖向位移-时间历程进行比较。图 8.34 给出了巷道围岩为完整岩石时相应 5 个测点处竖向位移-时间历程。巷道围岩为完整岩石时在应力波作用下层裂破坏较严重，所以顶板测点 *A*1 处的竖向位移较大，并且顶板测点 *A*1 处与其他测点不在同一位移水平，因此，图 8.34 只显示出测点 *A*1 处的竖向位移-时间历程较明显。图 8.35 是不包括测点 *A*1 处的其他 4 个测点的位移-时间历程图。表 8.10 给出了巷道围岩为完整岩石时相应 5 个测点处的竖向位移峰值。

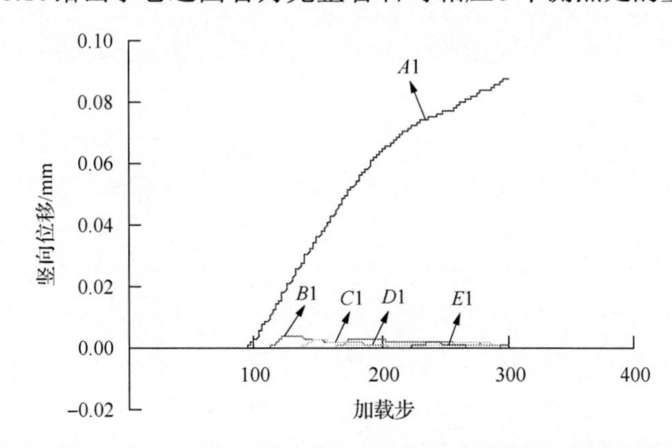

图 8.34　巷道围岩为完整岩石时相应 5 个测点处的竖向位移-时间历程图

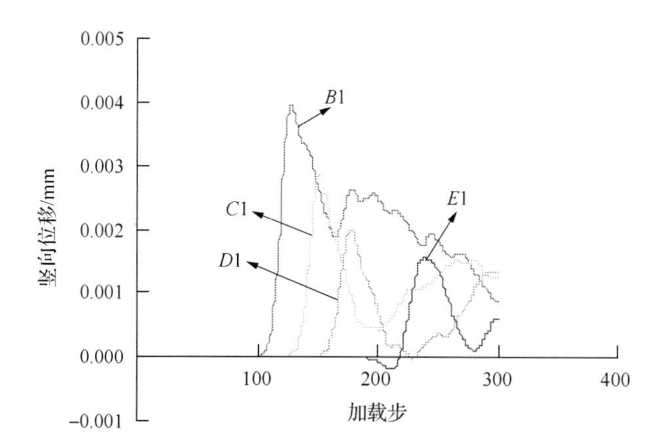

图 8.35　巷道围岩为完整岩石时相应 4 个测点处的竖向位移-时间历程图(不包括测点 A1)

表 8.10　巷道围岩为完整岩石时相应 5 个测点处的竖向位移峰值

测点	*A*1	*B*1	*C*1	*D*1	*E*1
竖向位移峰值/mm	8.78×10^{-2}	3.95×10^{-3}	2.85×10^{-3}	1.93×10^{-3}	1.51×10^{-3}

从图 8.34 和图 8.35 及表 8.10 来看，对于巷道测点的竖向位移，巷道围岩为完整岩石时所遵循的一般规律与含不连续面的巷道围岩相同。为了区别其差异，将两种情况下巷道相应测点处的竖向位移-时间历程两两进行比较，如图 8.36～图 8.40 所示。

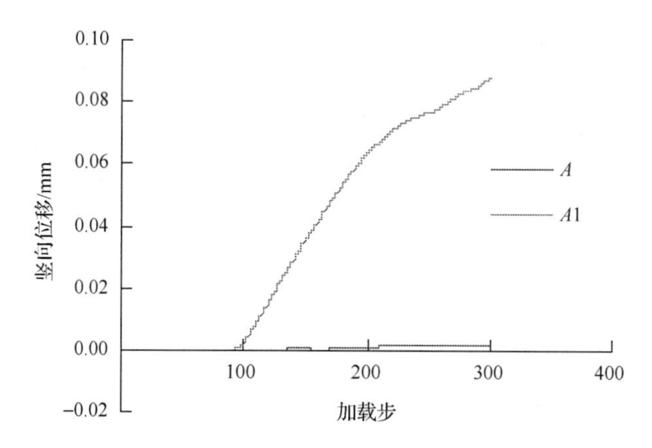

图 8.36　测点 *A* 和 *A*1 处的竖向位移-时间历程比较

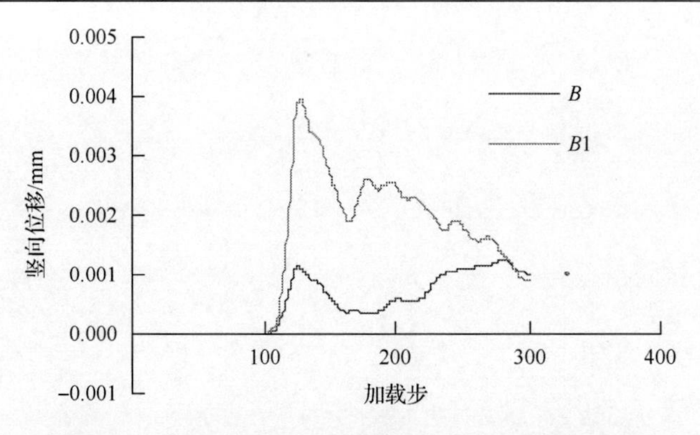

图 8.37　测点 B 和 $B1$ 处的竖向位移-时间历程比较

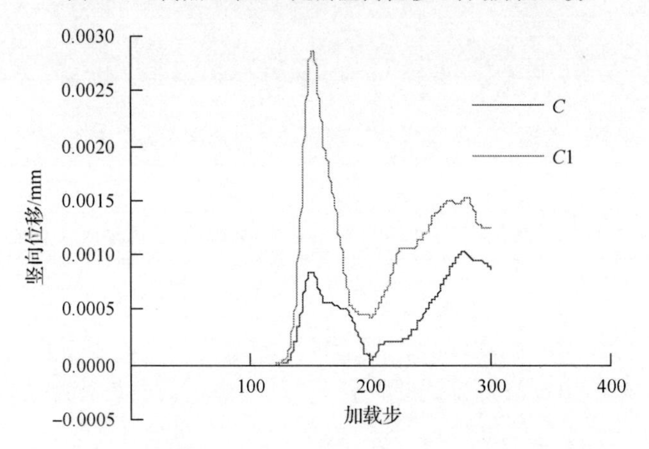

图 8.38　测点 C 和 $C1$ 处的竖向位移-时间历程比较

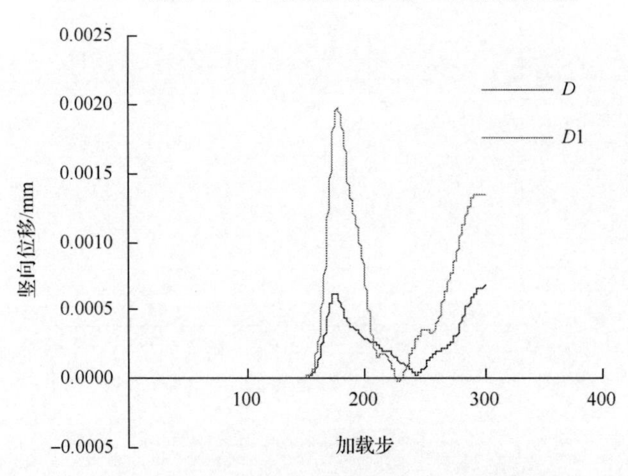

图 8.39　测点 D 和 $D1$ 处的竖向位移-时间历程比较

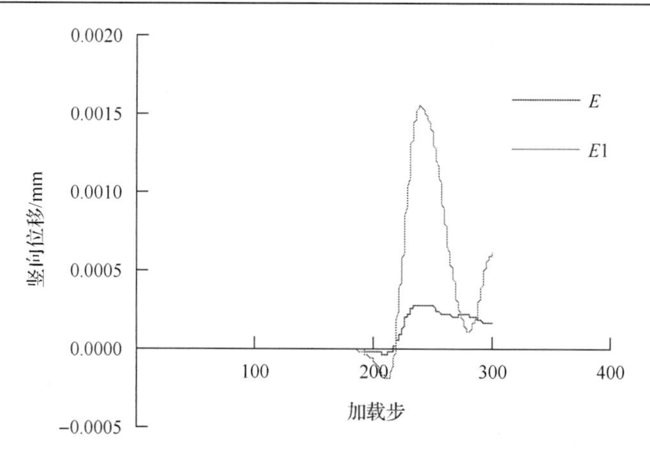

图 8.40　测点 E 和 $E1$ 处的竖向位移-时间历程比较

从图 8.36～图 8.40 来看，巷道围岩中含不连续面时，其测点 A、B、C、D、E 处的竖向位移峰值小于巷道围岩为完整岩石时测点 $A1$、$B1$、$C1$、$D1$、$E1$ 处的竖向位移峰值，竖向位移峰值分别衰减到巷道围岩为完整岩石时的 1.86%、28.75%、29.82%、32.12%、18.54%。说明不连续面的存在，会导致巷道围岩竖向位移峰值大幅度衰减。并且还可以看出，由于巷道围岩不连续面的存在，测点 A、B、C、D、E 处的竖向位移滞后于巷道围岩为完整岩石时相应测点 $A1$、$B1$、$C1$、$D1$、$E1$ 处的竖向位移。

8.2.5　小结

本节采用基于细观损伤力学基础上开发的动态版 $\mathrm{RFPA}^{\mathrm{2D}}$ 数值模拟软件，对动力扰动下含不连续面的巷道围岩的破坏过程进行了数值模拟，逼真地再现应力波传播过程中的波动现象，结果表明，巷道含不连续面时，不连续面对应力波的传播、巷道结构的应力分布、位移、时间历程等都有一定的影响。

(1) 不连续面对应力波传播的衰减作用比较明显，结果显示较小不连续面可以削弱巷道壁的层裂破坏，较大不连续面可以有效抑制巷道层裂破坏的发生。

(2) 不连续面的存在，会导致巷道壁相应测点处的最大主应力峰值大幅度衰减；在巷道壁较开阔自由面处会导致最小主应力峰值的绝对值衰减，而在角点处有时会使最小主应力峰值的绝对值衰减，有时又会使之增大。

(3) 不连续面的存在会导致巷道围岩竖向位移峰值大幅度衰减，并且巷道位移会产生滞后现象。

(4) 应力波在巷道壁产生的最大主应力与最小主应力随传播距离的增大而衰减，但如果遇到拐弯等情况时可能有放大现象；最小主应力的大小受制于边界的形状，巷道顶板的破坏是由最小主应力的大小决定的。

8.3 爆炸应力波作用下巷道加固对围岩破坏过程影响的数值分析

在地下工程中，围岩的稳定和变形历来是设计和施工中十分重要的两个问题[43]。在岩体中开挖硐室、巷道等以后，围岩中的原岩应力状态遭到破坏，应力发生重新分布；组成岩体的岩石块体也产生运动，造成坑道的落石或塌方，给工程建设带来危害。为了防止落石和塌方的发生，提高巷道和硐室的稳定性，人们采取了许多巷道和硐室加固的办法，如锚杆加固、喷射混凝土等或者多种方法有机结合。至于采取何种具体的加固方法，要根据具体工程情况而定，不可采取固定的模式。迄今为止，Zuo 等对岩体中的巷道在静载荷作用下的稳定与破坏问题进行了大量研究[44]。实际中的巷道会受到诸如爆破、岩爆、地震和周期来压等动载荷作用的影响，其中爆破震动是目前诱发巷道围岩冲击地压的一个主要因素[45]。所以，研究爆破荷载作用下巷道的稳定性具有重要的现实意义。目前，放炮等震动影响下的巷道围岩失稳问题已经受到人们的关注，如根据热力学第二定律，研究震动条件下煤岩体相变及震动波传播过程围岩劣化对稳定性的影响、质点振动速度对稳定性的影响、节理岩体在震动条件下的失稳破坏、利用谱分析研究围岩稳定性及锚网支护对震动波的响应分析等[46-52]。此外，还在抗爆试验结果的基础上进行了相关分析。盛宏光和张勇对锚喷支护在爆炸荷载作用下的破坏特点、受力状态及其抗爆作用进行了分析[53]，指出喷层的抗爆作用主要是防止不稳定岩石的崩落，阻止稳定围岩在强大爆炸冲击荷载作用下的剥离；锚杆的抗爆作用主要是改善坑道的受力状态、减轻和限制围岩的剥落和悬吊大块险石。王承树[54]根据坑道抗爆试验中爆炸载荷作用对锚喷支护的破坏形态，将其从受力机制上区分为 5 种类型，即结构力学型破坏、受压破坏、剪切破坏、拉伸剥离破坏和横向断裂，并指出拉伸剥离破坏和横向断裂是动态效应特有的破坏形式。实践证明[53]，若坑道围岩受到强烈冲击而发生较大变形甚至破坏，则无论什么结构都将遭到极严重的破坏。为了提高坑道结构的抗力，必须对围岩及深层岩体进行加固，以加强围岩的整体稳定性，提高围岩的自稳能力。然而，由于爆炸载荷、围岩性质的复杂性及其力学上的不完善性，加上工程上的特殊性，目前对爆破载荷作用下巷道围岩破坏过程及巷道围岩加固对破坏过程影响的研究较少。

本节采用动态版 RFPA^{2D} 数值模拟软件，充分考虑到岩石的非均匀性，建立了一种简单直接的数值模型模拟爆破载荷作用下巷道围岩的破坏过程，并且，考虑了巷道壁加固对巷道破坏过程的影响。

8.3.1　数值模型

模型只考虑地面的应力波(球面波)作用对巷道的破坏，忽略地应力作用对巷道结构内各点变形的影响。巷道模型如图 8.1 所示，模型的四边为自由边界。模型尺寸为100m×100m，巷道为马蹄形，其中矩形部分尺寸为15m×15m，圆冠高度为 3m。

如图 8.1 所示，巷道地面施加动力扰动。在通常的动力分析中，为简化计算，将动荷载假设成一脉冲荷载。在此，只分析球面波对巷道破坏的影响，并假设加载波为梯形波，如图 8.2 所示，正压时间为 1.5μs，正压峰值为 220MPa。

巷道围岩的力学参数见表 8.1。

同样，用数值试样模型表示实际模型，数值试样模型尺寸为 100mm×100mm，设定数值试样单元尺寸为 0.5mm×0.5mm。假设材料是非均匀性的，其力学特性服从韦伯分布，数值试样单元的韦伯分布参数也见表 8.2。表 8.2 中的数值试样单元的韦伯分布参数与表 8.1 中的巷道围岩的力学参数近似对应。

本节讨论的模型分如下两种情况：

(1) 巷道壁没有被加固，如图 8.1 所示。

(2) 巷道壁被加固，如图 8.41 所示。

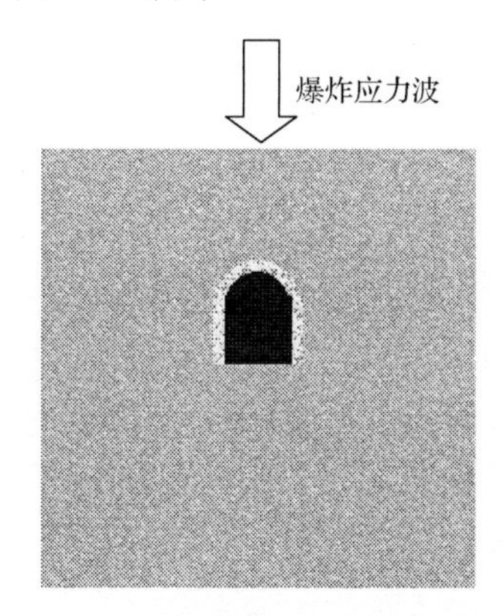

图 8.41　考虑巷道壁加固的数值模型

为了考虑在巷道壁被加固的情况下爆炸应力波对巷道破坏过程的影响，在如图 8.1 所示的模型的基础上，对巷道的两竖壁和拱部进行了加固，加固的厚度为 5 个单元(2.5mm)，加固体与围岩为理想界面接触，加固后的模型如图 8.41 所示，加固材料的单元力学参数见表 8.11。

数值模型的四周假设为自由边界，应力波分析只考虑应力波传播到自由边界以前的部分。将上述力学问题简化为平面应变问题进行分析。数值模拟时，取时间步长为 0.1μs。

表 8.11　加固材料的单元力学参数

参数名称	参数值	参数名称	参数值
弹性模量/GPa	60	均质度系数 m_1	10
抗压强度/MPa	400	均质度系数 m_2	10
泊松比	0.3	均质度系数 m_3	100
容重/$(kg \cdot m^{-3})$	2760	均质度系数 m_4	100
残余强度/MPa	0.1	压拉比	10
残余泊松比	1.1	内摩擦角/(°)	35
最大拉应变	5	最大压应变	100

8.3.2　爆炸应力波作用下巷道加固对围岩破坏过程影响的数值模拟

1. 巷道壁没有被加固时

巷道壁没有被加固时，巷道在球面冲击应力波作用下破坏过程的数值模拟如8.1.2 节中的第 1 小节所示。

从上述情况来看，数值模拟能逼真地再现应力波传播过程中的波动现象。数值分析表明，巷道在爆炸应力波作用下主要产生拉伸剥离破坏，这与王承树[54]的结论是一致的，坑道在爆炸载荷作用下，拉伸剥离破坏是其主要破坏形式。

2. 巷道壁被加固时

数值模型如图 8.41 所示，加载脉冲如图 8.2 所示。除巷道壁被加固外，其他条件与图 8.1 所示的模型相同(其中加固后的巷道断面形状和大小都不变)。

图 8.42 给出了上述情况下的巷道围岩破坏过程的最大剪应力分布图。应力波的传播规律基本上与图 8.4 相同。从图 8.42 来看，同样，当应力波传播到第 90 加载步(时间为 9μs)左右，球面爆炸应力波到达巷道壁，应力波在巷道壁产生反射，比较图 8.4 和图 8.42 的第 110 加载步的最大剪应力分布图可知，巷道产生拉裂破坏(层裂)的部位不同，加固前的层裂破坏发生在距巷道壁较薄的部位，加固后的层裂破坏发生在加固体与巷道原岩的交界面处，并且断裂面沿着交界面扩展，如图 8.42 第 110 加载步以后的最大剪应力分布图所示；尽管加固后的巷道在第 110 加载步开始，加固体的最大剪应力分布图的亮度明显比其他位置围岩的要大，说明巷道加固体受力较大，但是没有像如图 8.4 所示那样出现层裂破坏。这说明对巷道壁进行加固可以转移层裂破坏的部位，由于层裂破坏引起的落石和塌方会被加固体抑制，增加了巷道围岩的稳定性。这与盛宏光和张勇[53]的研究结果是一致的，喷层的抗爆作用主要是防止不稳定岩石的崩落，阻止稳定围岩在强大爆炸冲击荷载作用下发生剥离。

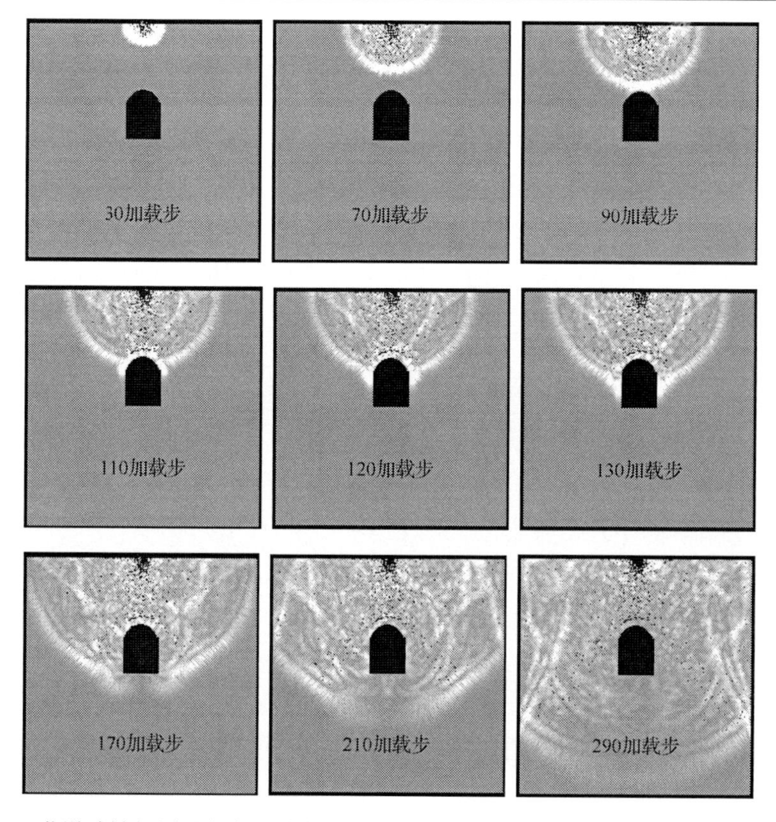

图 8.42 巷道壁被加固后在球面爆炸应力波作用下对围岩破坏过程的最大剪应力分布图

8.3.3 巷道壁被加固对围岩破坏过程影响的应力-时间历程和位移-时间历程分析

为了进一步分析巷道壁被加固对围岩破坏过程的影响，图 8.43～图 8.46 分别给出了未被加固巷道和被加固巷道顶板中心点的最大主应力-时间历程图比较、最小主应力-时间历程图和最大剪应力-时间历程图比较，以及竖向位移-时间历程图比较。从图 8.43～图 8.45 来看，被加固巷道顶板中心点的最大主应力、最小主应力和最大剪应力峰值的绝对值比未被加固巷道顶板中心点的要小，这主要是巷道加固体的力学参数值，如弹性模量和强度比围岩的大，应力波从围岩向加固体传播产生反射造成的；此时被加固巷道顶板中心点的这些应力的响应均超前于未被加固巷道顶板中心点的情况，这是应力波在围岩中的传播速度较慢，而在加固体中传播速度较快造成的。从图 8.46 来看，巷道顶板中心点的竖向位移的响应特征是未被加固巷道顶板中心点的竖向位移基本上呈线性增加，而被加固巷道顶板中心点的竖向位移随着应力波的传播而发生波动，并且被加固巷道顶板中心点的竖向位移比未被加固巷道顶板中心点的竖向位移相对来说要小很多。说明巷道被加固后不仅抑制了巷道壁的破坏，而且减少了巷道顶板中心点的竖向位移，增加了巷道的稳定性。

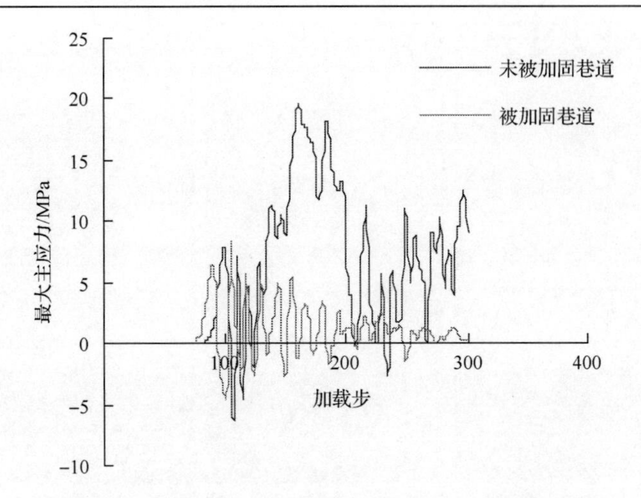

图 8.43　巷道顶板中心点的最大主应力-时间历程图

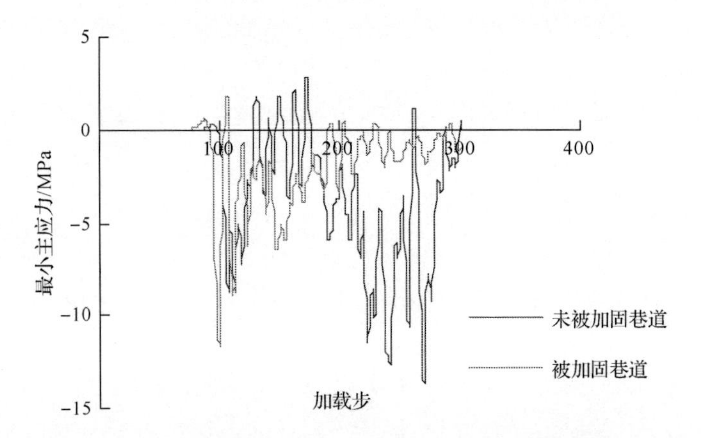

图 8.44　巷道顶板中心点的最小主应力-时间历程图

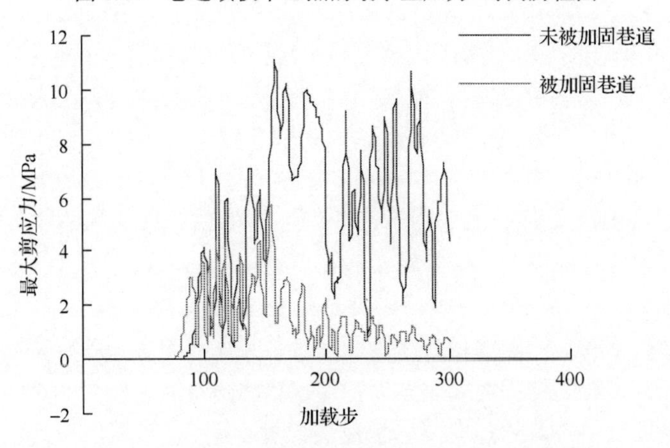

图 8.45　巷道顶板中心点的剪应力-时间历程图

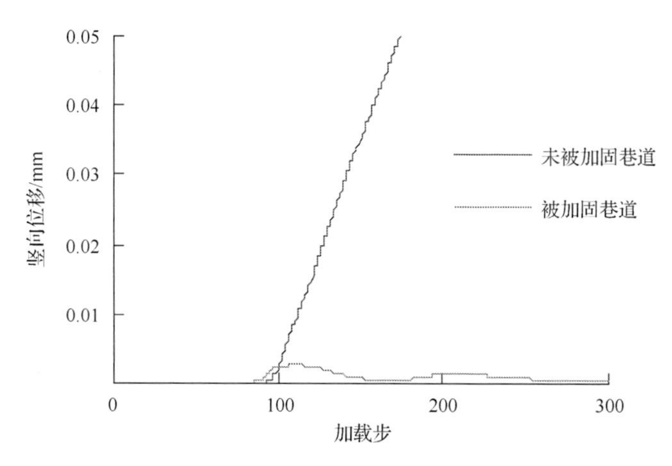

图 8.46　巷道顶板中心点的竖向位移-时间历程图

不论是在静载荷作用还是动载荷作用下坑道加固体的早期设计中，都是把加固体独立出来，关于岩体对加固体的作用，采用给定的、作用在加固体上的载荷来代替(有时还采用文克尔假设考虑围岩的反力)，也就是说，把坑道加固体当作地面结构，按结构力学的原理计算。从围岩与坑道加固体的共同作用来看，这种观点是很陈旧的[54]。本节数值分析中，不但考虑了岩石的非均匀性，还考虑了围岩与加固体的接触作用，这更加符合实际情况。

8.3.4　小结

本节采用基于细观损伤力学基础上开发的动态版 $RFPA^{2D}$ 数值模拟软件，对爆炸应力波作用下巷道加固对围岩破坏过程的影响进行了数值模拟，结果表明：

(1) 利用动态版 $RFPA^{2D}$ 数值模拟软件进行数值模拟，能逼真地再现爆炸应力波在巷道围岩中传播的波动现象及巷道围岩的破坏过程。

(2) 由于应力波反射在巷道围岩中产生拉抻剥离破坏(层裂)，巷道加固前的层裂破坏主要发生在离巷道壁较薄的部位，加固后的层裂破坏主要发生在加固体与巷道原岩的交界面处，并且在一定爆炸应力波作用下，断裂面沿着交界面扩展。这说明巷道加固可以转移层裂破坏的部位，层裂破坏引起的落石和塌方会被加固体抑制，增加巷道围岩的稳定性。

(3) 被加固巷道顶板中心点的最大主应力、最小主应力和最大剪应力峰值的绝对值比未被加固巷道顶板中心点的要小，但是被加固巷道顶板中心点的这些应力的响应均超前于未被加固巷道顶板中心点的情况。

(4) 巷道顶板中心点竖向位移的响应特征是未被加固巷道顶板中心点的位移基本上呈线性增加，而被加固巷道顶板中心点的位移随着应力波的传播而发生波动，并且被加固巷道顶板中心点的位移比未被加固巷道顶板的位移相对来说要小很多。说明巷道被加固后不仅抑制了巷道壁的破坏，而且减少了巷道顶板中心点的竖向位移，增加了巷道的稳定性。

8.4 深部岩体巷道在动力扰动下的破坏机理分析

深部开采已成为我国乃至世界矿业界特别关注的问题。就该问题的实质而言，深部与浅部的主要区别在于围岩所处的应力环境的差别，进而导致围岩强度和变形性质的明显差异[55]。如前所述，由于深部岩体处于高应力作用下，必然在围岩体内集聚很高的弹性应变势能；外部作用可以造成围岩应力场调整，易诱发围岩体内弹性应变势能突发性释放，造成岩爆等灾害发生；深部岩巷的支护设计存在诸多不确定因素，如围岩性质分布、地应力场分布等，因此，经典的工程设计方法并不适用于深部巷道支护设计[55]。为了寻求合理的深部巷道支护设计理论与方法，有必要对深部岩体巷道的破坏机理作进一步分析。

在深部开采中，存在着许多打破巷道围岩应力平衡而导致冲击地压的诱因，如放炮及天然地震引起的震动等。其中，爆破震动是目前诱发巷道围岩冲击地压的一个主要因素。据统计，国内采用炮采的矿井 50%以上都存在着严重的冲击地压或煤与瓦斯突出等巷道围岩动力失稳破坏问题[56]。

本节尝试利用 RFPA^{2D} 数值模拟软件，将岩石视为非均匀性介质，对动力扰动下深部岩巷破坏的机理进行分析和探讨。

8.4.1 数值模型

取某巷道工程一断面处的破坏作为计算实例。该处巷道埋深 440m，水平地应力 σ_h 大致为垂向地应力 σ_v 的 1.3 倍，即侧压系数为 1.3。图 8.47 为计算模型，模型尺寸为 60m×60m，巷道为马蹄形，其中矩形部分尺寸为 5.00m×5.25m，圆冠高度为 0.25m。巷道岩石力学参数取值见表 8.12。

对上述巷道的破坏过程采用 RFPA 数值模拟软件进行分析。用数值试样模型表示巷道的实际计算模型，数值试样模型尺寸为 60mm×60mm，设定数值试样单元尺寸为 0.5mm×0.5mm。假设材料是非均匀性的，其力学特性服从韦伯分布，数值试样的韦伯分布参数见表 8.13。表 8.13 中数值试样的韦伯分布参数与表 8.12 中巷道岩石力学参数近似对应。

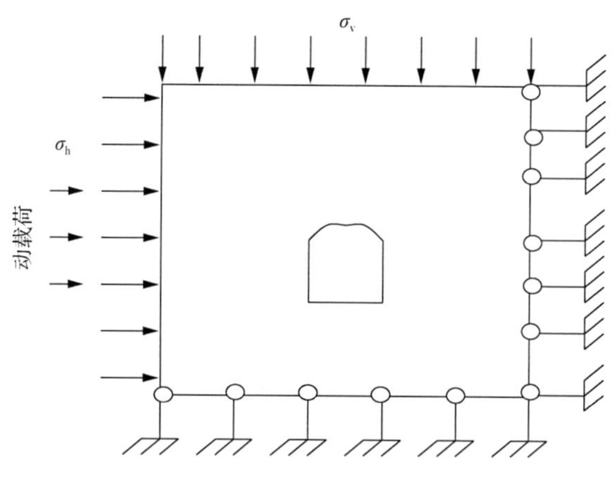

图 8.47　计算模型图

表 8.12　巷道岩石力学参数取值表

参数名称	参数值
容重/(g·cm^{-3})	2.76
弹性模量/GPa	30.00
泊松比	0.30
抗拉强度/MPa	3.00
抗压强度/MPa	30.00
内摩擦角/(°)	68.00

表 8.13　数值试样的韦伯分布参数

参数名称	参数值	参数名称	参数值
弹性模量/GPa	30.0	均质度系数 m_1	3.0
抗压强度/MPa	200.0	均质度系数 m_2	3.0
泊松比	0.3	均质度系数 m_3	100.0
容重/(kg·m^{-3})	2670.0	均质度系数 m_4	100.0
残余强度/MPa	0.1	压拉比	10.0
残余泊松比	1.1	内摩擦角/(°)	68.0
最大拉应变	5.0	最大压应变	100.0

将上述力学问题简化为平面应变问题进行分析。

8.4.2　静压力作用下巷道破坏的数值模拟

巷道的地应力是按静压力逐步加载的。在静压力加载过程中，竖向按 1MPa/加载步加载，水平方向按 1.3MPa/加载步加载，直到巷道发生破坏。数值模拟结果给出了上述静压力作用下数值试样的破坏过程，图 8.48 为静压力作用下巷道的破

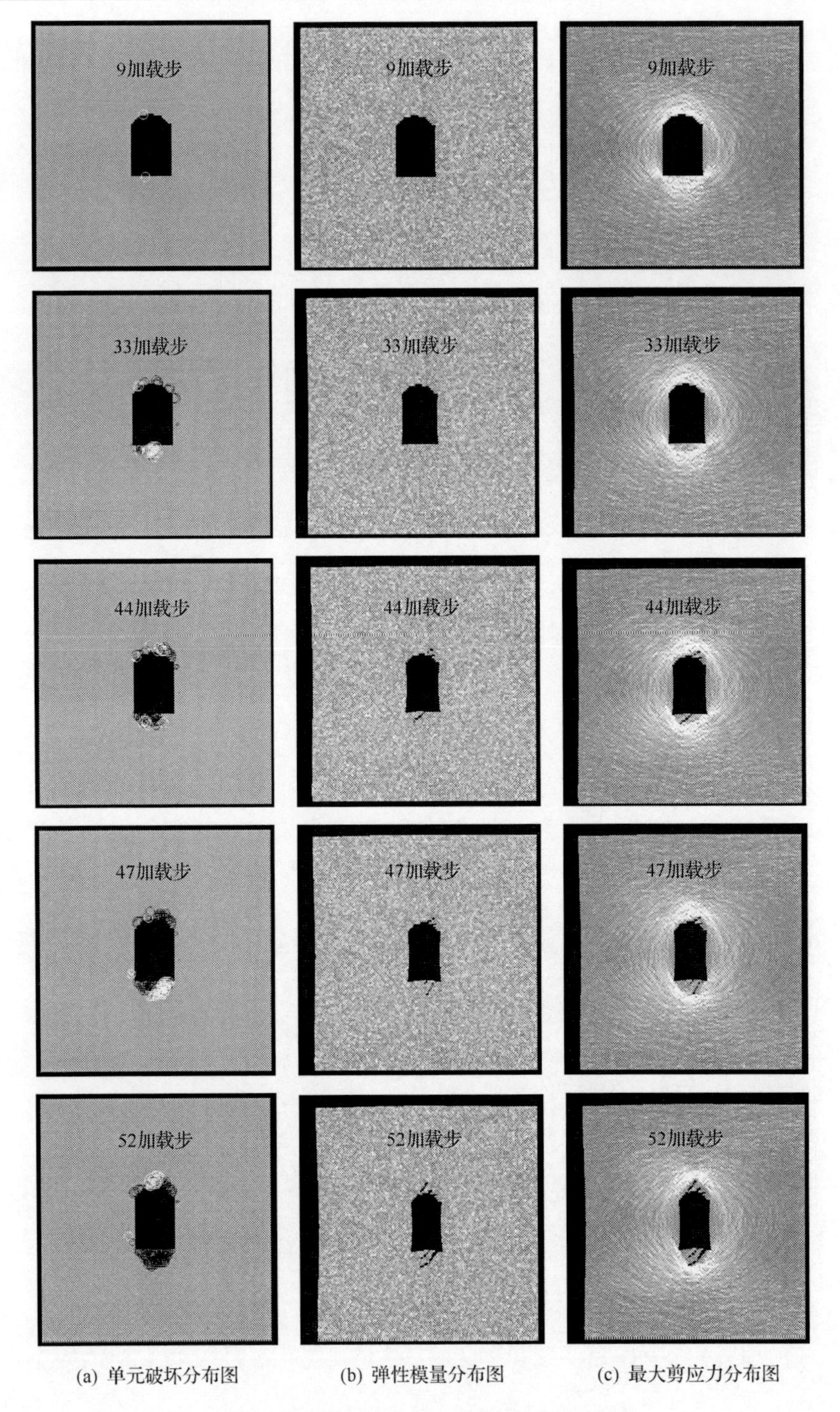

(a) 单元破坏分布图　(b) 弹性模量分布图　(c) 最大剪应力分布图

图 8.48　静压力作用下巷道的破坏过程

坏过程。其中，图 8.48(a)为单元破坏分布图，数值试样中所有被损伤单元用不同颜色表示，其中白色和灰色分别表示当前加载步中被剪切和拉伸破坏的单元，黑色表示当前加载步之前所有被破坏的单元。图 8.48(b)为弹性模量分布图，其颜色亮度反映了细观单元弹性模量的相对大小，越亮的部位表示此处的弹性模量越大。单元的损伤引起了弹性模量的退化，完全被破坏的单元在弹性模量图中表示为黑色。图 8.48(c)为最大剪应力分布图，同样其颜色亮度反映了细观单元最大剪应力的相对大小，越亮的部位表示此处的最大剪应力值越大。在第 9 加载步(竖向压力为 9MPa)，可以看到在巷道顶板和底板分别有一个单元出现了剪切破坏，接着在巷道顶板和底板出现了大量的剪切破坏单元，这些单元贯通，最后形成了剪切裂纹。在裂纹传播过程中，也会观察到拉应力破坏，如第 52 加载步所示。从模拟结果来看，当地应力上升到 40MPa 左右时，会在巷道的顶板和底板出现主要由剪切破坏模式引起的宏观破坏。上述结果与现场实测结果是一致的。

8.4.3　动力扰动对巷道破坏的影响

在通常的动力分析中，为简化计算，将动载荷假设成一脉冲载荷。当扰动源离巷道较远时，将扰动波简化为平面波是可以接受的。在此，只分析平面波对巷道破坏的影响。动力扰动波为梯形波，如图 8.2 所示，动载荷作用时间为 1.5μs，应力波峰值为 200MPa。

为了比较不同埋深的巷道在动力扰动下破坏机制的差异，对两种不同地应力下的巷道在动力扰动下的破坏过程进行了数值模拟。

图 8.49 给出了竖向静压力为 10MPa、水平静压力为 13MPa 时数值试样在如图 8.2 所示的动力扰动下的破坏过程的剪应力分布图(第 10 加载步之前为竖向与水平静压力加载过程，第 11 加载步开始为动载荷作用过程)；图 8.50 给出了竖向静压力为 20MPa、水平静压力为 26MPa 时数值试样在如图 8.2 所示的动力扰动下破坏过程的剪应力分布图(第 20 加载步之前为竖向与水平静压力加载过程，第 21 加载步开始为动载荷作用过程)。图 8.49 和图 8.50 中，数值试样承受不同的静压力，前者小，后者大。如前所述，静压力越大，数值试样内部积聚的弹性应变能越大。此时相同动载荷作用于上述不同静压力的数值试样，图 8.49 和图 8.50 中的亮条表示平面应力波波阵面，平面应力波从数值试样左边向右边传播。从剪应力分布图中可以看出，数值试样所受静压力越大，应力波传播经过的岩石被破坏的单元数就越少，在剪应力分布图上表现为黑区面积越小。当应力波传播时间为 10μs 左右，平面应力波到达巷道洞壁，其中竖向静压力为 10MPa 的数值试样此时为第 111 加载步，应力波在巷道壁产生反射，巷道壁开始产生拉裂破坏，并且，应力波传播经过巷道后，巷道没有失稳破坏；而竖向静压力为 20MPa 的数值试样此时为第 119 加载步，巷道壁也由于应力波反射诱发巷道壁产生拉裂破坏，并在第 135 加载步时巷道出现了失稳破坏，在剪应力图上表现为黑区面积突然增加。

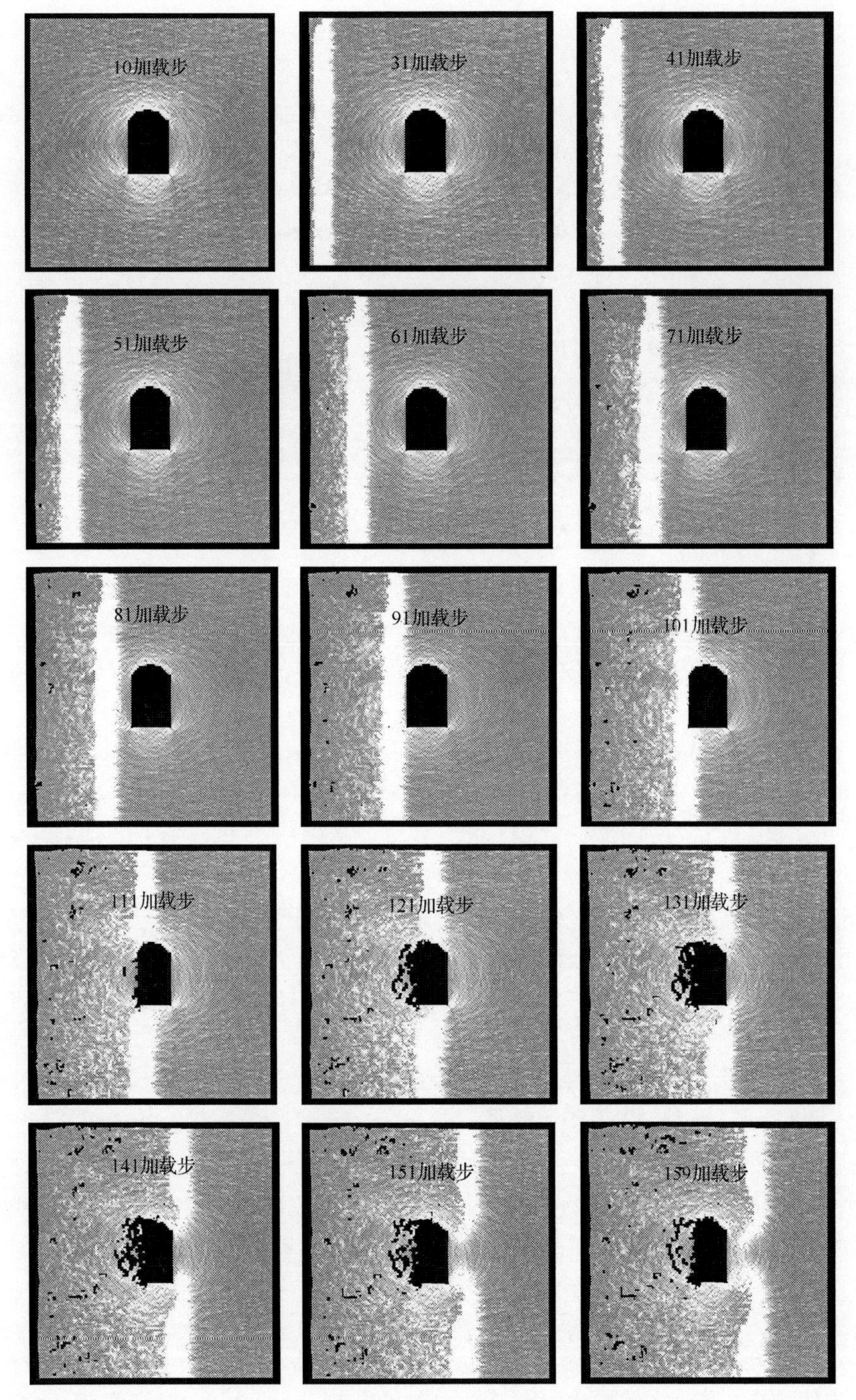

图 8.49　受竖向静压力为10MPa、水平静压力为13MPa 的巷道在动力扰动下破坏过程的剪应力分布图

图 8.50　受竖向静压力为 20MPa、水平静压力为 26MPa 的巷道在动力扰动下破坏过程的剪应力分布图

为了进一步分析受不同竖向静压力时巷道在动力扰动下的破坏机制，给出了上述两种不同竖向静压力下数值试样破坏单元累计数曲线，如图 8.51 所示。随着竖向静压力的增加，在相同加载步时破坏单元累计数减少，说明数值试样所受竖向静压力增大，在相同动力扰动下岩石较难破碎。这主要是竖向静压力增大导致了岩石强度增加造成的。当应力波传播至巷道壁时，巷道被拉伸破坏，对应两条破坏单元累计数曲线会分别出现一个拐点。竖向静压力为 10MPa 的数值试样的破坏单元数平稳增加，说明应力波传播经过的岩石只是进一步损伤，没有失稳破坏；但是，竖向静压为 20MPa 的数值试样，应力波传播到 12μs 左右(第 135 加载步)，破坏单元累计数有突增的现象，此时对应受扰动的数值试样被破碎，巷道失稳破坏。

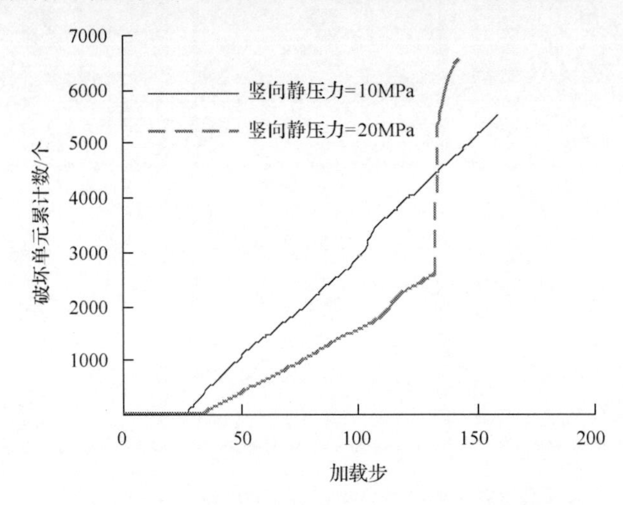

图 8.51　不同静压力下数值试样破坏单元累计数曲线

此外，RFPA 数值模拟软件还可对破坏单元进行能量分析。对于理想弹脆性材料，破坏单元能量释放累计值 EN 可用式(8.1)表示[57]：

$$\mathrm{EN}=\sum\frac{1}{2C_{\mathrm{f}}}\sigma_{\mathrm{f}}^{2}\cdot v_{\mathrm{f}}=\frac{v_{\mathrm{f}}}{2}\sum\frac{\sigma_{\mathrm{f}}^{2}}{C_{\mathrm{f}}} \tag{8.1}$$

式中，v_{f} 为单个破坏单元的体积；C_{f} 为单元的弹性模量；σ_{f} 为破坏单元的峰值强度。

按照上述原理，图 8.52 给出了上述两种不同竖向静压力下数值试样破坏单元能量释放累计曲线。从图 8.52 来看，随着竖向静压力的增加，相同加载步时岩石破坏单元能量释放累计值减少，说明随着数值试样所受竖向静压力增大，在相同动力扰动下岩石破坏单元数减少，岩石较难破碎。当巷道被拉伸破坏时，对应两条破坏单元能量释放累计曲线也分别出现一个拐点。接着，竖向静压力为10MPa 的数值试样能量释放累计值平稳增加，同样说明应力波传播经过的岩石只是进一步损伤，没有失稳破坏；对于竖向静压力为 20MPa 的数值试样，应力波传播到 12μs 左右(第 135 加载步)，破坏单元能量释放累计值也有突增的现象，此时对应受扰动的巷道发生失稳破坏，这与图 8.51 所得结论是相同的。

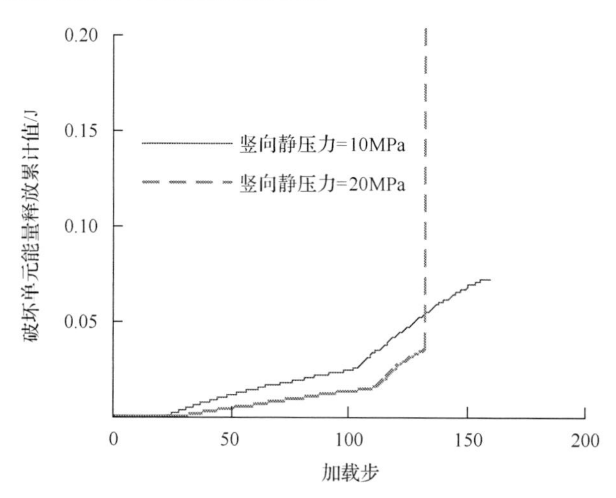

图 8.52　不同竖向静压力下数值试样破坏单元能量释放累计曲线

上述结论与文献[58]的研究结果是一致的，即当地质体的演化已经处于临界稳定状态时，微小的扰动便可以诱发地质灾害的发生；当地质体的演化仅处于接近临界稳定状态时，强烈的扰动也可以诱发地质灾害提前发生。本节研究了相同扰动下不同稳定状态的岩石结构的失稳破坏情况，如前所述，对于竖向静压力为 10MPa 的岩石结构在相同动力扰动下只有破坏，没有整体失稳，而对于竖向静压力为 20MPa 的岩石结构在相同动力扰动下发生了整体失稳破坏。这一现象可以从能量角度来解释[59]，第四强度理论(能量理论)认为：材料单位体积内所能储藏的变形能是一个常量，与应力状态无关，若变形能超过这一常量，材料即发生破坏。受静压力作用的数值试样，内部存储弹性应变能，在弹性范围内，静压力越大，储存的变形能越多，越容易促使其发生破坏。由此可以认为，深部巷道所受静压力越大，在动力扰动下比浅部巷道更易发生破坏。这与实际情况是吻合的。

从上述数值模拟结果来看，深部岩体巷道并非处于一般的高应力状态，而是一些区域处于由稳定向不稳定发展的临界高应力状态，即不稳定的临界平衡状态[60,61]。此时，当外部给予一定的扰动时，岩体巷道将由于动力突变产生失稳破裂，表现为岩爆等破坏。在采矿工程中，凿岩爆破、相邻岩爆产生的应力波、地震波等动态应力都可能成为触发岩爆的外部扰动。当然，岩体也许不会在动载荷的一次作用下就发生宏观破坏，但这些应力波的多次扰动却会在微观-细观尺度上引起围岩的累积性损伤，加剧局部应力环境的逐步恶化，如果岩体中储存有足够的应变能，其最终导致裂纹的大规模瞬时动力扩展，伴随着应变能的高速释放，巷道围岩便会以岩爆的形式失稳[1]。

8.4.4 小结

本节利用新近开发的动态版 RFPA^{2D} 数值模拟软件分析了动力扰动对深部岩巷破坏过程的影响，从细观角度分析了不同深度或受不同静压力的岩石巷道在动力扰动下的破坏规律。分析结果表明，对于不同埋深下的巷道，所受应力状态不同，所处稳定状态也不同。当巷道埋深较浅时，其处于较稳定状态；当巷道埋深较大时，越来越接近临界稳定状态，此时较小的扰动便可以导致裂纹的大规模瞬时动力扩展，诱发巷道发生失稳破坏，并伴随着应变能的高速释放。深部巷道所受静压力较大，在动力扰动下比浅部巷道更易发生破坏。

参 考 文 献

[1] 徐则民, 黄润秋, 罗杏春, 等. 静荷载理论在岩爆研究中的局限性及岩爆岩石动力学机制的初步分析[J]. 岩石力学与工程学报, 2003, 22(8): 1255-1262

[2] Chong K P, Hoyt P M, Smith J W, et al. Effects of strain rate on oil shale fracturing[J]. International Journal of Rock Mechanics and Mining Sciences and Geomechanics Abstracts, 1980, 17(1): 35-43

[3] Olsson W A. The compressive strength of tuff as a function of strain rate from 10^{-6} to 10^{3}/sec[J]. International Journal of Rock Mechanics and Mining Sciences and Geomechanics Abstracts, 1991, 28(1): 115-118

[4] Zhao J, Li H B, Wu M B, et al. Dynamic uniaxial compression tests of a granite[J]. International Journal of Rock Mechanics and Mining Sciences, 1999, 36(2): 273-277

[5] Zhang Z X. Effects of loading rate on rock fracture[J]. International Journal of Rock Mechanics and Mining Sciences, 1999, 36(5): 597-611

[6] 李夕兵, 古德生. 岩石在不同加载波条件下能量耗散的理论探讨[J]. 爆炸与冲击, 1994, 14(2): 129-139

[7] 杨军, 高文学, 金乾坤. 岩石动态损伤特性试验及爆破模型[J]. 岩石力学与工程学报, 2001, 20(3): 320-323

[8] Grady D E, Lipkin J. Criteria for impulsive rock fractures[J]. Geophysical Research Letters, 2013, 7(4): 255-258

[9] Homand-Etienne F, Hoxha D, Shao J F. A continuum damage constitutive law of brittle rocks[J]. Computers and Geotechnics, 1998, 22(2): 135-151

[10] Taylor L M, Chen E P, Kuszmaul J S. Microcrack-induced damage accumulation in brittle rock under dynamic loading[J]. Computer Method in Applied Mechanics and Engineering, 1986, 55(3): 301-320

[11] 左宇军, 李夕兵, 马春德, 等. 动静组合载荷作用下岩石失稳破坏的突变理论模型与实验研究[J]. 岩石力学与工程学报, 2005, 24(5): 741-746

[12] 左宇军, 李夕兵, 唐春安, 等. 二维动静组合加载下岩石破坏的试验研究[J]. 岩石力学与工程学报, 2006, 25(9): 1809-1820

[13] 左宇军, 李夕兵, 唐春安, 等. 受静载荷的岩石在周期载荷作用下破坏的试验研究[J]. 岩土力学, 2007, 28(5): 927-932

[14] Zhou Z L, Li X B, Hong L, et al. Mechanical behaviors of silt rock subjected to coupling static and impact loads[J]. Transactions of Tianjin University, 2016, 12(S1): 205-209

[15] 朱万成, 左宇军, 尚世明, 等. 动态扰动触发深部巷道发生失稳破裂的数值模拟[J]. 岩石力学与工程学报, 2007, 26(5): 915-921

[16] 章根德, 朱维耀. 岩土介质横观各向同性的模拟[J]. 力学进展, 1998, 28(4), 499-508
[17] Jaeger J C. Shear failure of anisotropic rocks[J]. Geology Magazine, 1960, 97(1): 65-72
[18] Duveau G, Shao J F. A modified single plane of weakness theory for the failure of highly stratified rocks[J]. International Journals of Rock Mechanics and Mining Science, 1998, 35(6): 807-813
[19] Judd W R. Underground Excavation in Rock[M]. London: The Institution of Mining and Metallurgy, 1980
[20] Hill R. The Mathematical Theory of Plasticity[M]. Oxford: Oxford University Press, 1950
[21] Pariseau W G. Plasticity theory for anisotropic rocks and soils[C]//Tenth Sympvsium on Rock Mechanics. 1968: 267-295
[22] 张玉军, 刘谊平. 层状岩体的三维弹塑性有限元分析[J]. 岩石力学与工程学报, 2002, 21(11): 40-44
[23] 刘卡丁, 张玉军. 层状岩体剪切破坏面方向的影响因素[J]. 岩石力学与工程学报, 2002, 21(3): 335-339
[24] 耿大新, 杨林德. 层状岩体的力学特性及数值模拟分析[J]. 地下空间与工程学报, 2003, 23(4): 380-383
[25] 梁正召, 唐春安, 李厚祥, 等. 单轴压缩下横观各向同性岩石破裂过程的数值模拟[J]. 岩土力学, 2005, 26(1): 57-62
[26] 李夕兵, 古德生. 岩石冲击动力学[M]. 长沙: 中南工业大学出版社, 1994
[27] 余永强, 邱贤德, 杨小林. 层状岩体爆破损伤断裂机理分析[J]. 煤炭学报, 2004, 29(4): 409-412
[28] 梁庆国, 韩文峰, 马润勇, 等. 强地震动作用下层状岩体破坏的物理模拟研究[J]. 岩土力学, 2005, 26(8): 1307-1311
[29] 张发明, 庞正江, 郭丙跃, 等. 层状岩体开挖洞室围岩块体稳定分析及锚固方法[J]. 水文地质工程地质, 2005, 32(5): 39-43
[30] 林崇德. 层状岩石顶板破坏机理数值模拟过程分析[J]. 岩石力学与工程学报, 1999, 18(4): 392-396
[31] 张晓春, 缪协兴. 层状岩体中洞室围岩层裂及破坏的数值模拟研究[J]. 岩石力学与工程学报, 2002, 21(11): 70-75
[32] 黄达, 康天合, 段康廉. 侧压系数对巷道软弱互层顶板岩体破坏影响规律研究[J]. 矿业研究与开发, 2004, 24(3): 21-24
[33] 郜进海, 康天合, 靳钟铭, 等. 巨厚薄层状顶板回采巷道围岩裂隙演化规律的相似模拟试验研究[J]. 岩石力学与工程学报, 2004, 23(19): 3292-3297
[34] 贾蓬, 唐春安, 王述红. 巷道层状岩层顶板破坏机理[J]. 煤炭学报, 2006, 31(1): 11-15
[35] 张丽华, 陶连金, 李晓霖. 节理岩体地下洞室群的地震动力响应分析[J]. 世界地震工程, 2002,18(2): 158-162
[36] 段庆伟, 何满潮, 张世国. 复杂条件下围岩变形特征数值模拟研究[J]. 煤炭科学技术, 2002, 30(6): 55-58
[37] 夏致晰, 缪协兴, 茅献彪, 等. 含软弱夹层巷道受爆炸荷载作用效应分析[J]. 矿山压力与顶板管理, 2004, 21(2): 96-98
[38] 缪协兴, 陈智纯. 软岩力学[M]. 徐州: 中国矿业大学出版社, 1995
[39] 李树森, 符文熹, 聂得新. 洞室顶部软弱夹层和层状岩体的稳定性分析[J]. 山地学报, 2000, 18(2): 156-160
[40] 符文熹, 聂得新, 尚岳全, 等. 地应力作用下软弱夹层带的工程特性研究[J]. 岩土工程学报, 2002, 24(5): 584-587
[41] 王祥秋, 杨德林, 高文华. 含软弱夹层层状围岩地下洞室平面二维非线性有限元分析[J]. 岩土工程学报, 2002, 24(6): 729-732
[42] 梁正召, 唐春安, 李厚祥, 等. 单轴压缩下横观各向同性岩石破裂过程的数值模拟[J]. 岩土力学, 2005, 26(1): 57-62
[43] 蔡美峰, 肖应博. 复杂岩体中加固巷道围岩变形破坏规律研究[J]. 金属矿山, 2006, (3): 29-31

[44] Zuo Y J, Xu T, Zhang Y B, et al. Numerical study of zonal disintegration within a rock mass around a deep excavated tunnel[J]. International Journal of Geomechanics, 2011, 12(4): 471-483

[45] 姜耀东, 赵毅鑫, 宋彦琦, 等. 放炮震动诱发煤矿巷道动力失稳机理分析[J]. 岩石力学与工程学报, 2005, 24(17): 3131-3136

[46] 许增会, 宋宏伟, 赵坚. 地震对隧道稳定性影响的数值模拟分析[J]. 中国矿业大学学报, 2004, 33(1): 41-44

[47] 郑际汪, 陈理真. 爆破荷载作用下隧道围岩稳定性分析[J]. 采矿与安全工程学报, 2004, 21(4): 53-55

[48] 陶连金, 张倬元, 傅小敏. 在地震荷载作用下的节理岩体地下洞室围岩稳定性分析[J]. 中国地质灾害与防治学报, 1998, 9(1): 32-40

[49] 薛亚东, 张世平, 康天合. 回采巷道锚杆动载响应的数值分析[J]. 岩石力学与工程学报, 2003, 22(11): 1903-1906

[50] Litwiniszyn J. A model for the initiation of coal-gas outbursts[J]. International Journal of Rock Mechanics and Mining Sciences and Geomechanics Abstracts, 1985, 22(1):39-46

[51] 吴祥云, 李欢秋, 李永池, 等. 岩体中喷锚支护与衬砌结构计算研究[J]. 岩石力学与工程学报, 2005, 24(19): 3561-3565

[52] Kirzhner F, Rosenhouse G. Numerical analysis of tunnel dynamic response to earth motions[J]. Tunneling and Underground Space Technology, 2000, 15(3): 249-258

[53] 盛宏光, 张勇. 钻地武器侵彻爆炸条件下坑道岩体的锚固技术初探[C]. 中国土木工程学会防护工程分会第五届理事会暨第九次学术年会论文集(下册), 长春, 2004

[54] 王承树. 爆炸荷载作用下坑道喷锚支护的破坏形态[J]. 岩石力学与工程学报, 1989, 8(1): 73-91

[55] 刘泉声, 张华, 林涛. 煤矿深部岩巷围岩稳定与支护对策[J]. 岩石力学与工程学报, 2004, 23(21): 3732-3737

[56] 姜耀东, 赵毅鑫, 宋彦琦, 等. 放炮震动诱发煤矿巷道动力失稳机理分析[J]. 岩石力学与工程学报, 2005, 24(17): 3131-3136

[57] Tang C A, Kaiser P K. Numerical simulation of cumulative damage and seismic energy release during brittle rock failure—Part Ⅰ: Fundamentals[J]. International Journal of Rock Mechanics and Mining Sciences, 1998, 35(2): 113-121

[58] 许强, 黄润秋, 王来贵. 外界扰动诱发地质灾害的机理分析[J]. 岩石力学与工程学报, 2002, 21(2): 280-284

[59] Yale D P. Static and dynamic rock mechanical properties in the Hugoton and Panoma fields, Kansas[J]. 1994, Spe Mid-continent Symposium: 209-219

[60] 钱七虎. 深部岩体工程响应的特征科学现象及“深部”的界定[J]. 东华理工学院学报(自然科学版), 2004, 27(1): 1-5

[61] 王明洋, 戚承志, 钱七虎, 等. 岩石变形和破坏力学的基本问题[J]. 解放军理工大学学报(自然科学版), 2002, 3(3): 33-37

第 9 章　动载荷对卸压孔与锚杆联合支护影响的数值模拟

矿产资源进入深部开采以后，受“三高一扰动”作用，巷道围岩处于复杂的地质力学环境中，从而使其表现出特有的力学现象，如围岩大变形、强流变特性、脆-延转化、分区破裂等，矿压显现加剧导致了常规支护手段难以维持巷道围岩的稳定[1,2]。深部巷道单纯采用加强支护的方法并未取得理想支护效果，应针对围岩特点采用特殊的支护理念和支护手段[3]，因此，寻求更加合理的深部巷道支护方式势在必行。

卸压孔与锚杆联合支护技术是一种充分利用围岩自承能力的深部巷道应力转移和围岩加固技术。通过在巷道围岩内开孔卸荷，把巷道四周高应力峰值向围岩深部转移使巷道处于卸压区，再施加锚杆进行加强支护以提高围岩的承载能力，达到联合控制巷道稳定的目的[4]。

在巷道支护方面，虽然较早提出了卸压孔与锚杆联合支护技术[4-10]，但目前主要集中在静态方面的理论分析和数值计算，对外部动力扰动下卸压孔与锚杆联合支护研究未见报道。实质上，深部开采是对处于高应力岩石人为进行的卸载和动力扰动过程[11-13]。深部巷道周边围岩的应力集中明显，故动态扰动对于深部高应力状态巷道围岩破裂失稳的触发作用也更加突出[14]。因此，评价巷道围岩的稳定性必须研究工程岩体所受的静动载荷作用[15,16]。研究静动载荷作用下岩石破坏过程，可以进一步揭示静动载荷作用下岩石力学及其破坏特性，对重新寻求评价岩体工程稳定、岩石破碎和采矿技术的新理论和新方法具有很高的研究价值[17,18]。

本章将掘进爆破、机械振动等产生的动力扰动简化为平面应力波，利用动态版 RFPA^{2D} 数值模拟软件对卸压孔与锚杆联合支护的巷道围岩在应力波作用下的力学响应进行数值模拟，深入分析围岩损伤特征与巷道埋深、应力波强度及时间历程特性的关系，进而探讨深埋巷道卸压孔与锚杆联合支护的动态响应规律。

9.1　数 值 模 型

为进行对比研究，设置 4 个数值模型，取巷道的一横断面进行分析，如图 9.1 所示。其中，数值模型 Ⅰ、Ⅱ、Ⅲ分别为巷道无支护、仅有卸压孔支护、卸压孔与锚杆联合支护模型；数值模型Ⅳ为沿巷道帮部开挖 4 个卸压孔的剖面模型。

数值模型Ⅰ、Ⅱ、Ⅲ的尺寸均为 150mm×100mm，划分为 300×200=60000 个单元。数值模型中的半圆拱形巷道底部宽 16mm，直墙高 8mm。数值模型Ⅱ、Ⅲ中卸压孔的参数参照文献[1]的研究结果进行支护设计，在巷道断面内布置 7 个卸压孔，孔径 Φ=1mm，孔深 L_S=30mm，巷道壁钻孔间距 4mm。数值模型Ⅲ中锚杆孔径 Φ=0.5mm，孔深 L_S=10mm，间隔布置在卸压孔间。数值模型Ⅳ的尺寸为 75mm×75mm，划分为 150×150=22500 个单元，钻孔末端间距 20mm，孔径 Φ=2mm。数值模型的几何参数如图 9.1 所示。

单元的岩石力学参数按照韦伯分布赋值，参数见表 9.1。巷道力学模型如图 9.1 所示。本章中所有模型均按平面应变问题进行分析[19,20]。

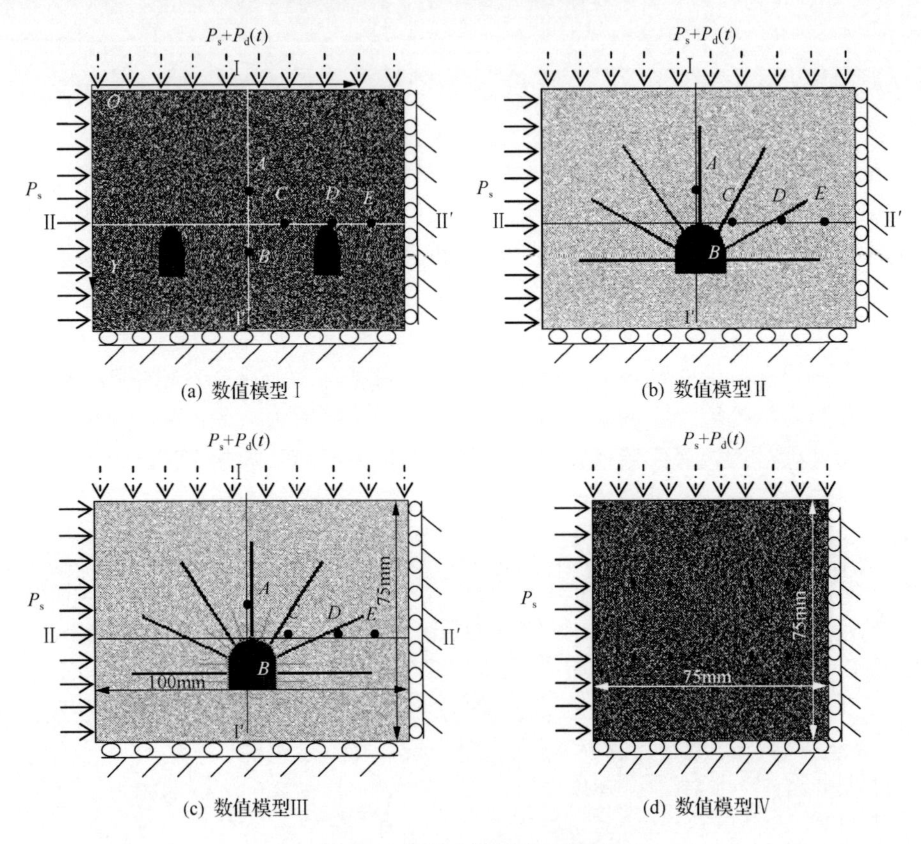

图 9.1　巷道力学模型示意图

P_s为静载荷强度；$P_d(t)$为动载荷强度；Ⅰ、Ⅰ′、Ⅱ、Ⅱ′为设置的应力、应变分析点

表 9.1　材料单元韦伯分布参数

材料名称	弹性模量/GPa	均质度系数	抗压强度/MPa	泊松比	内摩擦角/(°)	容重/(kg · m^{-3})
岩石	60	5	150	0.25	35	2500
锚杆	210	100	450	0.30	45	7800

在数值模拟中，先对数值模型进行初始地应力加载，以模拟地应力状态及其诱发的巷道围岩破裂。通过收集模拟巷道围岩地质资料，巷道所处水平地应力 P_{sh} 为6.4MPa，竖直地应力 P_{sv} 为10.2MPa。静载荷作用时，指定的应力增量分步施加到数值模型上，每步的加载量为0.1MPa。静载荷作用结束后进行巷道的开挖与支护。

然后再从数值模型顶部施加如图9.2所示的梯形应力波，以模拟动力扰动作用。在通常的动力分析中，为简化计算，将动荷载假设成一脉冲荷载。当扰动源离巷道较远时，将扰动波简化为平面波是可以接受的[3]。本节只分析平面波对巷道破坏的影响，动态扰动被假设成如图9.2所示的梯形脉冲应力。数值模型中将单元划分为0.5mm×0.5mm的四边形，根据弹性波动理论，一维纵波速度可粗略地按照 $C_v = \sqrt{E/\rho}$ 计算，其中 C_v 为一维纵波速度，E 为数值模型的等效弹性模量，ρ 为密度。由表9.1可计算出数值模型波速约为4899$\mathrm{m \cdot s^{-1}}$，为更好地得到模型计算结果，动态计算的时间步长取0.1μs。

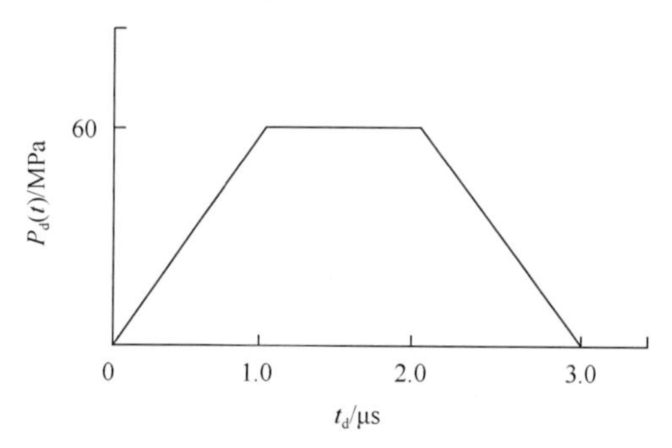

图9.2 施加的动态应力波

t_d 为动载荷作用时间；$P_d(t)$ 为动载荷强度

9.2 动载荷对卸压孔与锚杆联合支护影响的数值模拟

9.2.1 应力加载特性及演化过程

数值模型中应力采用分步加载的方式，图9.3为 X-Y 方向应力加载过程曲线。先对数值模型进行静载荷作用，第102加载步静载荷作用结束后，在数值模型顶部施加动力扰动，图9.3中 Y 方向应力加载为60MPa，X 方向由于单元的挤压变形作用，应力加载发生不规则变化。

图9.4、图9.5为各数值模型的剪应力分布演化图。剪应力分布演化图中颜色亮度反映了单元剪应力的相对大小，越亮的部位表示此处所受的剪应力越大。单元的损伤引起了弹性模量的退化，图中黑色表示数值模型中被破坏的单元。由剪应力演化图可知：

(1) 数值模型Ⅰ中，在动力扰动下，巷道围岩损伤程度的发展加剧了围岩的破坏，围岩应力向深部转移将引起围岩损伤破坏范围加大。为控制围岩的过大变形或失稳破坏，必须对巷道围岩进行及时有效的支护或处理。

(2) 数值模型Ⅱ中，巷道和卸压孔开挖引起围岩地应力重新调整，应力调整的最不利区域为钻孔端部而非钻孔的全长范围。总体来看，模型Ⅱ中卸压孔支护虽对巷道两帮和底板起到了一定的保护效果，但巷道拱顶破裂严重，难以维护。

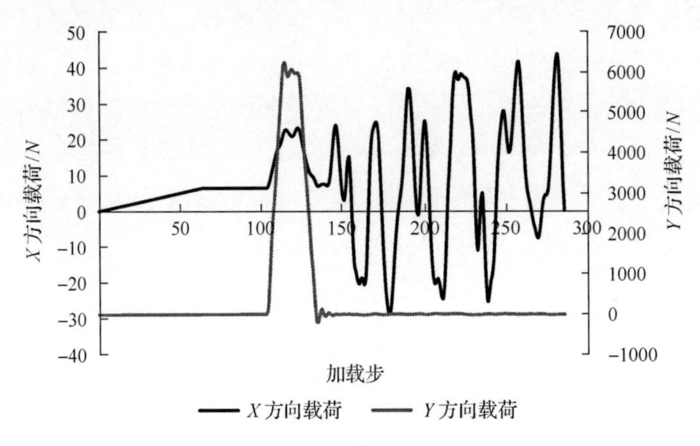

图 9.3　X-Y 方向应力加载过程曲线

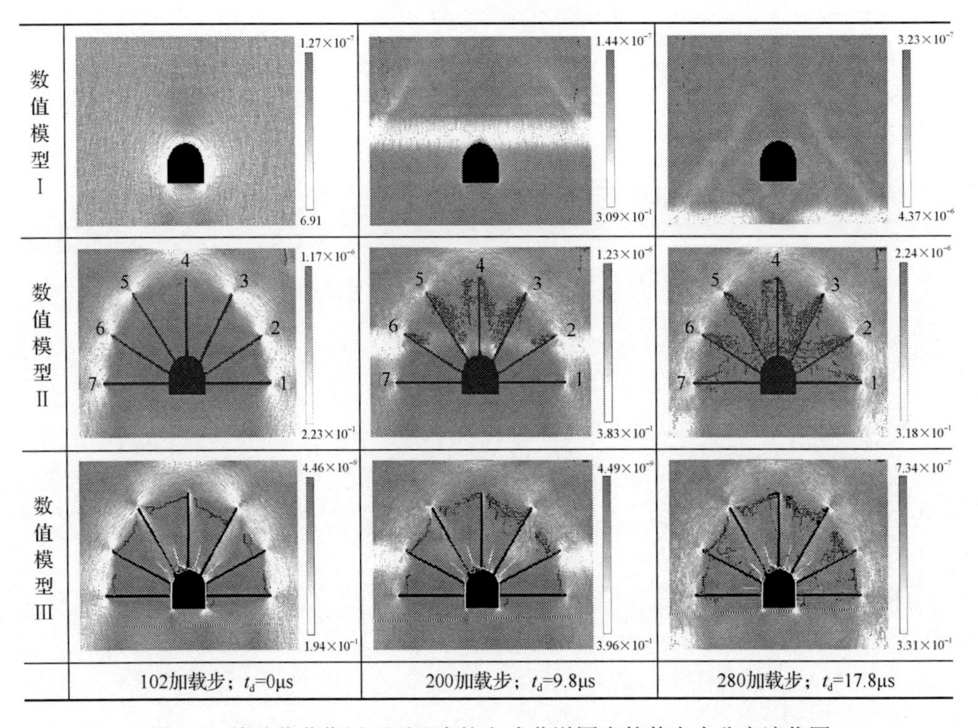

图 9.4　静动载荷作用下不同支护方式巷道围岩的剪应力分布演化图

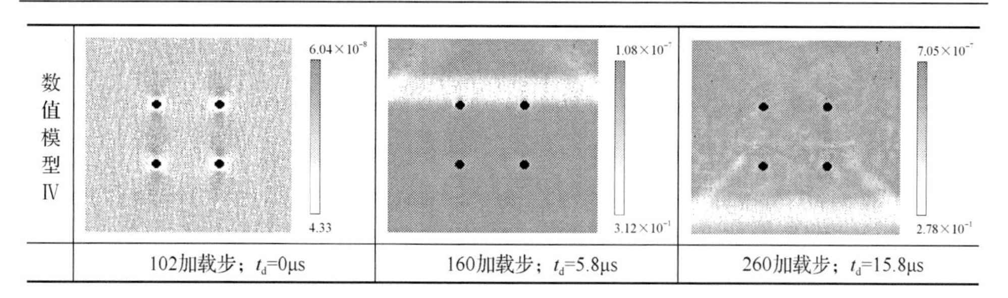

图 9.5　静动载荷作用下开卸压孔巷帮围岩的剪应力分布演化图

(3)数值模型Ⅲ采用联合支护后，卸压孔远端在地应力和动力扰动作用下形成了破裂带，将集中应力向卸压孔端部转移，巷道围岩中的应力紧张状态逐步缓和，使巷道附近围岩免受高应力扰动破坏。由模拟结果可见，锚杆是联合支护系统的重要组成部分，对提高联合支护整体支护效果、保持围岩的完整性起到了关键作用。

(4)由数值模型Ⅳ可见，钻孔围岩先承受高地应力的作用，开孔后，在钻孔四周又引起了二次应力集中，围岩强度降低。动力扰动作用下，在钻孔围岩特定部位产生许多小破坏区，这些小破坏区发展、贯通形成局部弱化带，这些破裂带形成了卸压区，使巷道壁附近围岩免受高应力扰动破坏。

9.2.2　主应力大小变化规律

为了便于分析巷道开挖及应力加载后，不同围岩深度内的单元应力变化情况，在数值模型截取Ⅰ(98,1)-Ⅰ′(98,150)、Ⅱ(1,103)-Ⅱ′(200,103)截面单元分析主应力的变化规律。各模型截面单元的主应力分布情况如图 9.6 所示。通过分析，静动载荷作用结束后，截面单元围岩应力大小变化具有如下规律及特征：

(1)由图 9.6 可以发现，单元最大主应力 σ_1 与剪应力 τ 分布曲线具有较好的相似性。数值模型Ⅰ由于没有支护措施，在巷道围岩附近集中较高的应力分布。数值模型Ⅱ与数值模型Ⅲ巷道处于卸压区，在巷道四周应力值较低。数值模型边界上单元仍存有接近施加的动载荷应力。

(2)尽管在数值模型的边界施加的是压应力，由于静动载荷作用过程中单元之间的相互作用，规律较为复杂，在数值模型中诱发出了较高的拉应力。与最大主应力的高值区呈环向分布于钻孔端部，最小主应力 σ_3 的负值(拉应力)基本都位于巷道附近，如图 9.6 和表 9.2 所示。

(3)主应力大小、方向的改变都可能导致围岩发生变形和破坏。传统的支护理论和方法一般只考虑顶压的作用，所以支护设计不能与实际条件相适应，可能导致围岩的破裂失稳。

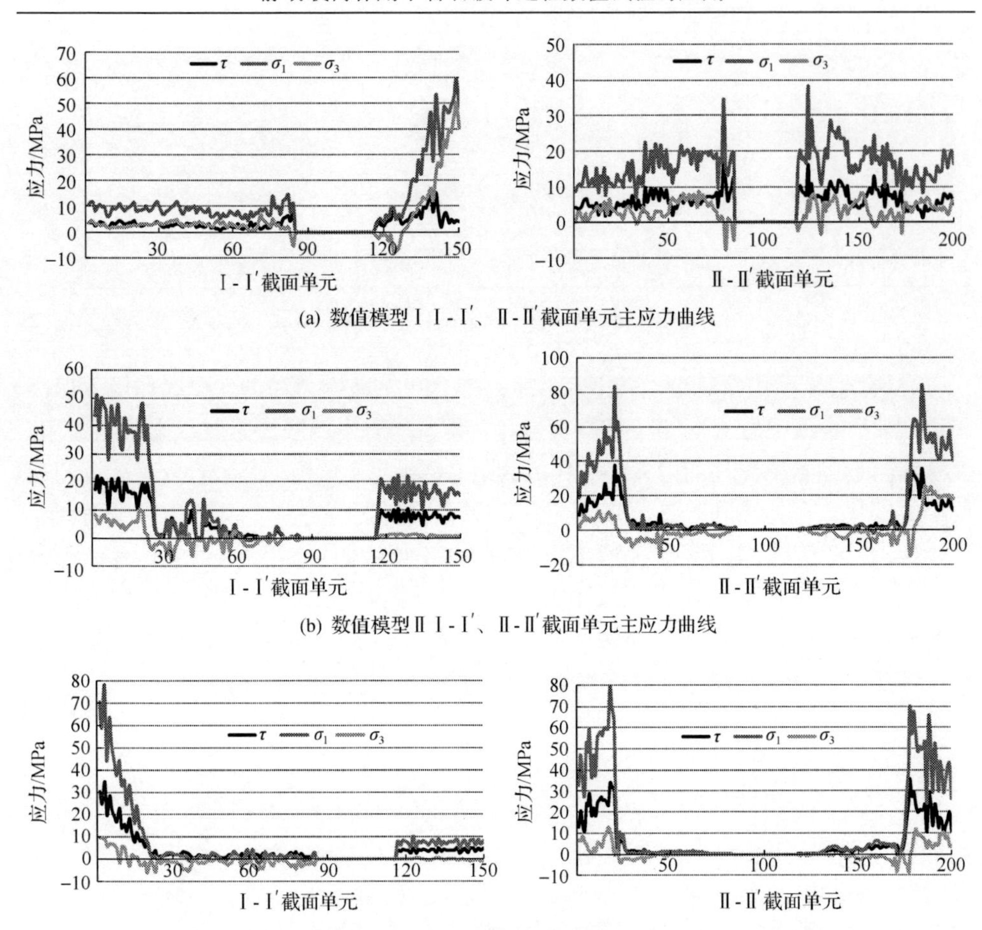

(a) 数值模型Ⅰ Ⅰ-Ⅰ′、Ⅱ-Ⅱ′截面单元主应力曲线

(b) 数值模型Ⅱ Ⅰ-Ⅰ′、Ⅱ-Ⅱ′截面单元主应力曲线

(c) 数值模型Ⅲ Ⅰ-Ⅰ′、Ⅱ-Ⅱ′截面单元主应力曲线

图 9.6　静动载荷作用结束后模型截面单元的主应力曲线

表 9.2　截面单元主应力极值统计　　　　（单位：MPa）

数值模型	截面	最大值			最小值		
		τ	σ_1	σ_3	τ	σ_1	σ_3
数值模型Ⅰ	Ⅰ-Ⅰ′	15.11	59.53	50.33	0.00	0.00	–8.15
	Ⅱ-Ⅱ′	17.41	38.12	8.56	0.00	0.00	–7.64
数值模型Ⅱ	Ⅰ-Ⅰ′	22.13	50.96	10.28	0.00	–0.81	–7.88
	Ⅱ-Ⅱ′	37.42	83.06	25.50	0.00	–2.09	–15.65
数值模型Ⅲ	Ⅰ-Ⅰ′	34.69	78.38	9.56	0.00	–1.78	–6.07
	Ⅱ-Ⅱ′	35.53	79.25	12.85	0.00	–0.03	–8.60

通过上述分析，动力扰动下深部巷道卸压孔与锚杆联合支护巷道围岩应力分布主要表现出以下几个特点：

(1)动力扰动和巷道开挖及支护引起应力重分布，使得浅部围岩的强度不再能满足调整后的应力状态，导致浅部围岩出现微破裂，并使应力继续调整。

(2)离巷道表面较近的岩体中 σ_3 剧烈减小转变为拉应力，τ 和 σ_1 的变化有较好的相似性，且两个主应力在巷道四周应力值较大[图 9.6(a)]，围岩应力状态远远超过围岩强度，极易产生破坏，并在调整过程中出现了破裂区[图 9.6(c)]。

(3)卸压孔远端在地应力和动力扰动作用下形成了破裂带，将集中应力向卸压孔端部转移，巷道围岩中的应力紧张状态逐步缓和，使巷道附近围岩免受高应力扰动破坏。在巷道支护中采用锚杆加强支护，卸压孔辅助卸压的联合支护思想，对巷道围岩的稳定性控制取得了较好效果，表明开孔卸压是一种可行的辅助支护方法。

9.2.3　巷道围岩内部变形规律

模型坐标轴如图 9.1(a)数值模型 I 所示，以左上角为坐标原点，以水平向右为 x 轴正向，以竖直向下为 y 轴正向。为研究巷道围岩的变形规律，在数值模型内布置 5 个测点，各测点的坐标如下所示：A(99,80)、B(100,121)、C(121,100)、D(149,100)、E(178,100)。

静动载荷作用下卸压孔与锚杆联合支护巷道围岩监测点的变形量-加载步曲线如图 9.7 所示，通过分析可知：

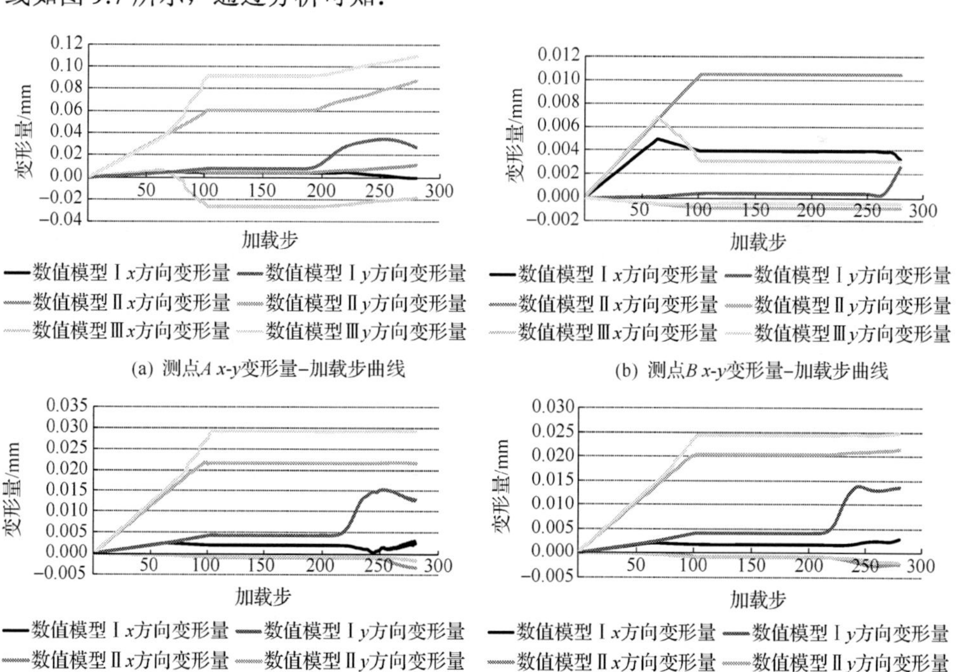

(a) 测点A x-y变形量-加载步曲线

(b) 测点B x-y变形量-加载步曲线

(c) 测点C x-y变形量-加载步曲线

(d) 测点D x-y变形量-加载步曲线

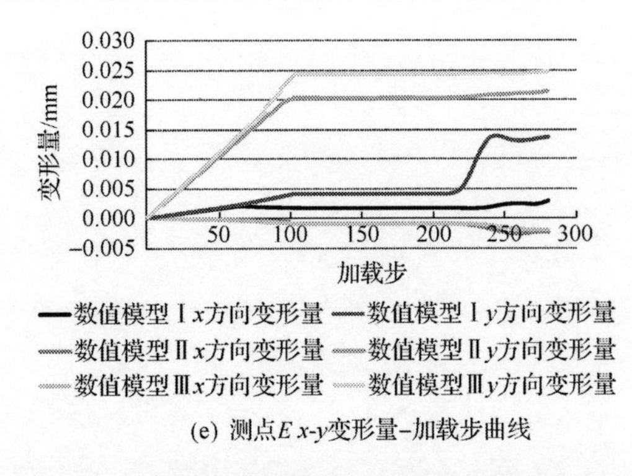

(e) 测点E x-y变形量-加载步曲线

图 9.7　巷道围岩监测点的变形量-加载步曲线

(1)测点结果表明，巷道开挖以前对围岩进行静载荷作用，单元受到一定程度的压缩作用，处于线性增长阶段，且单元y方向压变形比x方向大。

(2)静载荷作用结束后进行开挖与支护，然后进行动载荷作用，在应力波未到达测点位置时测点均保持匀速压变形，但当波阵面到达测点时变形有明显的增大，弹性变形之后，其变形曲线趋于平缓。

从图 9.7 中可知，静载荷作用时内部围岩的变形处于弹性及塑性的流变状态，变形较为平稳，体现了深部巷道静压作用下的变形特点；在二次加载破坏阶段，当应力波波阵面到达测点时，位移都有一个阶段的增加；在围岩应力调整过程中，巷道经过多次应力调整并重新恢复到同等应力情况下，巷道围岩变形量有小的波动，在巷道围岩的变形过程中，y方向的压缩作用最为明显。

为进一步研究支护结构在静动载荷作用下的巷道围岩收敛变形规律，对测点在整个加载过程中y方向的变形量进行了累计统计，其变形累计特征如图 9.8 所示。

(1) 从变形程度来看，巷道顶板测点A处受到较大的压变形，数值模型Ⅱ、Ⅲ由于测点A处较靠近钻孔边缘，钻孔四周存在应力集中，故测点A处变形较大。巷道底部的测点B处变形不明显，而测点C、D、E处变形则呈现出线性增加的情形。

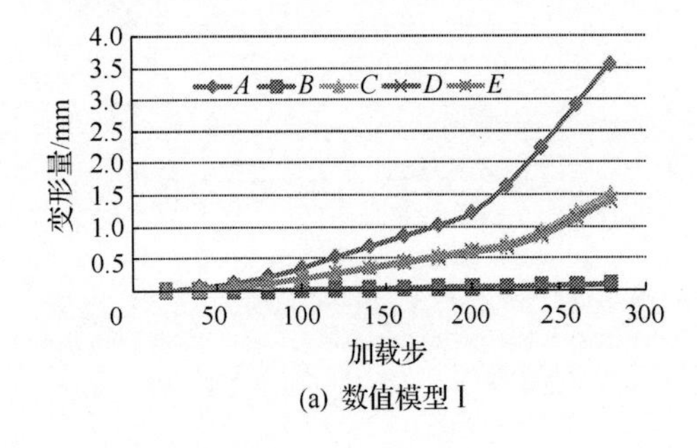

(a) 数值模型Ⅰ

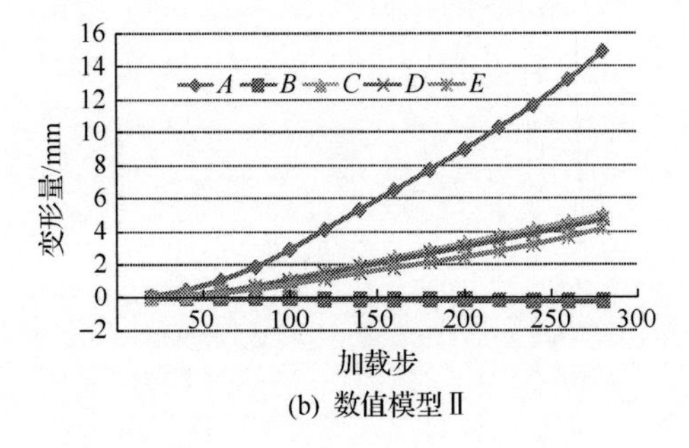

(b) 数值模型Ⅱ

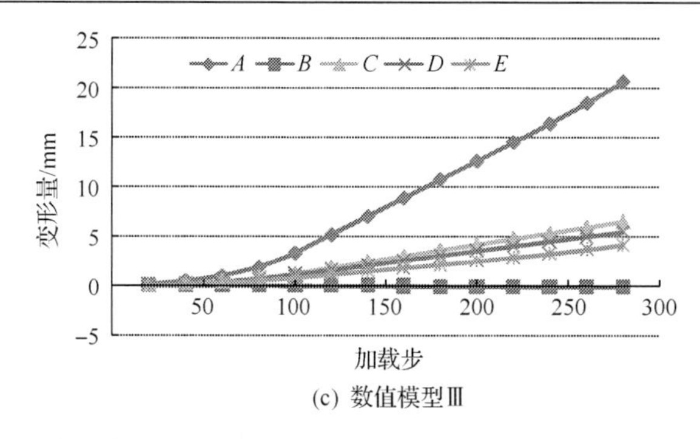

(c) 数值模型Ⅲ

图 9.8　数值模型Ⅰ、Ⅱ、Ⅲ 各监测点 y 方向变形量-加载步累计曲线

(2)虽然巷道加载及开挖过程中的变形量很小，但对围岩的损伤和破坏却不可低估。对于深部岩体巷道，在巷道开挖过程中，由于巷道的卸荷，弹性能瞬间释放，岩体短时受张拉作用，若瞬间的弹性变形超过岩体的弹性极限应变，则在巷道表面及内部产生损伤及微裂缝，当这些裂缝达到一定密度后，就开始相互影响、连接，如果围压比较大就会出现宏观裂缝，造成围岩的破裂失稳。

为研究静动载荷作用下巷道围岩的变形量，表 9.3 对数值模型Ⅰ、Ⅱ、Ⅲ中 5 个测点 x、y 方向的变形量进行了统计分析。由表可知：

(1)模型在静载荷作用结束后，x 方向测点变形量较 y 方向大，测点 A、B 位于巷道的顶底板，受压拉应力的影响变形较大。卸压孔和锚杆的支护使数值模型Ⅲ静载荷作用变形量较小。

(2)由表 9.3 模型中静载荷/静动载荷的比值可知，数值模型Ⅰ和数值模型Ⅱ的大部分比值大于数值模型Ⅲ，且从比值结果来看，静载荷作用围岩的变形量平均不超过总变形量的 30%。

表 9.3　静载荷作用和静动载荷作用巷道围岩各监测点变形量对比

参数	围岩变形量									
	x 向					y 向				
数值模型Ⅰ	A	B	C	D	E	A	B	C	D	E
静载荷作用/mm	0.32	0.32	0.16	0.13	0.06	0.37	0.01	0.20	0.19	0.18
静动载荷作用/mm	0.93	1.03	0.50	0.46	0.28	3.54	0.10	1.51	1.41	1.40
静载荷/静动载荷/%	35	31	33	29	22	10	14	13	13	13
数值模型Ⅱ	A	B	C	D	E	A	B	C	D	E
静载荷作用/mm	0.34	0.52	(0.01)	(0.02)	(0.03)	2.91	0.04	1.14	1.04	0.82
静动载荷作用/mm	1.50	2.40	(0.19)	(0.25)	(0.41)	14.95	(0.20)	5.04	4.74	4.20
静载荷/静动载荷/%	23	22	6	9	6	19	22	23	22	20
数值模型Ⅲ	A	B	C	D	E	A	B	C	D	E
静载荷作用/mm	(0.07)	0.41	(0.03)	(0.03)	(0.03)	3.33	(0.04)	1.27	1.12	0.81
静动载荷作用/mm	(4.47)	0.96	(0.17)	(0.23)	(0.23)	20.69	(0.14)	6.51	5.47	4.15
静载荷/静动载荷/%	2	42	16	14	15	16	29	20	20	20

由此可知，动力扰动对卸压孔与锚杆联合支护巷道围岩的损伤破坏作用不可忽视，成为触发巷道变形破裂的主要诱因。

从以上分析可以看出，在巷道围岩加载开挖及稳定过程中，围岩的变形有如下特征：

(1)对模型进行静载荷作用时，小于其弹性强度极限，围岩处于弹性变形状态，其变形量不超过静动载荷作用巷道围岩变形量的30%，动载荷作用后围岩发生了较大变形破裂，动力扰动是触发巷道变形破裂的主要诱因。

(2)静动载荷作用下使巷道围岩呈现变形-稳定-变形的特征，说明支护在卸压以后对围岩变形控制还是起重要作用。所以，钻孔的卸压和锚杆的加固联合作用既能适应围岩变形，又能控制围岩变形。

9.2.4　巷道围岩的破裂特征

1)巷道围岩的微破裂特征

岩石声发射是岩石材料受力过程中其内部原生裂纹和缺陷的扩展及新的微破裂的孕育、萌生、演化、扩展和断裂过程所释放的弹性波。其是研究脆性材料失稳破裂演化过程的一个良好工具，能连续、实时地监测载荷作用下脆性材料内部微裂纹的产生和扩展，并实现对其破坏位置的定位。

目前，对静动载荷作用下的岩石细观微裂纹动态演化过程的观察主要采用声发射方法。如图9.9、图9.10所示，给出了不同加载步各模型的破坏单元的声发射分布图。

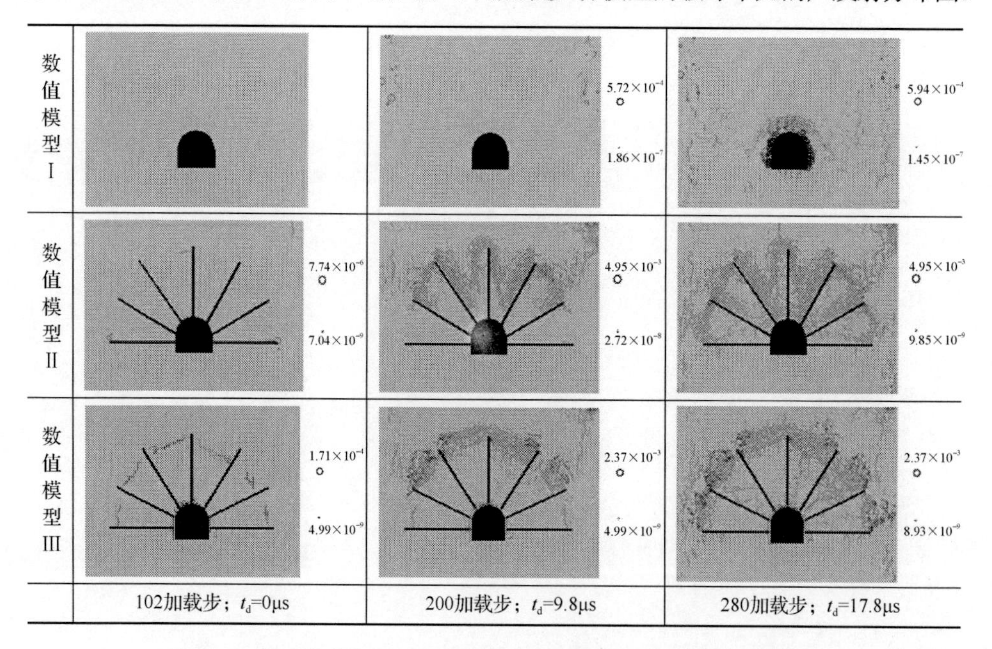

图9.9　静动载荷作用下不同支护方式巷道围岩的声发射分布图

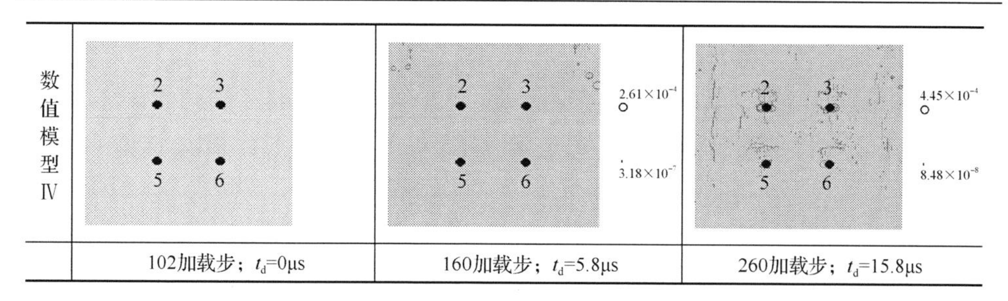

图 9.10　静动载荷作用下开卸压孔巷帮围岩的声发射分布图

(1) 从声发射分布图可知，数值模型Ⅰ在静态地应力作用下巷道围岩并未发生破裂。随着波阵面向下传播，由第 280 加载步的声发射分布图可见，声发射事件主要集中在巷道顶板和两帮位置，说明巷道顶板和两帮围岩中大量单元发生了破坏，生成了新鲜细观裂纹。应力波传播到底板位置时，由于拉伸应力叠加，巷道底板也发生了少量拉伸破裂引起的声发射事件。

(2) 从第 103 加载步起随着应力波的传播，数值模型Ⅱ钻孔端部最先发生破裂，应力波传播过程中新生裂纹沿钻孔轴向和四周不断萌生和扩展。第 200 加载步的声发射分布图中钻孔 2、3 和钻孔 5、6 端部连线处有大量声发射事件发生，说明正有大量微破裂发生并进一步发展。应力波到达巷道顶板后反射成为拉伸应力波，诱发巷道顶板发生拉伸破裂，裂纹由巷道顶部向上扩展。第 280 加载步的声发射分布图中卸压孔端部连线附近仍有微破裂产生形成裂纹并准备贯通连成破裂带。

(3) 数值模型Ⅲ静载荷作用结束后在钻孔端部连线附近形成了一条主裂纹。动载荷作用后，应力波传播到孔端主裂纹时部分反射成为拉伸应力波，裂纹向外发育扩展。由第 280 加载步的声发射分布图可见，应力波传播到模型底部后声发射事件主要集中在卸压孔端部破裂带处，巷道底板围岩未受到扰动破坏。

(4) 在动载荷作用初期，由于岩石材料的非均匀性，个别位于模型两侧单元发生了破裂。随着应力波的传播，孔壁四周的围岩变形量不断增大并发生破裂，在动力扰动下微裂纹不断向外扩展。随着应力波的传播和微破裂的连续发展，微破裂扩展方向发生改变，向强度低的单元方向发展，从而使裂纹的扩展路径表现出一定的随机性、非规则性。

2) 单元的声发射能量释放

常发生在深部巷道围岩的破坏本质上是能量的急剧释放，静动载荷作用过程中巷道周围岩体能量释放演化过程直接体现着扰动强度及岩体的自稳特性。

总之，声发射事件定位结果直观地反映了模型内部裂纹扩展的空间位置、扩展方向及裂纹扩展的空间曲面形态，这对于深入研究岩石破裂失稳机制是十分有意义的。

9.3　本章小结

采用基于细观损伤力学基础上开发的动态版RFPA^{2D}数值模拟软件，对冲击载荷作用下非均匀性介质中应力波反射诱发层裂过程进行了数值模拟，对其影响因素如应力波(应力波延续时间、应力波峰值和应力波波形)、材料性质(均质度、压拉比)、自由面和围压分别进行了数值分析和比较，得到了如下结论：

(1)应力波延续时间较短时，在应力波上升阶段应力加载速率较大，此时冲击应力波造成的岩石粉碎圈相对较大，破碎圈内的微裂纹相对更加发育；应力波延续时间较长时，岩石破碎圈范围有增大的趋势，并且破碎圈内微破裂有相互连接贯通的趋势。对于应力波反射诱发的层裂破坏来看，应力波延续时间较短时，层裂破坏更明显，表现为层裂区较长，张开程度较大；对于确定尺寸的数值试样，加大应力波延续时间，层裂破坏现象会越来越不明显甚至消失。应力波延续时间较短时，数值试样不会发生整体失稳破坏；加大应力波延续时间，数值试样发生整体失稳破坏所需时间有减小的趋势。

(2)应力波峰值较低时，冲击部位附近和层裂区的岩石破坏程度减弱，表现为粉碎圈较小，破碎圈相对较大，层裂区的微裂纹有的没有完全贯通；应力波峰值较大时，冲击部位附近和层裂区的岩石破坏程度增大，表现为粉碎圈较大，破碎圈相对较小，但破碎圈内沿水平径向的裂纹较多较长，层裂区的微裂纹完全贯通，层裂区鼓起程度加大；应力波峰值变化时，尽管层裂区的破坏程度有变化，但层裂区的厚度和长度变化不大。此外，应力波峰值较大时，在数值试样冲击部位和层裂区以外区域，微破裂增加。

(3)不同形状的应力波实际上在相同时段内具有不同的应力值和不同的应力加载速率，不同形状的应力波对介质的作用结果是这些因素同时作用的综合反映；应力波反射诱发层裂过程的发生是各个时刻不同加载条件(包括不同波形)下微破裂累积的宏观体现。

(4)均质度较低时，应力波峰值衰减幅度和应力波的弥散程度较大，反射波与入射波叠加后不足以大量破坏岩石，所以层裂现象相对不明显；而均质度较大时，应力波峰值衰减幅度和应力波的弥散程度较小，反射波与入射波叠加后可以大量破坏岩石，所以出现相对明显的层裂现象。

(5)压拉比越大，应力波反射越容易诱发层裂的发生。

(6)应力波传播至自由面产生反射，诱发层裂破坏，不仅与应力波峰值、应力波延续时间和应力波波形有关，还与应力波传播的方向有关，即如果相同应力波竖直入射至自由面比斜入射至自由面更容易诱发层裂破坏。

(7)两个垂直自由面的反射应力波在角平分线附近叠加，容易诱发层裂破坏。

(8)随着围压的增加，冲击应力波造成的粉碎圈和破碎圈有减少的趋势，在层裂破坏区的微破裂也有一定程度的减少。尽管由于围压的作用可能使层裂破坏现象得不到宏观展示，但并不是说层裂破坏区应力波反射没有诱发微破裂的产生。层裂区的裂缝有时张开有时又闭合，可能是应力波在数值试样内来回传播，有时为压应力波有时为拉应力波，形成压、拉交替应力加上围压共同作用的综合结果。

参 考 文 献

[1] 何满潮, 谢和平, 彭苏萍, 等. 深部开采岩体力学研究[J]. 岩石力学与工程学报, 2005, 24(16): 2803-2813

[2] 刘泉声, 康永水, 白运强. 顾桥煤矿深井岩巷破碎软弱围岩支护方法探索[J]. 岩土力学, 2011, 32(10): 3097-3104

[3] 刘泉声, 张华, 林涛. 煤矿深部岩巷围岩稳定与支护对策[J]. 岩石力学与工程学报, 2004, 23(21): 3732-3737

[4] 刘红岗, 贺永年, 韩立军, 等. 深井煤巷卸压孔与锚网联合支护的模拟与实践[J]. 采矿与安全工程学报, 2006, 23(3): 258-263

[5] 贾宝山, 解茂昭, 章庆丰, 等. 卸压支护技术在煤巷支护中的应用[J]. 岩石力学与工程学报, 2005, 24(1): 116-120

[6] Roberts M K C, Brumm R K. Support requirements in rockburst conditions[J]. Journal South African Institute of Mining and Metallurgy, 1988, 88 (3) : 79-104

[7] Barton N R, Lien R, Lurde J. Engineering dassification of rock masses for the design of rock support[J]. Rock Mechanics and Rock Engineering, 1974, (4) : 189-236

[8] 刘红岗, 贺永年, 徐金海, 等. 深井煤巷钻孔卸压技术的数值模拟与工业试验[J]. 煤炭学报, 2007, 32(1):33-37

[9] 李永和. 开孔卸压与锚杆加固联合支护的边界元分析[J]. 岩石力学与工程学报, 1988, 7(3): 237-247

[10] 李永和. 孔群支护–自承围岩结构体系的非线性机理分析[J]. 岩石力学与工程学报, 1995, 14(2): 161-170

[11] 李金奎, 熊振华, 刘东生, 等. 钻孔卸压防治巷道冲击地压的数值模拟[J]. 西安科技大学学报, 2009, 29(4): 424-432

[12] 金解放, 李夕兵, 王观石, 等. 循环冲击载荷作用下砂岩破坏模式及其机理[J]. 中南大学学报(自然科学版), 2012, 43(4): 1453-1461

[13] 左宇军, 唐春安, 朱万成, 等. 深部岩巷在动力扰动下的破坏机理分析[J]. 煤炭学报, 2006, 31(6): 742-746

[14] 朱万成, 左宇军, 尚世明, 等. 动态扰动触发深部巷道发生失稳破裂的数值模拟[J]. 岩石力学与工程学报, 2007, 26(5): 915-921

[15] 李夕兵, 周子龙, 叶州元, 等. 岩石动静组合加载力学特性研究[J]. 岩石力学与工程学报, 2008, 27(7):1387-1395

[16] 左宇军, 杨菊英. 动静载荷耦合作用下岩石破坏过程研究现状[J]. 大连大学学报, 2007, 28(6): 52-57

[17] 李金奎, 熊振华, 刘东生, 等. 钻孔卸压防治巷道冲击地压的数值模拟[J]. 西安科技大学学报, 2009, 29(4): 424-432

[18] 王书文, 毛德兵, 任勇. 钻孔卸压技术参数优化研究[J]. 煤矿开采, 2010, 15(5): 14-17

[19] 宋希贤, 左宇军, 王宪. 动力扰动下深部巷道卸压孔与锚杆联合支护的数值模拟[J]. 中南大学学报(自然科学版), 2014, (9): 3158-3165

[20] 宋希贤, 左宇军, 朱万成. 动力扰动下侧压系数对卸压孔与锚杆支护的研究[J]. 地下空间与工程学报, 2013, 9(5): 1076-1081

第 10 章　采动影响下断层活化诱导煤与瓦斯突出数值分析

随着开采深度的增加，进入深部高应力环境，冲击灾害的诱因转变为近场集中静载荷的积聚和远场集中动载荷的扰动共同作用[1-8]，同时地质构造的作用显著增加。因此，针对深部断层影响带内的煤与瓦斯动力灾害的研究，应考虑开采应力扰动场、构造应力场与瓦斯场的多物理场耦合作用[9-15]。煤与瓦斯动力灾害事故过程具有突发性，随着对岩爆、冲击地压等动力灾害研究的逐步深入[16-17]，开采扰动条件下处于深部高应力状态的煤岩体失稳破裂机理研究正逐渐成为矿山动力灾害研究的重要组成部分。有学者[18]针对工程实践中多场耦合作用的特点，基于 SHPB 设备的中应变速率加载试验系统，研制出可模拟多场耦合作用的动态力学特性测试系统；通过其他动力学设备试验研究，建立了静动载荷作用下岩石的本构模型[19]；进行了开采扰动诱发承压水底板关键层失稳的突变理论研究[20]，为采动影响下煤与瓦斯突出动力灾害的进一步分析奠定了一定的理论基础。

在采动影响下煤与瓦斯突出动力灾害研究方面，资料相对较少。Nie 和 Li[21]通过实例分析了爆破地震诱发突出的机制；谢雄刚等[22]对爆破地震效应诱导突出进行监测分析，并用小波法分析了爆破震动频谱、能量分布及爆破地震效应对突出的诱导影响，指出根据工作面条件，调整爆破方案，可以降低爆破地震效应对采掘工作面突出的诱导程度。但是，采动影响下考虑断层活化诱导突出方面的研究未见相关报道。

在数值模拟方面，徐涛等[23]认为突出在准备阶段积聚了很大的煤岩弹性变形潜能和瓦斯内能后，经过外部开采影响，这些能量以非常猛烈的方式释放，从而诱导突出的发生。并采用瓦斯版 RFPA^{2D}-Gasflow 数值模拟软件对煤层掘进诱导突出进行了数值模拟，模拟结果再现了掘进影响下煤与瓦斯压力、地应力及煤岩力学性质共同作用下渐进损伤破裂诱导突出的全过程。然而，开采扰动条件下煤与瓦斯压力、地应力及煤岩力学性质共同作用下损伤破裂诱导突出的过程有待进一步研究。

上述这些理论和研究成果，从不同角度分析了断层影响带内突出发生的原因，为断层影响带内突出的预测和防治提供了理论基础。但是这些研究主要是对断层构造对突出的影响模式及作用机制进行了研究，在揭示采动影响下断层活化诱导突出机理还存在以下不足，一方面没有详细考虑开采、掘进等采掘应力场扰动的影响。研究表明，开采区域内形成的突出多是由地下开采、掘进、爆破等采动活动诱导发生的，在我国8669次有明确作业方式记录的突出事例中[24]，有8362次是由放炮、支护、落煤和打钻等采动影响作业方式诱导了突出，占96.5%，无作业突出39次，仅占0.45%。另一方面，断层活化失稳如何诱导突出？还没有得到符合实际的采动影响下断层活化诱导突出的作用机制，影响了对断层影响带内突出机理的研究。

瓦斯版RFPA^{2D}-Gasflow数值模拟软件作为研究诱导煤与瓦斯突出的有效手段，本章在结合工程实例的基础上，进行采动影响下断层活化诱导煤与瓦斯突出的数值模拟试验。模拟结果再现了采动影响下断层活化诱导煤与瓦斯突出的发育、启动和发生的动态过程，有助于研究采动影响下的断层活化规律、煤岩体应力状态的动态响应、瓦斯运移及突出动态特征，进而揭示开采扰动、断层活化及突出之间的因果关系，分析断层活化诱导煤与瓦斯突出的作用机理，为生产实际中断层影响带内的突出动力灾害监测及防治进行指导。

10.1 数值模型

数值模拟试验的原型是贵州水城矿业(集团)有限责任公司某煤矿田发生过煤层突出的综放工作面，同时做一般化调整，使试验结果对具有类似煤层赋存条件的矿井具有借鉴意义。模拟试验旨在研究断层影响带采煤时，开采活动引起断层活化进而诱导突出的动态过程中的矿压显现、瓦斯运移及煤岩破坏规律，分析断层活化诱导煤与瓦斯突出的规律。

10.1.1 现场情况

该煤矿田地质条件复杂，河谷顺向，沟壑纵横，山高陡峻，位于大河边向斜北段的西翼，就整体而言，是呈SE向70°倾斜的单斜构造。在木果底附近转入大河边向斜的倾伏地段，地层由NE向20°急剧转为东西走向。倾角大都介于10°～15°。但由于燕山运动的影响，次一级的小褶曲也有派生，断裂构造尤为发育，不仅把煤矿田切成了天然块段，而对井田煤矿的储存也起到了一定的保护和破坏作用。

煤矿田内断层及次一级褶曲发育，构造比较复杂，煤矿田出露的褶曲主要分布在一采区，大部分轴向呈NNE-SSW向(图10.1)，背斜与向斜成对出现，延伸较远；F21-1褶皱与F21褶皱轴之间限制了一对NWW-SEE向的褶皱，延伸不长，两端截止于近SN向褶皱之中，并与走向呈近垂直分布。经过仔细研究其几何特征，可以推断这些褶皱属于断层传播褶皱，断层的位移量在上方的消失端转化为煤层变形的势能，可推断褶皱下方有断层存在。

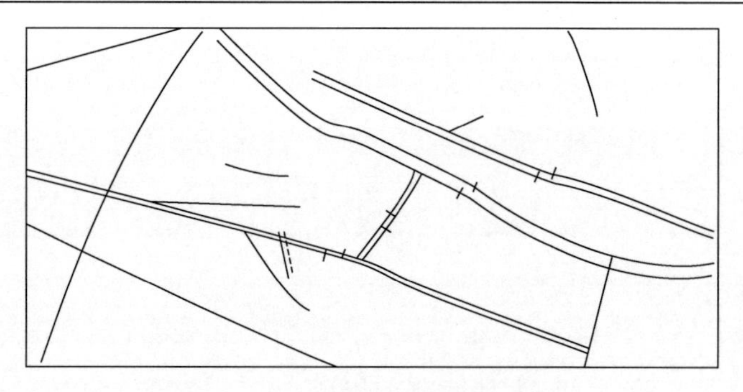

图 10.1　一采区断层及褶皱分布图

截至目前，该煤矿田共发现断层 42 条。其中落差大于 30m 者 16 条，落差在 10～20m 者 12 条，落差小于 10m 者 14 条。就其规律而言，基本可分成两组：一组是以 F21 为代表及与之平行的断层，大都呈 NE20°～40°延展；另一组则是以 F22 为代表及与之平行的断层，多为 NW20°～40°延展，是区内最主要的断层组。在煤矿田范围内，对区域瓦斯赋存影响最大的构造为一采扩大采区南翼的 F20 煤矿田边界断层，该断层是本矿与相邻煤矿的边界断层，为正断层，断距为 20～70m，其与附近数目众多的 NW 向断层构成开放性的断层组，断层附近的煤矿田一采扩大采区浅部的瓦斯出现明显异常。

煤矿田分布在大河边向斜北侧，向斜构造对瓦斯赋存具有决定性的控制作用。大河边向斜从南到北，煤层倾角变缓，但构造复杂程度增加，瓦斯突出逐渐增大，瓦斯灾害逐渐增多，该煤矿田是大河边向斜内构造最复杂的煤矿田。煤矿田发育 NW 向同沉积断层，对瓦斯赋存影响较大，不同期次、不同走向的构造叠加容易造成瓦斯突出。煤矿田分别处于断裂带附近和构造复杂带，瓦斯突出较大，瓦斯灾害较重。但构造运动并没有造成矿区地层反转，即各煤层埋藏的相对顺序没有变化，因而对煤矿田各煤层原始瓦斯大小次序影响不大。

煤矿田自建井以来共计发生了 28 次突出，只有 6 次与构造无明显关系，两次是由前方煤层倾角变大引起，绝大多次是由采动影响下断层活化引起，最大的一次突出是巷道掘进遇下倾断层引起的，瓦斯突出量达 56800m^3。断层破坏了煤层，使煤层的赋存变化给抽放瓦斯带来了困难(抽放钻孔未控制到断层范围)，且造成煤层变质程度增加，构造煤发育，同时受采动扰动的影响，断层容易活化，增加了突出的危险性。例如，2Fa5 断层和 2Fa10 断层交汇处所夹的三角区域一共发生了 4 次突出(图 10.2)，2Fa10 断层的上盘逆冲形成断层转折褶皱，同时也是 2Fa5 断层的下盘(图 10.3)，在两断层共同作用下，该块煤岩体被严重破坏，构造煤发育，应力集中，背斜处形成局部圈闭，有利于瓦斯聚集储存，是极危险区域。

岩性参数及地质赋存情况依据该煤矿钻孔资料，如图 10.4 所示。

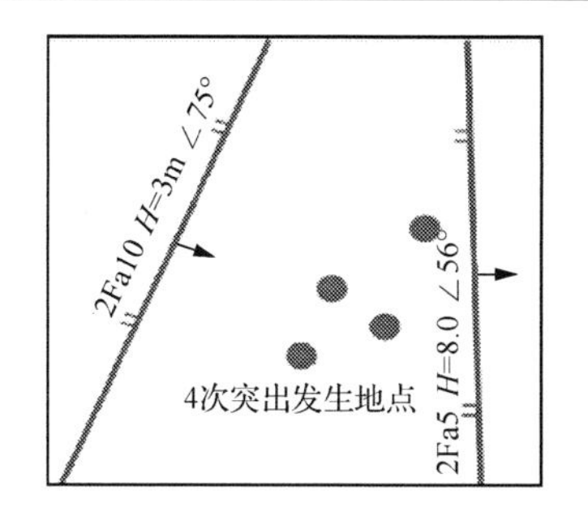

图 10.2　突出发生地点构造平面图

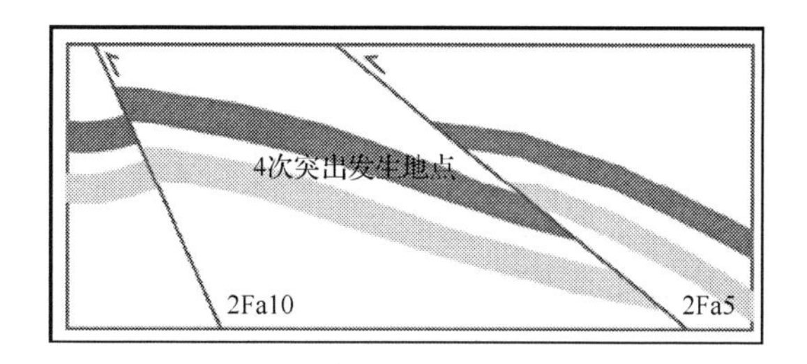

图 10.3　突出发生地点构造剖面图

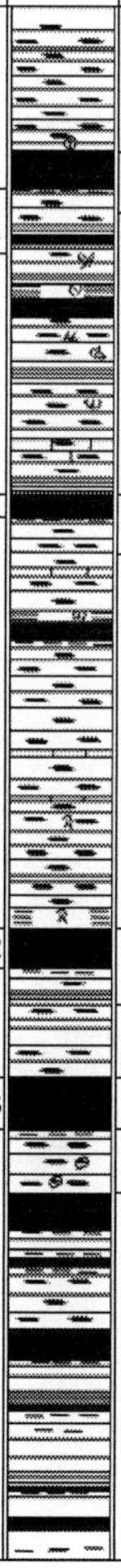

地层层位					累计厚度/m	柱状图	煤层代号	分层平均厚度/m	岩性描述
界	系	统	组	段					
中生界	三叠系	下统	飞仙关组	第一段				0.98	天蓝色粉砂岩、灰岩
							1	2.85	煤
古生界	二叠系	上统	宜威组	上段	237.1			29	煤线、细砂岩、灰岩、局部夹泥岩
					200.1		7	1.87	煤
								35.1	砂岩、灰岩、细砂岩
				中段	301.2		11	4.16	煤
								15.1	砂岩
					316.3		13	4.69	煤
									砂岩为主
									不稳定煤层、砂岩泥岩、黏土岩等互层

图 10.4　煤矿田煤系地层综合柱状图

10.1.2 数值模型及参数

数值模型按平面应变问题进行处理，如图10.5所示，本章模拟该煤矿田于2004年5月27日在2079岩石巷道向上揭煤发生的一次突出现象。在石门掘进揭煤过程中，由于遇断层2Fa5(该逆断层落差为3m)，而突出前的抽放钻孔没有控制到断层范围内，受揭煤扰动作用影响，断层2Fa5活化产生滑移，诱导1号煤层发生压出，喷出煤量近120t，瓦斯突出量达3000m^3。数值模型真实尺寸是150m× 200m，划分为300×400=120000个单元，采用高性能计算机进行运算。根据该煤矿田的突出记录台账，选取石门揭煤突出孔洞的具体形状如图10.6所示。在数值模型中按照实际情况布置两个逆断层，其中左端2Fa10断层倾角为75°，落差为2m，右端2Fa5断层倾角为60°，落差为20m；数值模型中1号煤层厚度为3.5m，2号煤层厚度为2m，工作面埋深约为500m。数值模型单元的煤岩体力学参数假定按照韦伯分布赋值，参数见表10.1。运用该数值模型模拟石门揭煤影响下断层活化诱导煤与瓦斯突出的过程。

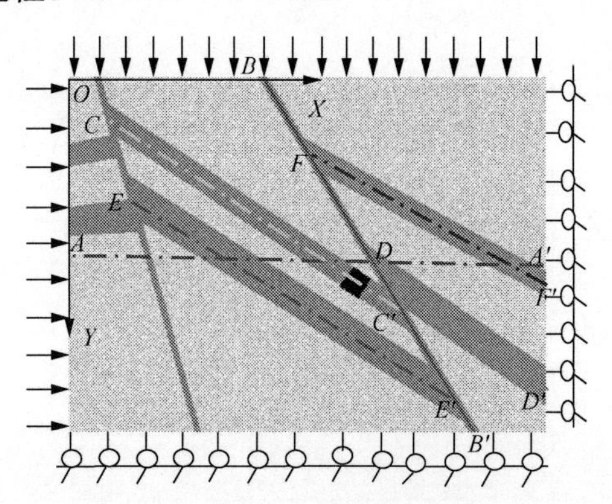

图10.5 石门揭煤影响下断层活化诱导煤与瓦斯突出数值模型示意图

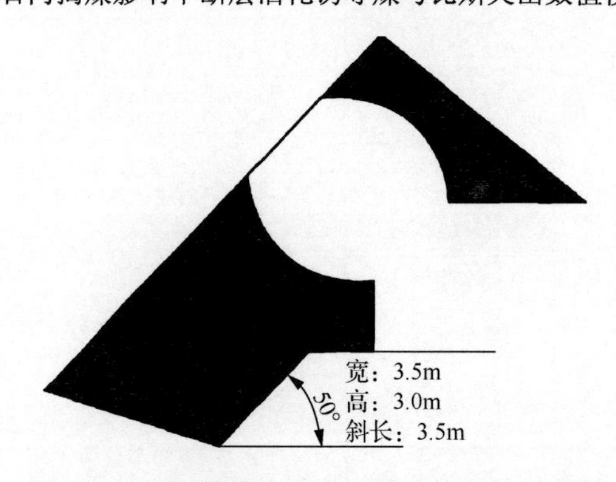

图10.6 石门揭煤突出孔洞的具体形状示意图

表 10.1　数值模型煤岩体力学参数的韦伯分布参数

力学参数	顶底板	1 号煤层	2 号煤层	2Fa5 断层	2Fa10 断层
均质度系数 m	10.000	3.000	6.000	2.000	2.000
弹性模量均值 E/GPa	50000.000	3500.000	3800.000	2780.000	2780.000
抗压强度均值 δ_0/MPa	150.000	30.000	10.000	18.000	18.000
泊松比 μ	0.250	0.300	0.290	0.320	0.320
透气系数 λ/($m^2 \cdot MPa^{-2} \cdot d^{-1}$)	0.001	0.010	0.030	0.050	0.050
瓦斯含量系数	0.010	3.000	5.000	1.000	1.000
孔隙压力系数 α	0.010	0.450	0.500	0.090	0.090
耦合系数 β	0.100	0.200	0.150	0.400	0.400
内摩擦角/(°)	35.000	31.000	30.00	32.000	32.000

本章主要通过煤与瓦斯突出过程的瓦斯压力分布演化图、煤与瓦斯突出过程的压力分布图、煤与瓦斯突出过程的声发射分布图分析石门揭煤影响下断层活化规律、煤岩体应力演化过程、瓦斯运移及突出动态特征，进而揭示开采扰动、断层活化及突出之间的因果关系，分析断层活化诱导煤与瓦斯突出的作用机理，图 10.7～图 10.9 为其数值模拟结果。

为更深入探讨瓦斯压力、扰动应力和地应力耦合作用下煤岩体应力场和位移场变化情况，有必要对数值模型一行单元的位移变化量、应力量及其分布规律进行分析。RFPA 数值模拟软件以模型水平向右为 X 轴正向，以竖直向下为 Y 轴正向，分别截取工作面顶端截面 A(1,158)-A'(400,158)、2Fa5 断层中间截面 B(160,1)-B'(340,300)、2Fa5 断层下盘 1 号煤层中间截面 C(137,36)-C'(265,190)、2Fa5 断层上盘 2 号煤层中间截面 D(1258,158)-D'(400,260)、2Fa5 断层下盘 2 号煤层中间截面 E(154,102)-E'(304,260)及 2Fa5 断层上盘 1 号煤层中间截面 F(206,68)-F'(400,170)。

10.1.3　数值试验内容

通过瓦斯版 RFPA^{2D}-Gasflow 数值模拟软件，对石门揭煤影响下断层活化诱导煤与瓦斯突出进行数值模拟研究。具体包括以下 3 个方面：

(1) 数值模型在石门揭煤过程中断层、突出煤层和未突出煤层等煤岩体内部应力和变形演化规律；

(2) 分析采动对断层活化的影响程度及范围，研究断层活化诱导煤与瓦斯突出的破坏模式、破裂特征；

(3) 分析石门揭煤影响下的断层活化规律、煤岩体应力状态的动态响应、瓦斯运移动态及突出特征，进而揭示开采扰动、断层活化及突出之间的因果关系，分析断层活化诱导煤与瓦斯突出的作用机理。

10.2 石门揭煤影响下断层活化诱导煤与瓦斯突出的作用机理研究

10.2.1 石门揭煤影响下断层活化诱导煤与瓦斯突出过程规律分析

图 10.7～图 10.9 分别给出了通过瓦斯版 RFPA^{2D}-Gasflow 数值模拟软件得到的石门揭煤影响下断层活化诱导煤与瓦斯突出的全过程及突出过程的瓦斯压力分布演化图、压力分布图及声发射分布图。

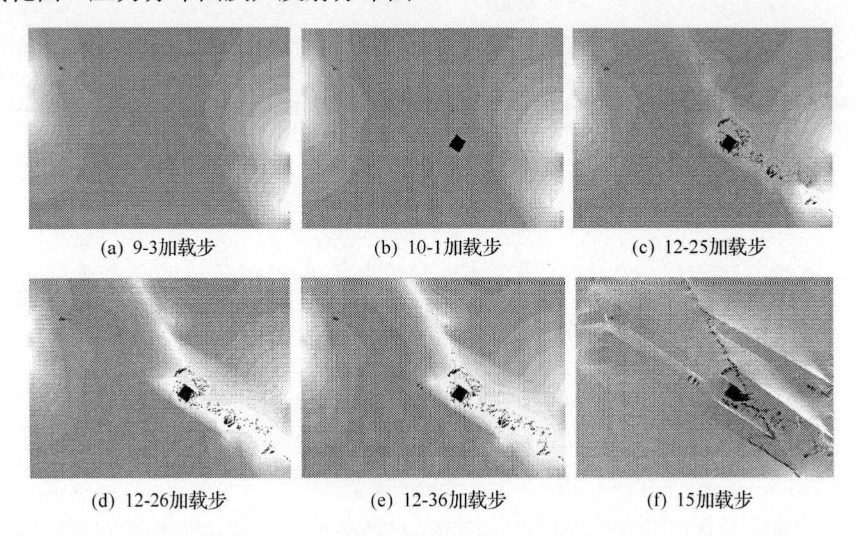

(a) 9-3加载步 (b) 10-1加载步 (c) 12-25加载步

(d) 12-26加载步 (e) 12-36加载步 (f) 15加载步

图 10.7 石门揭煤影响下断层活化诱导煤与瓦斯突出过程的瓦斯压力分布演化图

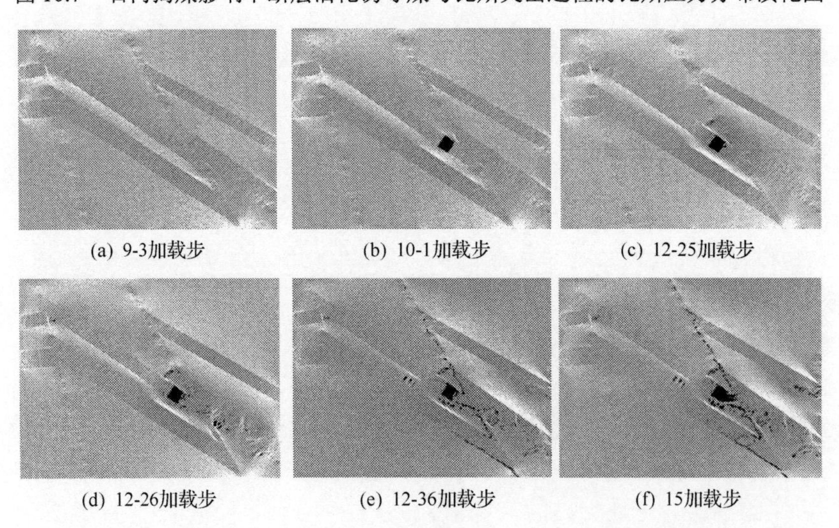

(a) 9-3加载步 (b) 10-1加载步 (c) 12-25加载步

(d) 12-26加载步 (e) 12-36加载步 (f) 15加载步

图 10.8 石门揭煤影响下断层活化诱导煤与瓦斯突出过程的压力分布图

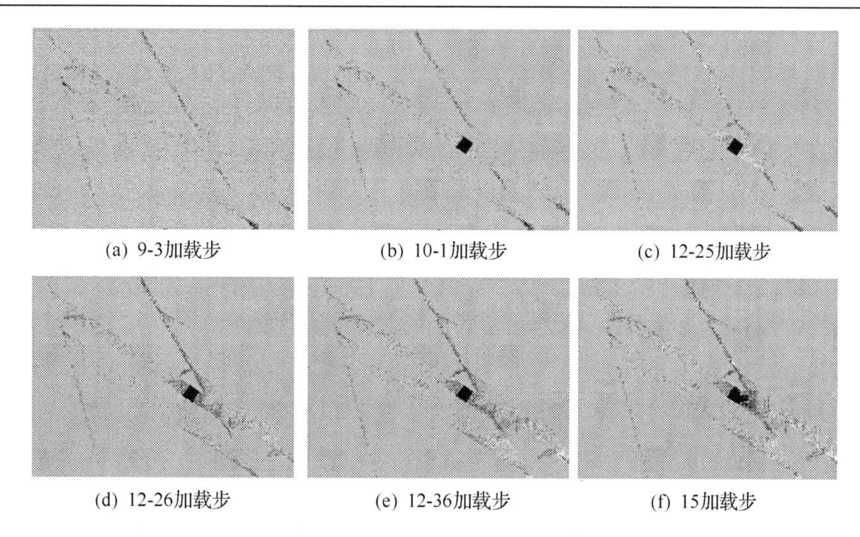
(a) 9-3加载步　(b) 10-1加载步　(c) 12-25加载步
(d) 12-26加载步　(e) 12-36加载步　(f) 15加载步

图 10.9　石门揭煤影响下断层活化诱导煤与瓦斯突出过程的声发射分布图

由图 10.7～图 10.9 可以看出，数值模拟结果很好地再现了石门揭煤影响下断层活化诱导煤与瓦斯突出的全过程，根据突出的孕育、发生和发展过程可将煤与瓦斯突出的全过程划分为应力集中阶段、开采扰动诱发煤岩破裂阶段、瓦斯压力驱动裂隙扩展阶段和煤与断层活化诱导煤与瓦斯突出阶段 4 个阶段。煤与瓦斯突出过程的 4 个阶段分别描述如下。

1)应力集中阶段

图 10.7(a)、图 10.8(a)和图 10.9(a)给出了在第 9-3 加载步时石门揭煤之前的数值模拟结果。由声发射分布图可见，揭煤前断层及断层附近煤层有明显的应力集中现象，在静态地应力作用下巷道及煤层周围煤岩体已经发生部分破裂，而断层附近的煤层因为断层形成后产生裂隙，瓦斯压力较小[图 10.7(a)]。断层形成之后，由于地应力的重新分布，部分断层影响带内区域的应力集中作用，断层附近煤岩体承受的剪应力较大，产生一定的破坏，在断层影响带内形成所谓的构造煤。

在石门揭煤开始时，由图 10.7(b)可以看到，靠近工作面的瓦斯压力明显减小，瓦斯向工作面运移；而图 10.8(b)则显示工作面顶板的应力呈拱形分布，两个断层之间的 1 号煤层和 2 号煤层有明显的应力集中现象，对应的声发射分布图[图 10.9(b)]可以看到工作面两端有少量的声发射现象产生。虽然工作面附近煤层应力较集中，瓦斯压力梯度较大，但瓦斯压力不足以将煤岩体推向工作面，此时处于相对稳定状态。应力集中和瓦斯压力梯度的作用，使断层影响带内的煤岩体处于非应力平衡状态，断层及煤岩体受到损伤，工作面附近新暴露的煤岩体形成规模较大的裂纹，但此阶段煤层封闭性较好，应力被逐渐湮灭或阻隔，煤岩体仍处于完好状态[图 10.7(b)]。而在距工作面较远的煤层，由于应力状态变化不大，并未发生明显的损伤。

2)开采扰动诱发煤岩破裂阶段

图 10.7(c)、图 10.8(c)和图 10.9(c)显示了在地应力达到 20.2MPa 时，开采扰动诱发煤岩破裂阶段结束时的数值模拟结果，从瓦斯压力分布演化图可看到，断层活化作用导致断层影响带内形成瓦斯运移的通道，此区域的瓦斯压力逐渐增加。图 10.8(c)显示，在位于工作面附近的呈拱形的应力集中带内，逐渐形成一定范围的劈裂状裂纹带。由于工作面靠近断层，在石门揭煤过程中，在上下盘煤层与断层的连接处应力集中带逐渐增加，应力集中作用使断层处于一种非平衡状态，断层内部有声发射现象产生，并且不断增加，断层出现活化现象，断层及其附近煤层已产生大量微裂隙。

开采扰动诱发煤岩破裂阶段，煤岩体在剪应力作用下的破坏以微裂隙为主，工作面周围煤岩体的应力强度逐渐降低。同时断层影响带内煤岩体的强度本身较小，使得其破坏更严重，微裂隙逐渐增多，断层封闭性也会随之变差[图 10.8(c)]。图 10.8(c)与图 10.9(c)对比表明，伴随着微裂隙的扩展过程，裂隙带的弹性能量得到部分释放，应力集中带向深部推移，同时深部煤层的瓦斯会向浅部煤层运移。

3)瓦斯压力驱动裂隙扩展阶段

随着断层影响带内的微裂隙扩展及贯通，工作面附近出现破碎煤岩体在瓦斯压力作用下被抛出现象[图 10.7(d)和图 10.8(d)]；在裂隙带的发育过程中，逐渐形成瓦斯运移通道，瓦斯压力梯度在微裂隙中形成，并带动微裂隙进一步向工作面方向扩展，直至这些微裂隙相互贯通，形成裂隙带。图 10.8(e)清楚地表明裂隙带内的应力集中现象已经消除，说明本阶段微裂隙的进一步发育是依靠瓦斯压力驱动的。

在本阶段，断层内产生大量的微裂隙，其最终相互贯通，造成大量的瓦斯解析与运移，促使煤层内部的瓦斯压力梯度发生显著变化，如图 10.7(d)和图 10.7(e)所示，可以看到在开采扰动诱发煤岩体破裂阶段形成的破坏带内的瓦斯压力增加。

在工程实际中，当损伤破裂区域岩块之间的摩擦力不足以抵抗围岩的变形压力及自重时，将发生坍塌。被破坏单元在围压作用下又发生闭合，但 RFPA 数值模拟软件采用刚度退化处理破坏单元，在声发射分布图上破坏单元仍表现为黑点，便于直观分析。

4)煤与断层活化诱导煤与瓦斯突出阶段

随着碎裂煤块的不断抛出，工作面附近的煤岩体达到一种新的瞬间平衡状态。而临近工作面的煤岩体继续受力，部分煤岩体压出，暴露面进一步向煤层深部推进，直至最终达到平衡[图 10.7(f)和图 10.8(f)]，而这个不断平衡过程就是突出发生过程。

由图 10.7～图 10.9 可见，高瓦斯压力、开采应力扰动和地应力(包括构造应力)耦合作用，引起断层影响带内的应力重新调整，最不利区域为上下盘煤层与断层的连接处和工作面周围。随着煤层地揭开，煤岩体的原平衡状态被打破，产生新的应力集中带，应力集中作用使断层处于一种非平衡状态，断层内部有声发射现象产生，并且不断增加，断层出现活化现象，并且断层及两边的煤层已经产生微裂隙。而在瓦斯压力驱动裂纹的扩展过程中，新生裂纹不断萌生和扩展，形成连续贯穿的裂隙带，使瓦斯压力充满整个裂隙带，而工作面的瓦斯压力相对较小，这就造成工作面和裂隙带之间存在很大的压力差，促使碎裂煤块不断抛出，形成突出。

随着突出的产生，新暴露面附近的煤岩体受多物理场耦合作用不断受压破裂，应力释放，应力集中带不断向煤岩体深部推进并持续破坏煤岩体，在瓦斯压力及地应力作用下，断层影响带内的煤岩体持续向外抛射，从而形成突出现象，这便是石门揭煤影响下断层活化诱导煤与瓦斯突出的基本原理。

总之，石门揭煤造成的扰动、断层活化及突出之间是相互影响的，以开采扰动应力及瓦斯压力为代表的扰动应力是断层活化、煤岩体破坏形成瓦斯运移通道及突出的主要诱因，而断层的存在也使得工作面与断层影响带范围内的围岩应力更加集中，增大了断层影响带内煤与瓦斯突出的危险性。

10.2.2 单元的声发射能量释放及煤岩体的微破裂特征

1. 单元的声发射能量释放特征

目前，对数值模拟过程中煤岩体细观微裂纹动态演化过程的观察主要采用声发射方法。图 10.9 给出了不同阶段数值模型的典型破坏单元的声发射分布图。

(1) 从声发射图 10.9(a)可知，在应力集中阶段，断层的形成会造成应力扰动，引起应力重新调整，所以在断层附近的煤层出现小范围的剪应力集中；随着静应力的加载，集中应力逐渐增加，导致局部区域出现压破坏，但总体来说损伤较小。

(2) 随着揭煤的进行，受扰动影响，由图 10.9(c)和(d)的声发射图可见，声发射事件主要集中在工作面的顶板、煤壁及工作面附近断层，说明工作面顶板、煤壁及工作面附近断层的大量单元发生了破坏，生成了新鲜的细观微裂隙。

(3) 从第 12-26 加载步起，随着应力集中向煤岩体深部转移，断层出现活化，断层及发生突出的煤层处有大量声发射事件发生，诱发大规模拉伸破裂，新生微裂隙不断萌生和扩展，最终贯通连接成裂隙带，瓦斯运移通道形成。

(4) 在煤与断层活化诱导煤与瓦煤突出阶段，瓦斯运移通道已经成形，由于工作面的气压较小，而裂隙带中充满瓦斯，两者之间存在很大的瓦斯压力梯度，造成暴露的破碎煤岩体被压出，形成突出。并且随着突出的进行，新暴露面附近的煤岩体继续被压出，应力集中区域不断往煤层深部转移并继续破坏煤岩体，在瓦断压力作用下，裂隙带的煤岩体持续被压出，从而形成连续的突出现象。

2. 单元的声发射能量释放累计

图 10.10 为数值模型在石门揭煤影响下断层活化诱导突出破坏单元和声发射能量释放累计曲线。声发射事件的振幅变化，直观地反映了数值模型在突出过程中破坏单元的变化。

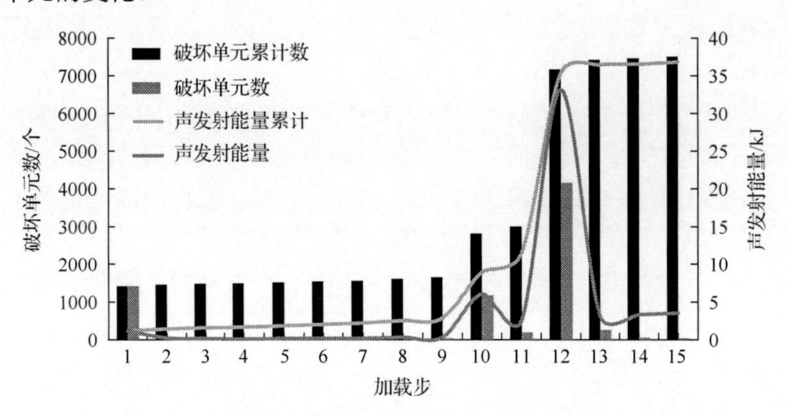

图 10.10　数值模型在石门揭煤影响下断层活化诱导突出破坏单元和声发射能量释放累计曲线

由图 10.10 可知，数值模型在初始静载荷阶段直至开始进行石门揭煤之前(10 加载步)，数值模型内部在形成断层后会产生大量声发射现象，而在第 2 加载步之后仅有个别少量的单元发生破坏。当进行石门揭煤后，破坏单元数相应增加，断层影响带内煤岩体构造复杂，一般强度较小，受石门揭煤的扰动影响，煤岩体应变能释放引起围岩松动及变形，在上下盘煤层与断层的连接处和工作面周围开始产生大量的微裂隙(图 9.7)。随着微裂隙的逐渐扩展，断层出现活化，声发射释放的能量不断增加。由于断层活化诱导煤与瓦斯突出，瓦斯运移过程中的破坏单元急剧增加，释放的能量也随之呈抛物线形增加。

断层形成、开采扰动、断层活化和突出都会使煤岩体内部声发射特征表现出明显差异。断层造成的影响稳定，形成新的应力平衡后微裂隙的扩展相对平静，声发射较少。在揭煤开始之前，声发射活动不明显。在揭煤后，声发射事件明显增多，随着微裂隙不断在断层影响带内扩展，声发射事件发生显著变化(图 10.9)，在发生突出时最盛。随着时间推移，破坏单元不断减少，声发射能量释放趋于缓和。

10.2.3　揭煤影响下断层活化诱导煤与瓦斯突出过程中的煤岩层应力演化规律

为了研究石门揭煤影响下断层活化诱导煤与瓦斯突出过程中的煤岩层应力演化规律，在数值模型中分别获取 *A-A′*、*B-B′*、*C-C′*、*D-D′*、*E-E′*及 *F-F′*截面单元的主应力分布信息。截面单元的主应力分布情况如图 10.11～图 10.16 所示。

断层构造复杂的煤矿，由于断层的存在，破坏了原岩层的整体性，相近水平断层两侧的煤岩体在采动影响下应力的传递方面也出现明显差异，常表现出不同的破坏特点[25]，为此研究断层两侧应力传递规律有助于分析突出发生的机理。本节通过数值模拟揭煤影响下断层活化诱导煤与瓦斯突出过程，考虑断层对应力传递的影响，进行应力规律分析，进一步研究采动影响下断层活化诱导煤与瓦斯突出的作用机理。

1. *A-A'*截面单元的主应力变化曲线

图 10.11 给出了工作面顶端截面单元的主应力分布规律。由图 10.11(a)和(b)可知，在应力集中阶段，岩体部分的主应力明显要大于煤岩体和断层部分的主应力，而断层影响带内煤层和断层的主应力也明显小于非断层影响带内煤层的主应力，同时断层两侧岩体应力分布总体出现不协调的特点，在揭煤之前应力集中主要表现在 1 号煤层和 2 号煤层之间的岩层上。

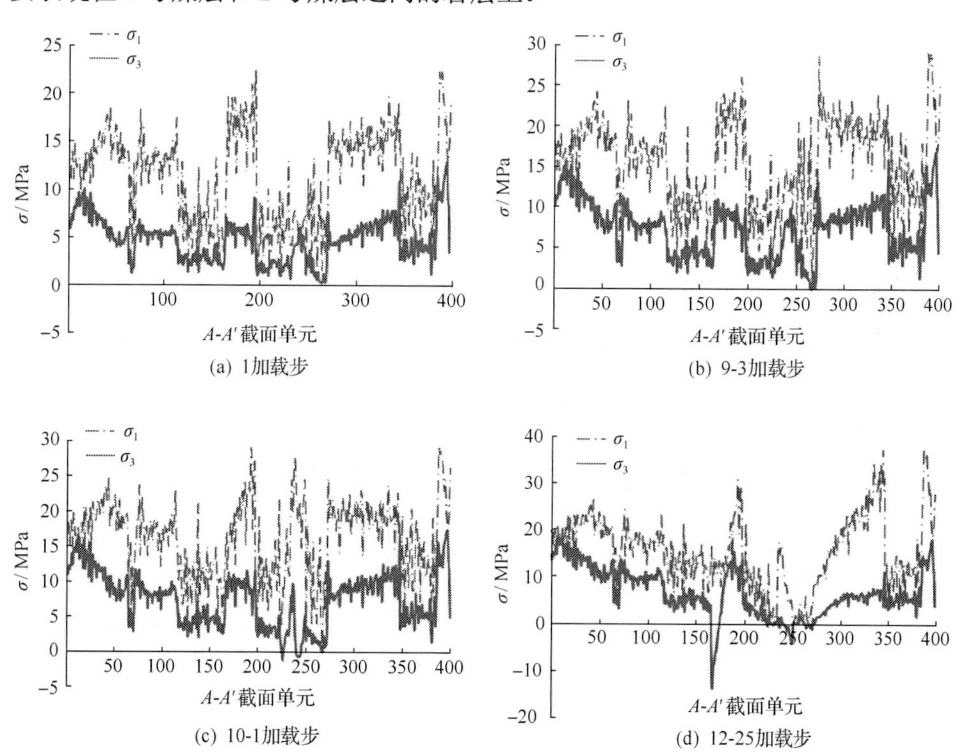

(a) 1加载步 (b) 9-3加载步 (c) 10-1加载步 (d) 12-25加载步

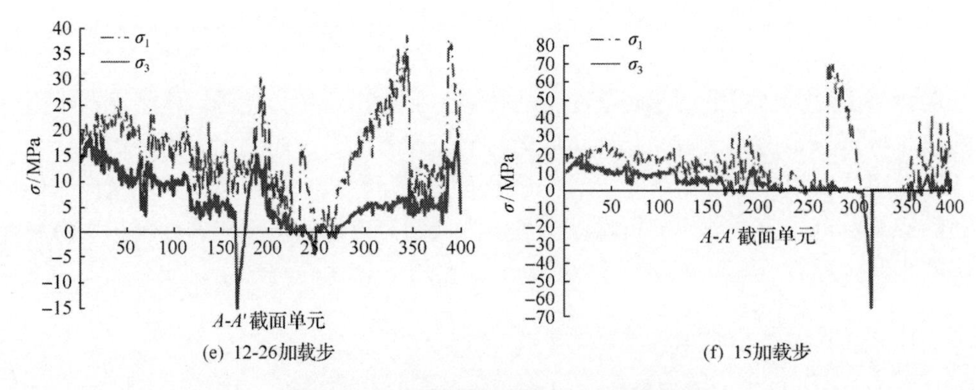

图 10.11　*A-A′*截面单元的主应力变化曲线

在开采扰动诱发煤岩破裂阶段，由图 10.11(c)分析可知在揭煤过程中，工作面顶端截面单元的主应力增加，出现应力峰值。断层活化结束后，工作面顶端截面单元的主应力急剧减小，出现应力谷值，而其前方煤岩体应力增加，出现新的应力峰值，说明随着揭煤的进行，应力集中会逐渐向深部转移，如图 10.11(d)所示。

在煤与断层活化诱导煤与瓦斯突出阶段，对比图 10.11(d)和(f)可以发现，主应力分布变化不大，其数值没有发生明显变化，这也符合这一阶段主应力的特征。而随着煤与瓦斯突出的进行，可以发现工作面右端一部分煤岩体主应力变为0MPa，说明随着突出的进行，已经有大面积的煤岩突出，产生新的暴露面。

总体来说，揭煤发生之后，工作面上覆岩层重力向两边转移，断层附近应力值增加，开采扰动对断层附近应力分布影响较大，断层下盘应力值大于上盘，并在断层附近出现应力峰值，产生应力集中。断层上盘煤层应力分布受开采扰动影响相对较小，但随着下盘突出的进行，上盘煤岩体也受到影响，应力值急剧下降，靠近左侧边界的另一断层区域也存在一定程度的影响。

2. *B-B′*截面单元的主应力变化曲线

1) 石门揭煤影响下的断层应力状态演化特征

图 10.12 为 2Fa5 断层中间截面单元的主应力变化曲线。图 10.12(a)表示施加初始应力时断层中间截面单元的应力分布情况，图 10.12(b)表示静载荷作用结束后断层中间截面单元的应力分布情况，对比发现工作面附近断层中间截面单元的主应力明显小于其他单元，这是由于断层附近煤岩微裂隙发育更多，应力向深部转移的结果[图 10.8(b)、图 10.9(b)]。

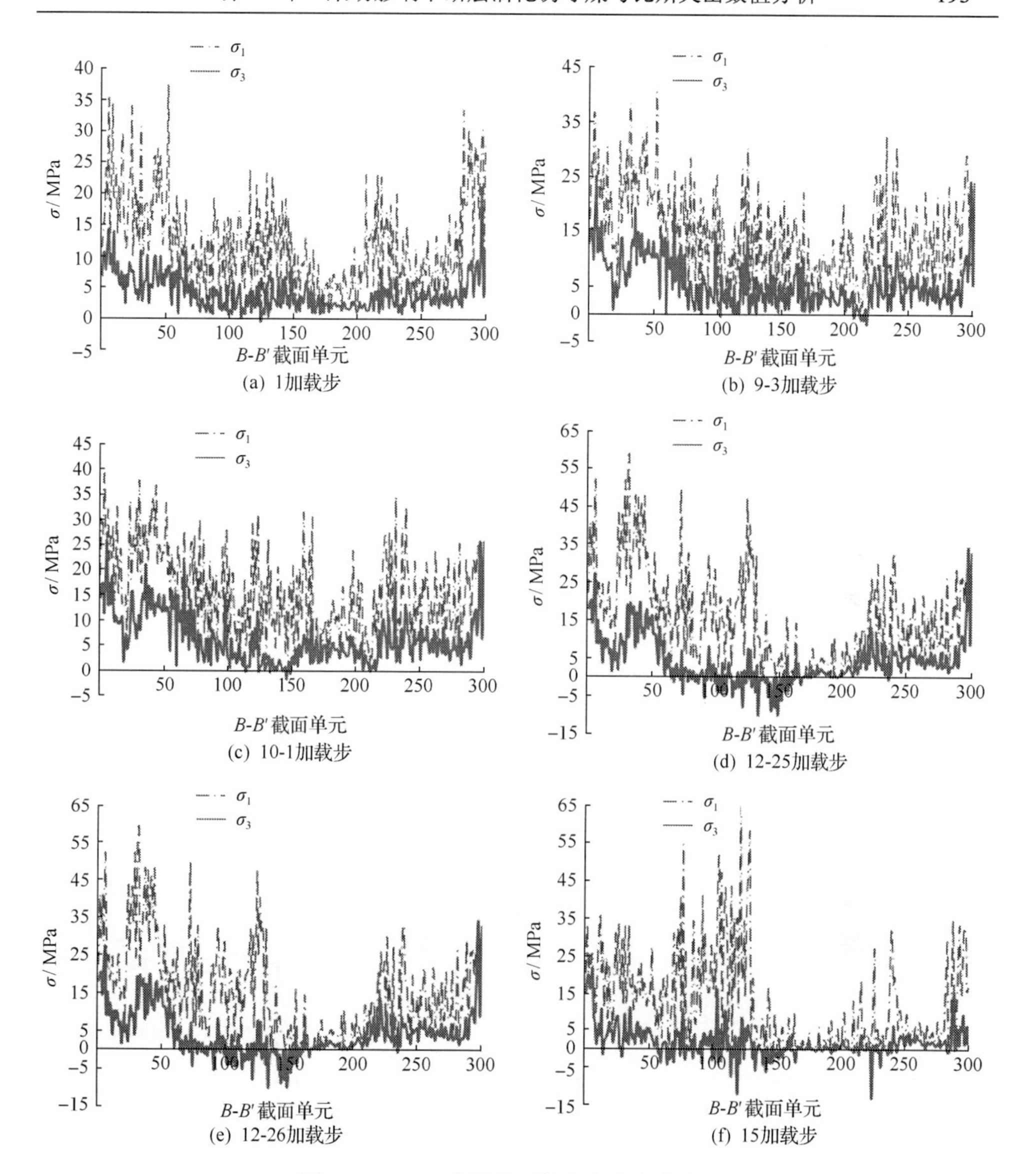

图 10.12　*B-B′*截面单元的主应力变化曲线

图 10.12(c)反映的是揭煤开始时断层中间截面单元的主应力分布情况，与图10.12(b)对比发现工作面附近断层出现应力集中现象，主应力增大，这是工作面顶板的应力集中影响了断层应力分布所造成的。在石门揭煤初期，距离工作面较远的单元，截面主应力值基本不变，说明在揭煤影响下，工作面附近断层最先受到影响，截面单元的主应力逐渐增加，此时对应的是应力集中阶段，主应力逐渐增加也说明了变形能量逐渐积累的过程(图10.10)。当应力集中到一定程度后，断层出现活化，断层上盘的滑移和扭转使得工作面前方断层处出现应力转移，如图 10.12(d)所示。

2) 断层活化诱导煤与瓦斯突出瞬态过程中断层截面单元的应力演化特征

图 10.12(d)～(f)分别为煤与瓦斯突出前、突出过程中及突出稳定后断层中间截面单元的主应力变化曲线。由图可以发现，煤与瓦斯突出前和突出过程中的断层截面单元主应力几乎没有变化，这印证了 10.2.1 节所提到的在瓦斯压力驱动裂隙扩展阶段微裂隙的拓展及煤岩体的压裂是依靠瓦斯压力驱动的。随着突出的进行，距离突出煤层相对较远的断层单元，主应力上升趋势较为明显，开始上升的启动时间也较早。在整个突出过程，断层远端单元的主应力变化最小，突出影响区域的断层单元的主应力变化最大，说明在断层活化瞬间，接近突出煤层的断层存在较高程度的挤压，而断层远端的变形和活化相对较弱。

3. *C-C'* 截面单元的主应力变化曲线(突出煤层)

1) 石门揭煤影响下的突出煤层应力状态演化特征

图 10.13 为 2Fa5 断层下盘 1 号煤层中间截面单元的主应力变化曲线。图 10.13(a)表示施加初始应力时截面单元的应力分布情况，图 10.13(b)表示揭煤之前，靠近断层单元主应力明显高于其他远离断层单元主应力，这是由于断层形成后，断层附近的煤层构造发育明显，易造成应力集中。对比图10.13(c)～(e)可以发现，在突出过程中未破坏煤岩体应力变化不大，说明在突出过程中瓦斯压力的驱动作用是影响突出的主要因素。

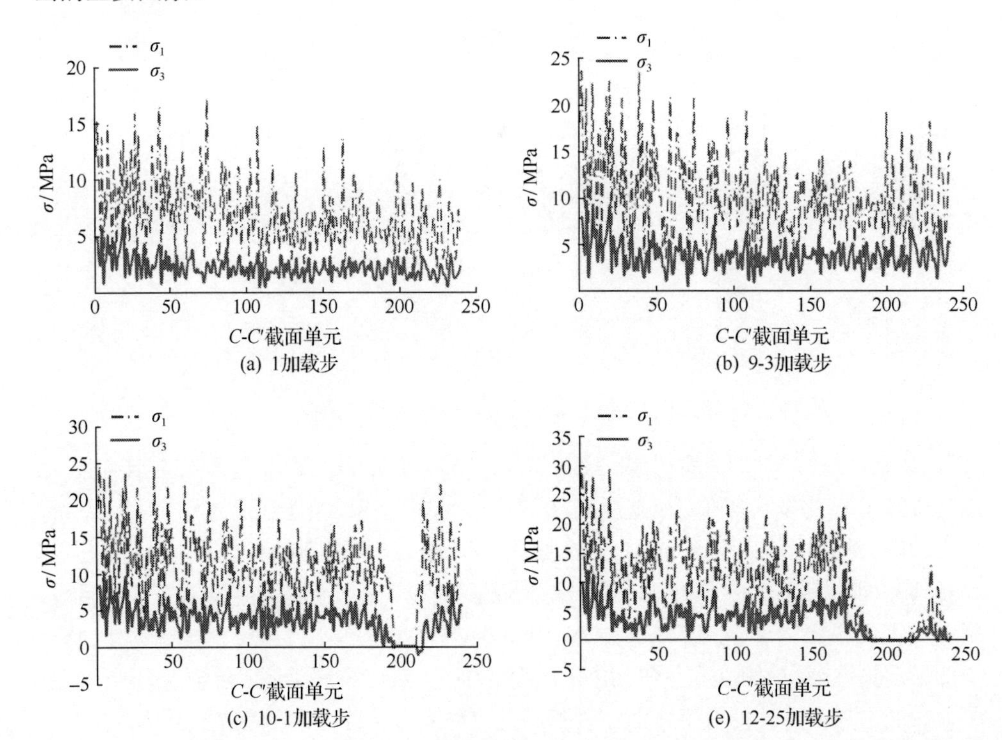

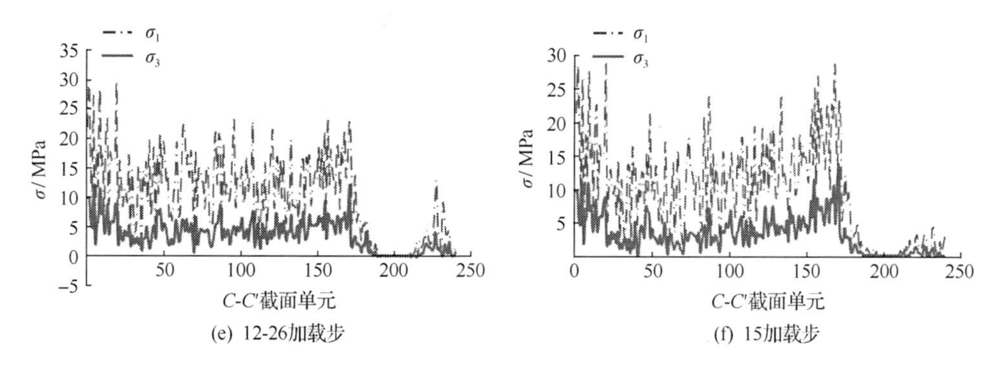

(e) 12-26加载步　(f) 15加载步

图 10.13　*C-C′*截面单元的主应力变化曲线

2) 断层活化诱导煤与瓦斯突出过程中突出煤层截面单元应力演化分析

在揭煤后，由于工作面右侧煤柱一侧的超前支撑压力与工作面一侧的卸压区之间形成急剧压力变化带，工作面上方顶板产生破坏，如图 10.7(d)所示。断层的存在阻碍了开采扰动应力的传递，使工作面及断层附近围岩应力更加集中。同时，断层的存在也使靠近断层一侧的煤岩体破坏深度大于另外一侧的煤岩体破坏深度，而一旦破坏带与断层活化破坏区相交，瓦斯运移通道形成，瓦斯将从深部煤层涌入浅部煤层，导致瓦斯压力梯度剧增，诱导突出发生。可见突出形成过程是一个复杂的损伤演化过程，断层活化程度与微裂隙扩展过程都会影响突出的时空位置。

4. *D-D′*截面单元的主应力变化曲线

图 10.14 为 2Fa5 断层上盘 2 号煤层中间截面单元的主应力变化曲线。分析图 10.14(a)和(b)可知，在静载荷作用过程，此段煤层应力集中区域并无很大变化，仍集中在煤层深部及靠近边界区域。在石门揭煤后，工作面覆岩应力向两侧转移，使得此区域应力增大，如图 10.14(c)所示。

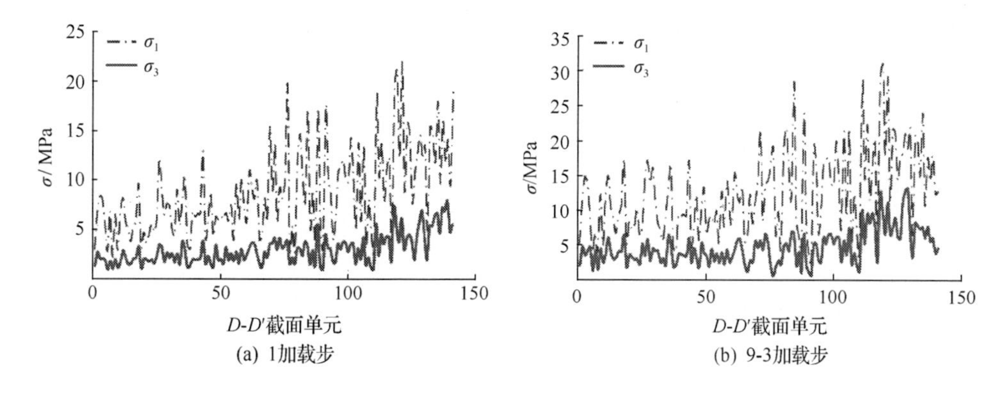

(a) 1加载步　(b) 9-3加载步

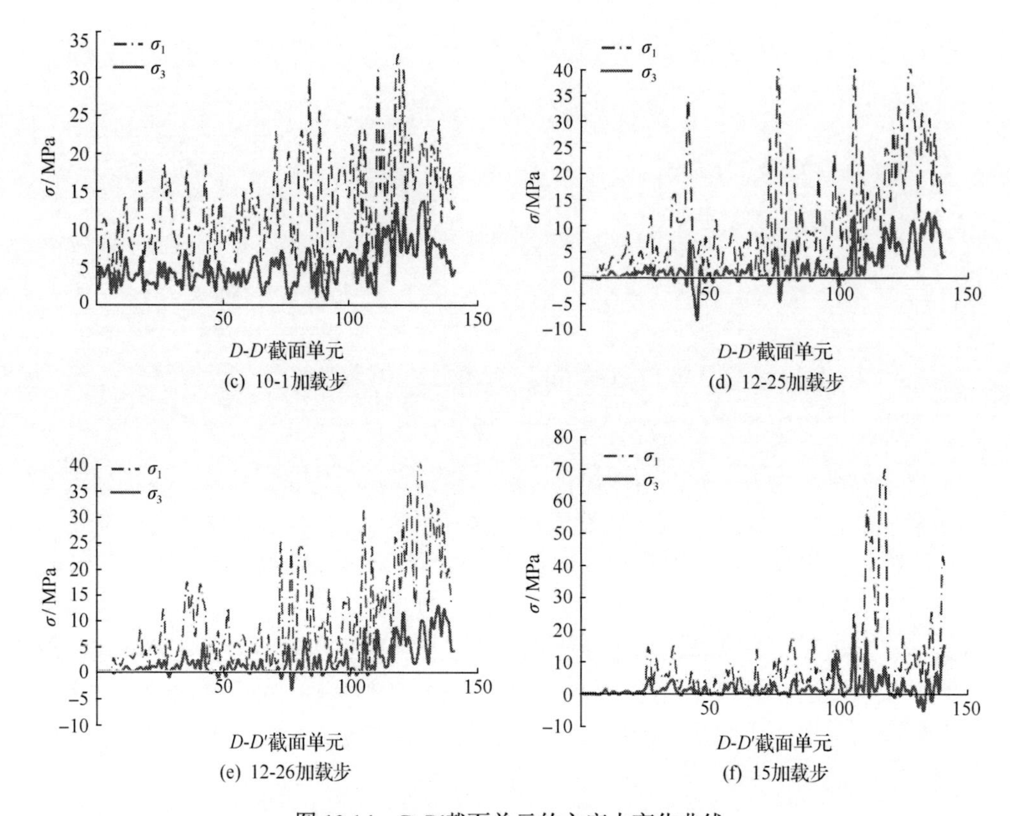

图 10.14　*D-D′*截面单元的主应力变化曲线

在揭煤开始初期，揭煤造成的应力扰动尚未影响到深部煤层，煤层应力值变化不大。随着时间的推移，揭煤造成的应力扰动逐渐向深部发展，扰动影响区域逐渐增大，深部的煤层应力值升高。对比图 10.14(d)～(f)，突出前后，煤层应力分布变化并不大，只是几处应力峰值增加，应力集中更加明显。突出发生后断层上盘煤层有很大一部分被抛出，如图 10.14(f)所示。

5. *E-E′*截面单元的主应力变化曲线

图 10.15 为 2Fa5 断层下盘 2 号煤层中间截面单元的主应力变化曲线。

分析图 10.15(a)和(b)可知，在静载荷作用过程，此段煤层应力集中区域并没有很大变化，应力总体分布较均匀。在揭煤开始时，煤层应力分布变化不大，没有明显的应力转移，如图 10.15(c)所示，在揭煤开始初期，揭煤造成的应力扰动尚未影响到远离工作面的 2 号煤层，煤层应力值变化不大；随着时间的推移，揭煤引起的应力扰动逐渐向深部发展，扰动影响区域逐渐增大，微裂隙逐步发育到工作面底部的 2 号煤层，导致应力转移，深部煤层应力值升高。对比图 10.15(d)和(f)，煤与瓦斯突出前后，煤层应力分布变化并不大，只是几处应力峰值增加，应力集中更加明显。突出发生后煤层右端应力减小，而左端变化较小，如图 10.15(f)所示。

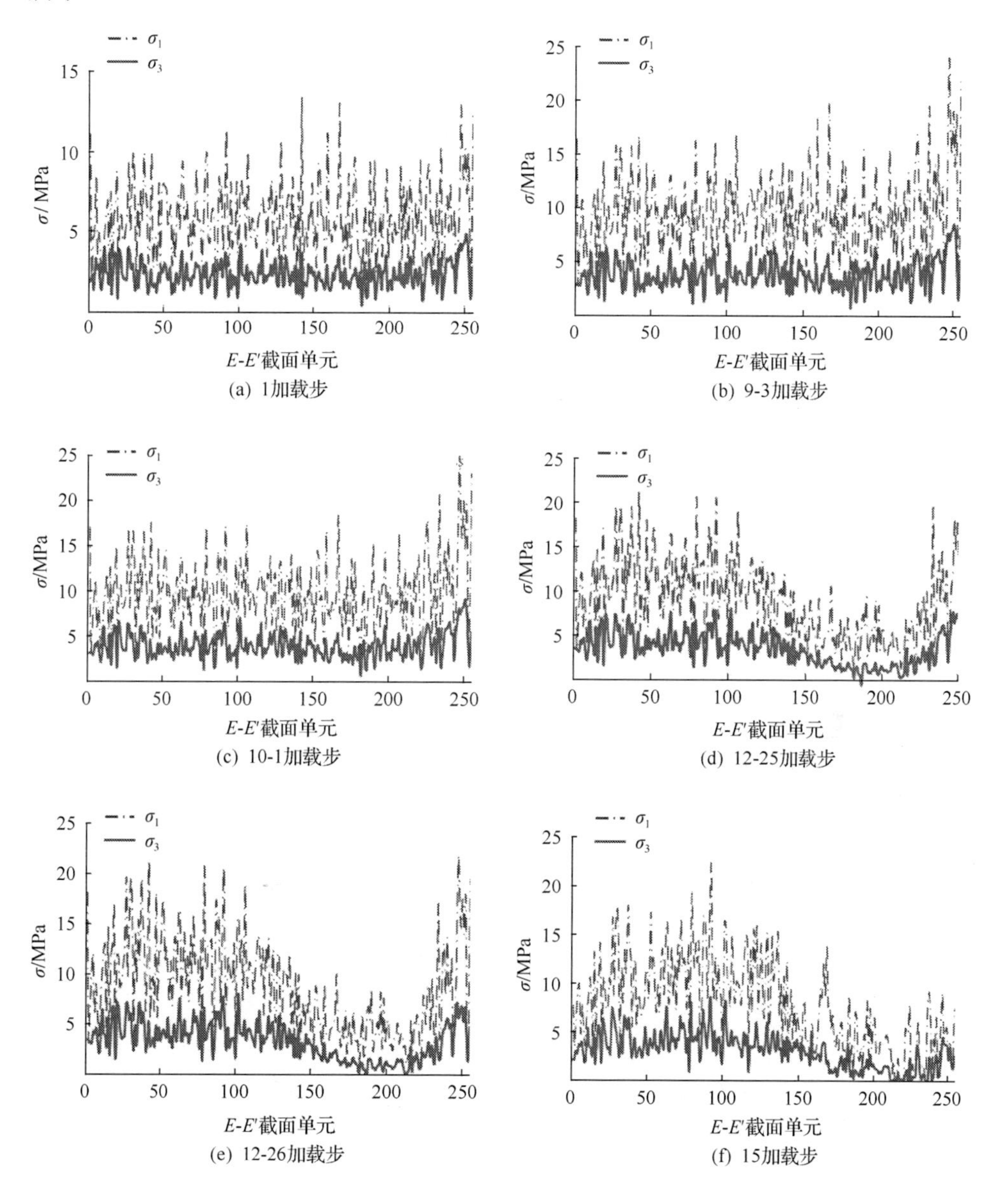

图 10.15　*E-E'*截面单元的主应力变化曲线

6. F-F'截面单元的主应力变化曲线

图 10.16 为 2Fa5 断层上盘 1 号煤层中间截面单元的主应力变化曲线。

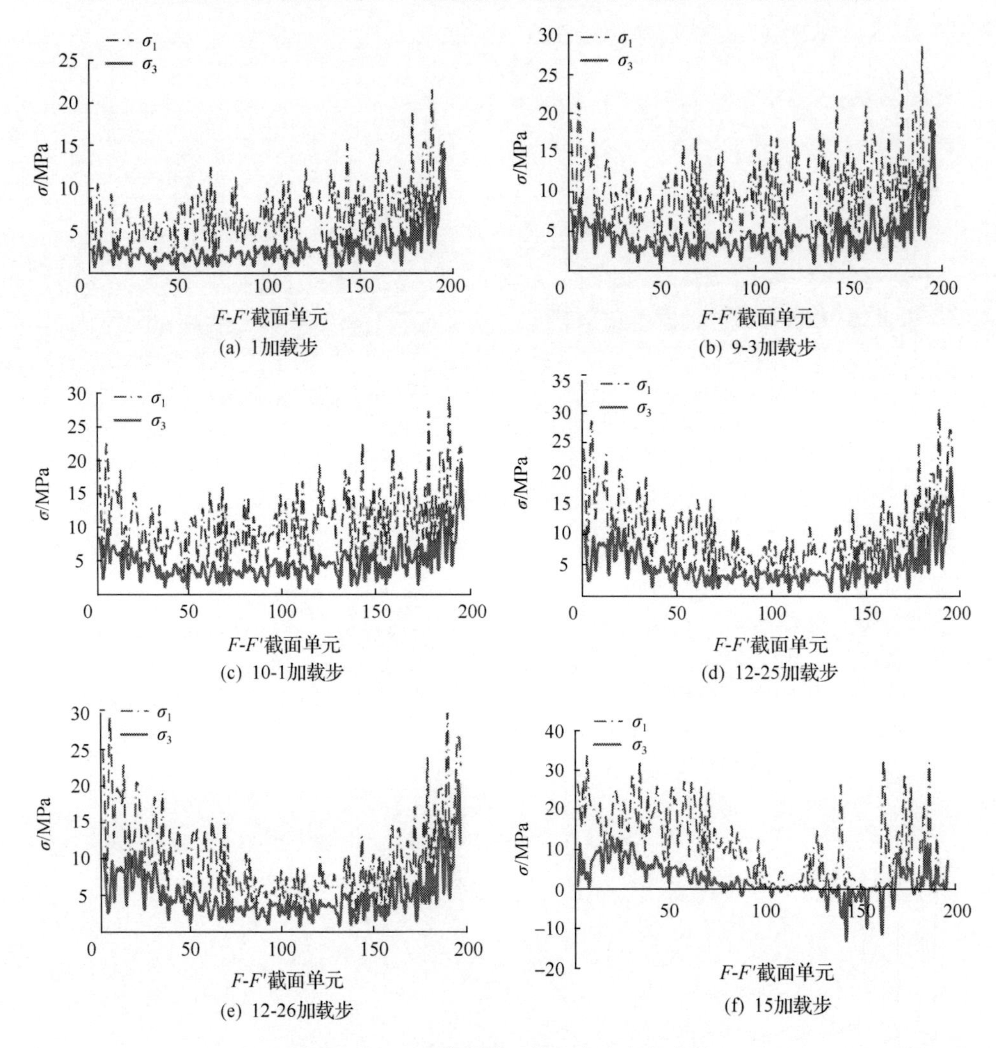

图 10.16　F-F'截面单元的主应力变化曲线

分析图 10.16(a)和(b)可知，在静载荷作用过程，此段煤层应力集中区域并没有很大变化，应力分布较均匀，随着加载的进行，应力值随之增加。在揭煤开始时，煤层应力分布变化不大，没有明显的应力转移，如图 10.16(c)所示，在揭煤开始初期，揭煤造成的应力扰动尚未影响到远离工作面的 2Fa5 断层上盘 1 号煤层，煤层应力值变化不大；随着时间的推移，揭煤造成的应力扰动逐渐向深部发展，扰动影响区域逐渐增大，微裂隙逐步发育到 2Fa5 断层上盘 1 号煤层中间区域，导致应力转移，深部煤层应力值升高。对比图10.16(d)和(f)，突出前后，煤层应力分布变化并不大，应力集中带仍然集中在煤层两端且应力集中更加明显。

7. 本节小结

通过分析各截面单元的主应力分布及变化，得出如下认识：

(1)从图 10.11～图 10.16 可以发现，断层的存在，破坏了原煤岩体介质的“连续性”，使得最大主应力和最小主应力分布失去对称性，出现明显的“偏压”现象，并在断层上下盘煤层与断层的结合处产生局部应力集中区。

(2)随着揭煤的进行，工作面前方的应力集中带不断向深部迁移，而工作面后方岩体应力降低带也不断扩大。从而形成了在揭煤的整个过程中，工作面前方的支承压力不断迁移(远离煤壁)的动态变化过程。

(3)断层的形成、开采扰动、断层活化及突出发生都会引起应力重新分布，使得煤岩体的强度不能满足平衡后的应力状态，工作面前方煤岩体发生破裂并继续调整应力分布，直到最终达到平衡状态。

(4)尽管对数值模型施加的是压应力，但整个加载过程中煤岩体截面单元之间相互作用规律比较复杂，在一些截面单元中同时产生了较高的拉应力。最大主应力峰值区往往集中在突出后煤岩体的新暴露面上，最小主应力负值(拉应力)基本位于突出区域的煤岩体附近，如图 10.11～图 10.16 和表 10.2 所示。

(5)在揭煤之后，煤岩体应力能够快速达到平衡，因此揭煤后瓦斯流动过程中煤岩体的上覆荷载近似不变。

(6)在突出发生过程中，未突出的煤岩体主应力大小、方向没有发生明显的改变，说明突出主要是瓦斯压力的驱动作用引起的。所以，瓦斯动力灾害防治中最先要考虑的是减少煤层中的瓦斯或者避免裂隙带的形成控制瓦斯运移。

表 10.2　截面单元主应力极值统计表　(单位：MPa)

截面单元	最大值		最小值	
	σ_1	σ_3	σ_1	σ_3
A-A'	88.98	15.78	0.00	–61.08
B-B'	64.32	27.22	0.00	–13.82
C-C'	28.94	12.38	0.00	–2.08
D-D'	72.31	18.36	0.00	–3.58
E-E'	24. 83	7.12	0.00	–1.07
F-F'	34.65	12.85	0.00	–16.60

应当指出，在 RFPA 数值模拟软件中，正值代表压应力，负值代表拉应力。计算表明，*A-A'*截面单元——*F-F'*截面单元的最大主应力的最高值分别为 88.98MPa、

64.32MPa、28.94MPa、72.31MPa、24.83MPa、34.65MPa，而最小主应力的最高值分别为–61.08MPa、–13.82MPa、–2.08MPa、–3.58MPa、–1.07MPa、–16.60MPa。由此可见，各截面单元最大压应力远超过数值模型边界上施加的压应力。

10.2.4 揭煤影响下断层活化诱导煤与瓦斯突出过程中的煤岩体损伤破坏规律分析

数值模型坐标轴如图 10.5 所示，以左上角为坐标原点 *O*，以水平向右为 *X* 轴正向，以竖直向下为 *Y* 轴正向。为定量分析围岩位移特征，考察揭煤影响下断层活化诱导煤与瓦斯突出的煤岩变形规律，尤其是开采扰动影响下断层活化规律和突出规律，截取 *A-A'*、*B-B'*、*C-C'*、*D-D'*、*E-E'*及 *F-F'*共 6 个截面单元的 *X-Y* 方向位移分布信息。

1. *A-A'*截面单元变形规律

图 10.17 为工作面顶端截面单元(*A-A'*)*X-Y* 方向位移曲线，表示在整个数值模拟过程中截面单元水平方向和垂直方向的下沉量曲线。图 10.17(a)表明在断层形成后，随着静载荷作用，表现为在水平方向既有压变形又有拉变形，选择点在 2Fa5 断层附近，而在垂直方向上主要表现为压变形；而随着载荷的增加，断层滑移逐渐稳定，*X* 方向、*Y* 方向上的变形基本上都为压变形，2Fa5 断层左侧煤岩体变形更加强烈，如图 10.17(b)所示。

在揭煤初期，煤岩体的变形规律和应力集中阶段的规律一样，但随着揭煤的进行，断层活化，测点位移迅速增加，*X* 方向再次表现为既有压变形又有拉变形，而 *Y* 方向则表现为工作面附近的煤岩体压变形增加。而瓦斯压力驱动裂隙扩展阶段是深部煤层瓦斯解吸和运移的阶段，在微裂隙未发育到 *A-A'*截面单元时，截面变形趋于稳定，如图 10.17(d)和(e)所示。集聚的瓦斯压力达到突出临界值后，发生突出，煤岩体被抛出，从图 10.17(f)中可以看出抛出的截面单元位移变化特别大，最大可达 6.35m。

从 *A-A'*截面单元 *X-Y* 方向位移曲线中可以发现，断层出现活化及发生突出时，断层上盘煤岩体的位移会快速增加，相比断层上盘岩体的滑移错动量，断层下盘岩体的位移量极小，上下盘会沿断层面产生滑移错动。断层滑移过程中，断层下盘 *Y* 方向的位移很小但并不为零，两断层之间的煤岩体存在微小位移，在图 10.17(c)中表现较为明显。在高剪应力作用下，断层局部出现较大的剪切变形，这样就引起了断层滑动，而伴随着断层滑动的发生引起了附加剪应力作用，导致远离断层的煤岩体也出现微小位移。远离断层的煤岩体位移的出现说明断层活化所引起的一系列影响在断层围岩系统中都有体现。

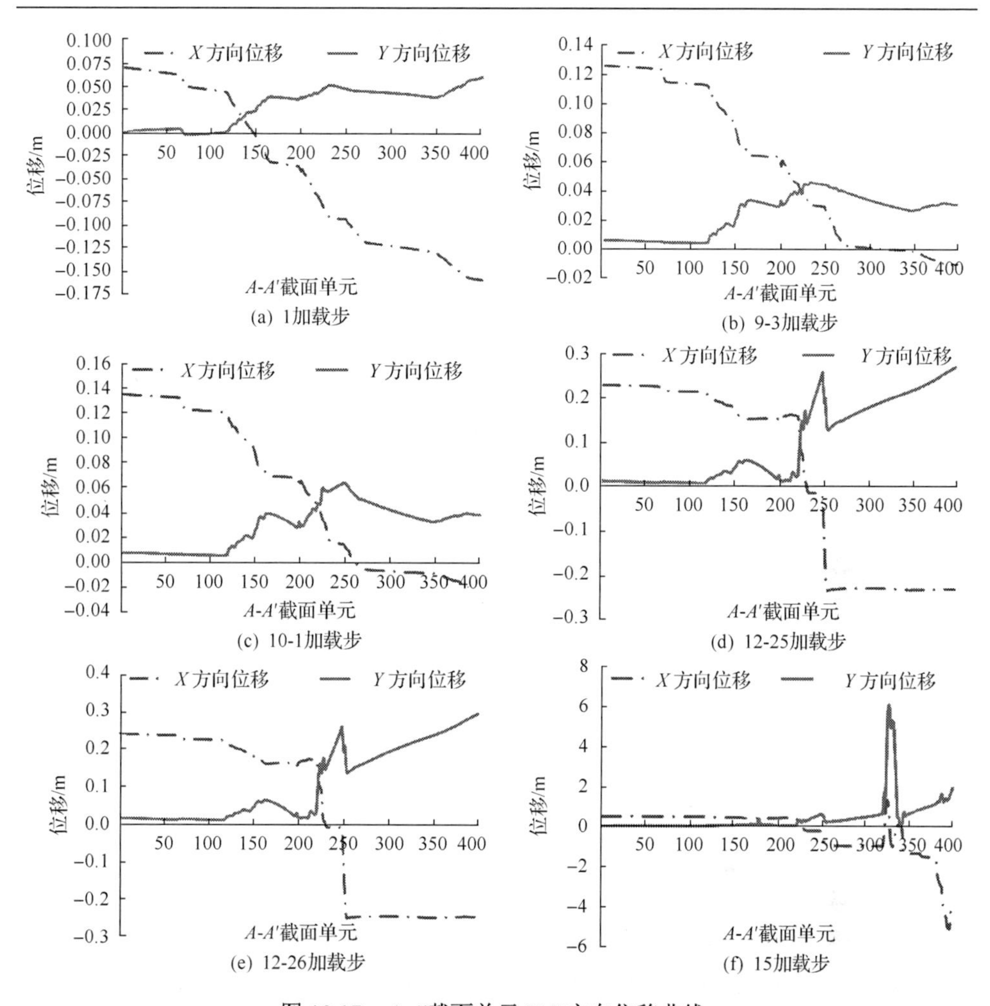

图 10.17　*A-A′*截面单元 *X-Y* 方向位移曲线

2. *B-B′*截面单元变形规律

为了研究断层面滑移量情况，截取了揭煤处附近的 2Fa5 断层中间截面单元(*B-B′*)，断层活化过程与突出过程一样，动态过程持续时间极短，从开始到结束，时间非常短。由于有些数值模拟过程中的截面单元位移趋势一致，这里只对 *B-B′*截面单元各典型加载中的位移曲线进行分析，如图 10.18 所示。对比发现，在不同阶段断层截面单元具有不同的滑移量特征，总体呈距离突出煤层越远滑移量越小的趋势，距离突出煤层最近截面单元滑移量最大。

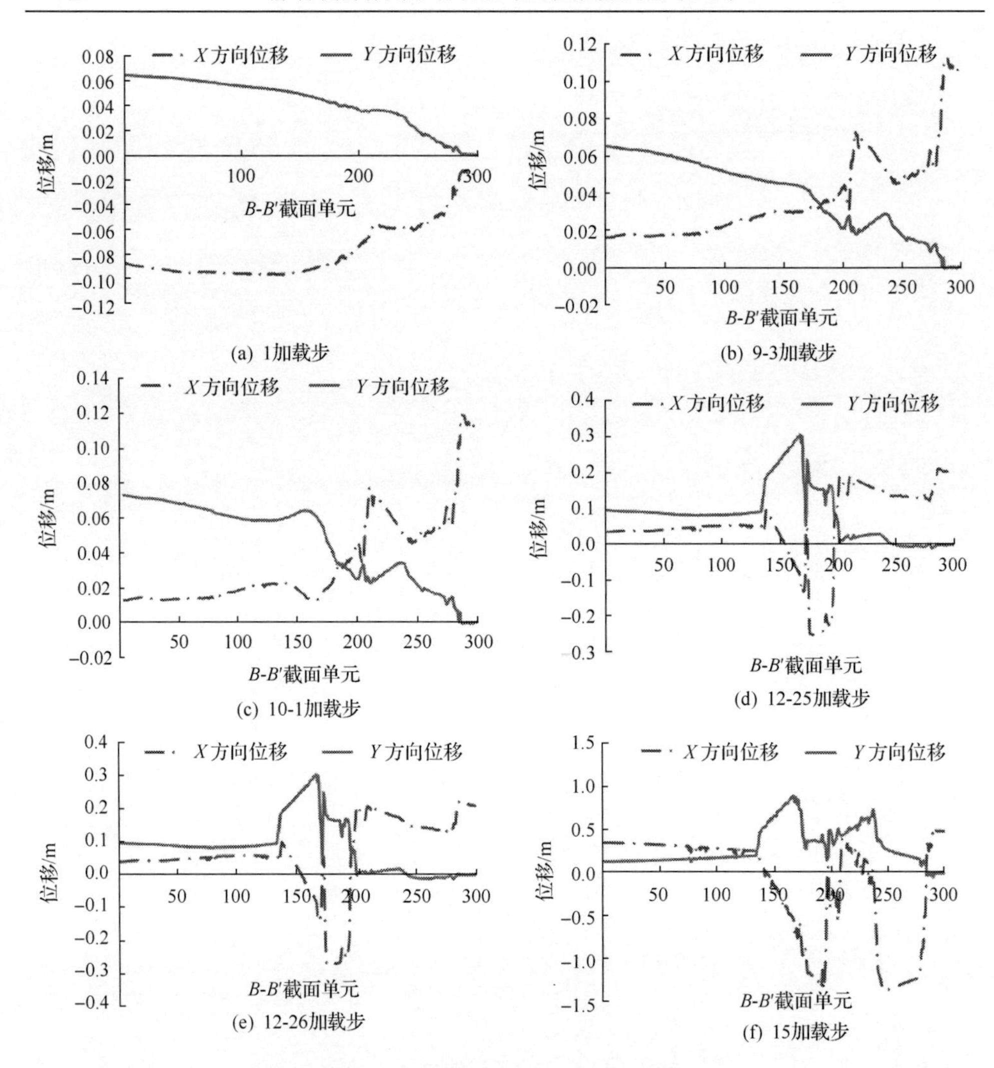

图 10.18　B-B′截面单元 X-Y 方向位移曲线

断层形成后，随着静载荷作用，断层 X 方向由拉变形逐渐转变为压变形，Y 方向一直保持压变形，同单元的位移值在增加。由图 10.18(a)和(b)可知，在应力集中阶段，断层滑移量有限，基本保持在 0.1m 以下。而在石门揭煤的扰动诱发下，断层出现小范围活化，活化范围局限于开采扰动破坏区的应力扰动范围内，由图 10.18(c)可以看到断层上下盘煤层与断层连接处之间断层截面 Y 方向位移分布出现波动。受揭煤扰动及断层滑移的影响，微裂纹不断发育，最终微裂纹相互贯通，形成损伤破坏区域，瓦斯运移通道形成，如图 10.18(d)和(e)所示。在突出发生后，断层上下盘煤层与断层连接处之间断层的变形更加强烈，断层滑移量加大，断层出现失稳滑动。

根据 *B*-*B*′载面单元 *X*-*Y* 方向位移曲线形态，可以发现断层滑移初期，基本无明显的滑移变形，*Y* 方向滑动位移基本保持在 0.08m 以下，而进入断层活化期，工作面附近断层转化为快速滑动，滑动位移最大可达 0.30m；随着突出的发生，断层的滑动位移进一步增加，特别是断层与突出煤层结合面处的截面单元变化更为明显，最大 *Y* 方向滑动位移可达 0.98m。

本过程较好地模拟了断层活化由缓慢变形到加速滑动的过程：开采扰动的影响引起应力重新分布，当这个影响传递至断层时，断层会出现较小的变形。随着开采扰动影响的增加，断层附近煤岩体内积聚了大量的弹性潜能和瓦斯内能，当达到临界平衡时，断层出现大规模活化滑移，同时对工作面煤壁造成冲击，引起浅部煤岩体的瞬时涌出，形成突出灾害。

3. *C*-*C*′截面单元变形规律

图 10.19 是突出煤层在数值模拟过程中，选取 2Fa5 断层下盘 1 号煤层中间截面单元(*C*-*C*′)*X*-*Y* 方向位移曲线。图中曲线拐点越明显，说明煤岩体的整体性被破坏得越严重，发生的变形破坏也越严重。从图中可以看出，由于揭煤扰动的影响，断层附近煤层单元位移较未揭煤时有明显变化，变形破坏程度也显著增加。断层的存在，使得突出煤层各截面单元位移变化并不规则。

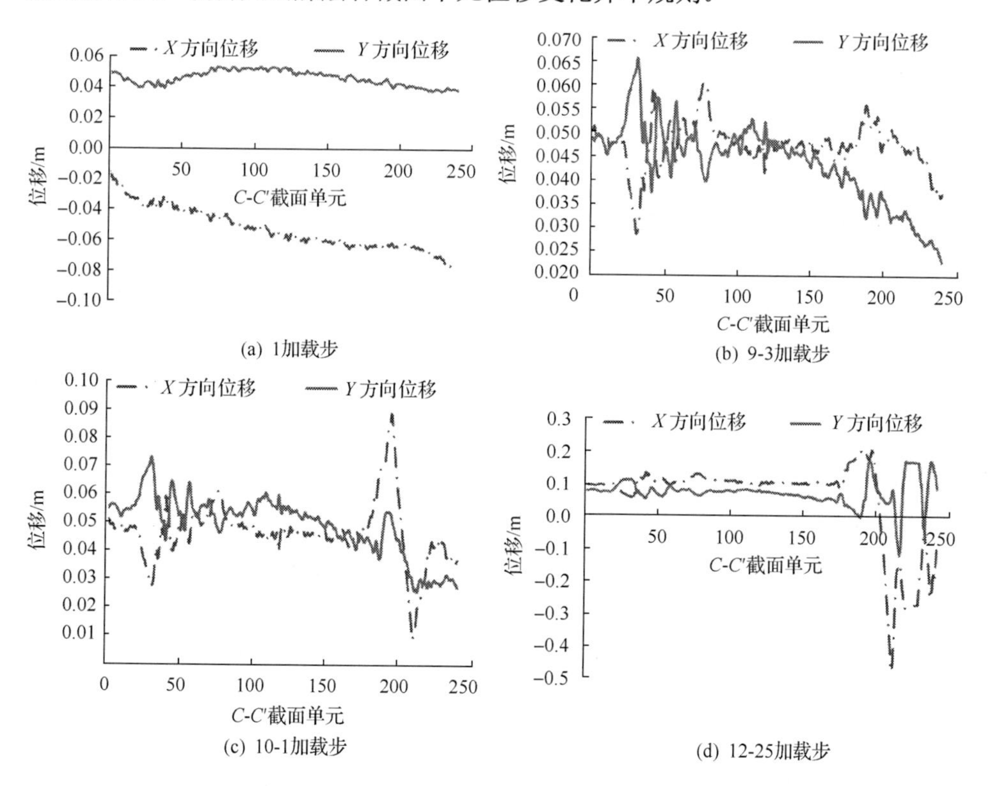

(a) 1加载步　(b) 9-3加载步

(c) 10-1加载步　(d) 12-25加载步

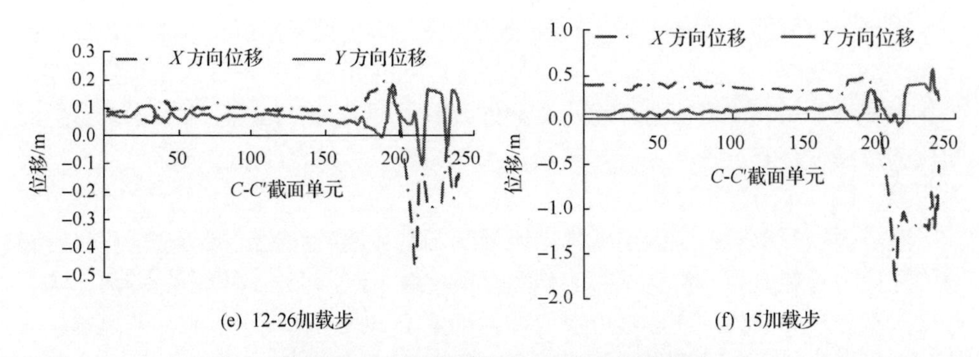

(e) 12-26加载步　(f) 15加载步

图 10.19　C-C'截面单元 X-Y 方向位移曲线

从图 10.19(a)和(b)可以看出，2Fa5 断层的存在影响了煤岩体的应力分布，造成了局部应力集中，导致随着静载荷作用，有些单元位移在有些部位显著增大，有些部位减小，X 方向位移增大处最大值增加了约 60%，减小处最小值减小了约 35%，Y 方向位移增大处最大值增加了约 35%；其中，浅部煤层在 X 方向和 Y 方向的位移曲线均出现明显拐点，说明该情况下浅部煤层发生了破坏，形成了所谓的构造煤。

从图 10.19(c)可以看出，在揭煤后，深部煤层截面单元在 X-Y 方向位移随单元变化规律与未揭煤时基本一致，在数值上未明显增加；浅部煤层截面单元位移较未揭煤时发生显著变化，X 方向位移最大值增加了约 65%，Y 方向位移增大处最大值增加了约 53%，减小处最大值减小了约 61%；其中，工作面附近截面单元位移曲线变化趋势明显比其他地方变化剧烈，说明在揭煤后，工作面附近煤层发生了破坏。

从图 10.19(d)和(e)可以看出，断层活化后，整个突出煤层位移变化规律出现明显变化，截面单元位移分布不均匀，浅部煤层有较大位移；断层影响带内煤层截面单元位移分布的不均匀性是断层影响带内不同部位应变能量积累和释放的差异性所造成的，断层及构造煤由于接触面的非均匀性，受开采扰动影响，煤岩体的变形会使断层局部出现应变和应力的积累，一旦断层临界平衡状态被打破，断层出现活化甚至移动，最先出现破坏和移动的部位将是储存应变能的高应力区，这也是断层影响带内煤层局部出现较大位移的原因。

从图10.19(f)可以看出，突出发生过程中，深部煤层位移规律并未有明显变化，位移值也基本保持不变，说明瓦斯运移通道主要形成在工作面前方断层及煤岩体中。工作面前方煤层(即前部煤层)存在较大瓦斯压力梯度，增加了突出发生的危险性，而工作面左侧煤层未形成瓦斯运移通道，突出发生的危险性较小，故左侧位移相对右侧较小(图 10.19 和图 10.20)。

4. *D-D'*截面单元变形规律

图 10.20 为 2Fa5 断层上盘 2 号煤层中间截面单元(*D-D'*)*X-Y* 方向位移曲线。从图 10.20(a)和(b)可以看出：断层上盘 2 号煤层，在刚开始施加静载荷时，*X* 方向上的拉变形强烈，截面单元平均位移将近 0.1m，而 *Y* 方向上位移变化较小，局部有拉变形，大部分截面单元为压变形，且变形量均小于 0.04m。而随着静载荷作用，截面单元 *X* 方向位移较加载初期时明显减小且大部分截面单元转变为压缩变形，位移均值减小约 45%，对 *Y* 方向位移影响不大，只是在靠近边界区域有一个跳跃式的增长，这和边界的应力集中有关。

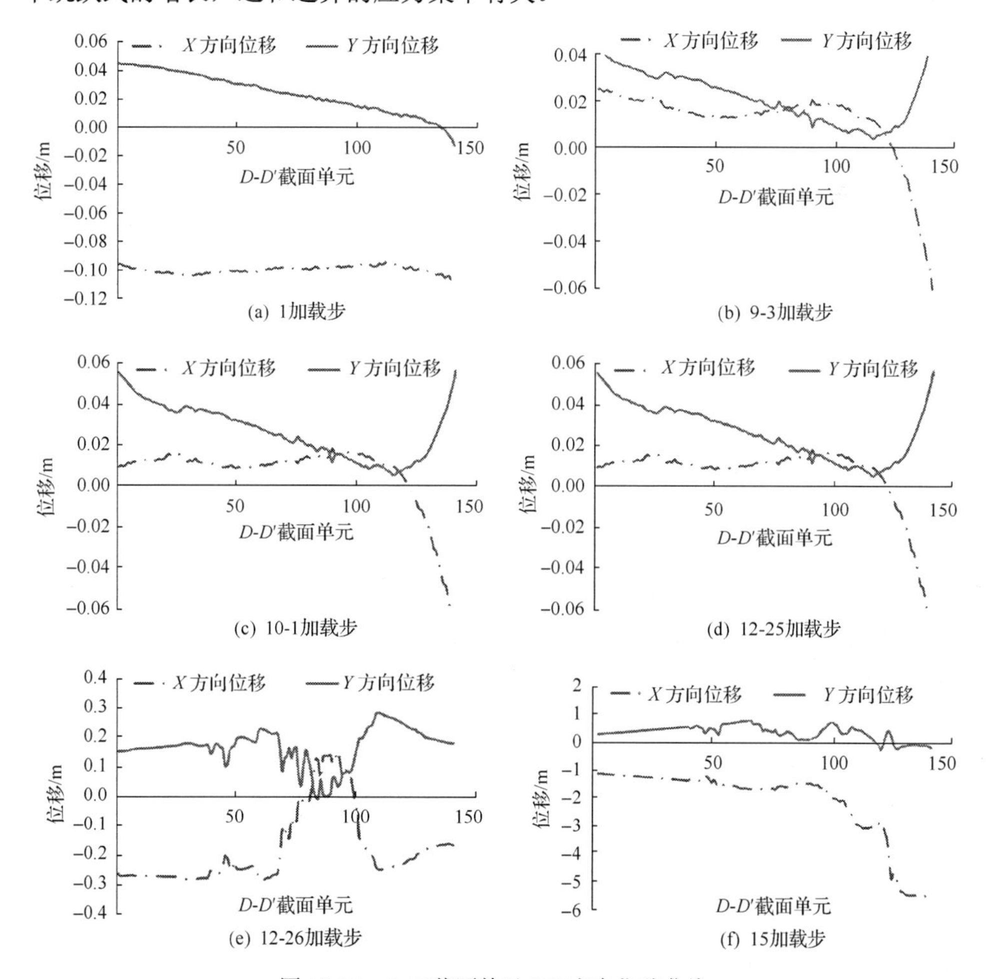

图 10.20　*D-D'*截面单元 *X-Y* 方向位移曲线

从图 10.20(c)和(d)可以看出，揭煤对断层上盘 2 号煤层围岩位移影响不大，较揭煤时 *Y* 方向位移稍有增加，最大值增加了约 15%，*X* 方向位移基本无变化；

图中各条曲线均比较平缓，说明在揭煤初始阶段，断层上盘 2 号煤层均未发生明显破坏。图 10.20(c)和(d)中相同情况下，靠近数值模型右侧边界的截面单元的位移较远离边界的截面单元的位移差别比较大，这是由边界条件约束造成的，并不是开采扰动对断层上盘 2 号煤层的影响，在对比时应该将其中的差别忽略。

从图 10.20(e)和(f)可以看出，断层活化失稳前，断层上盘 2 号煤层最大位移集中区域在数值模型靠近右侧边界区域，而随着突出的发生，如图 10.20(e)所示断层上盘 2 号煤层左侧的位移增加，*X* 方向位移均值大于 0.25m，*Y* 方向位移均值大于 0.12m；断层下盘的突出直接影响到上盘的煤层，进一步导致了其突出，如图 10.20(f)所示，*X* 方向位移均值急剧增加，且为拉变形，位移超过 1m，而 *Y* 方向位移变化不大，说明断层上盘 2 号煤层煤岩体的突出主要是在 *X* 方向上出现的。

5. *E-E′*截面单元变形规律

图 10.21 为 2Fa5 断层下盘 2 号煤层中间截面单元(*E-E′*)*X-Y* 方向位移曲线。从图 10.21(a)和(b)可以看出，断层下盘 2 号煤层，在刚开始施加静载荷时，*X* 方向和 *Y* 方向位移变化较小，*X* 方向煤岩体既发生拉变形又发生压变形，且位移均小于 0.06m，*Y* 方向煤岩体主要是压变形，位移小于 0.025m。随着静载荷作用，煤岩体 *X* 方向位移较加载初期时明显增大且转为压变形，位移均值增大约 2 倍，对 *Y* 方向位移影响不大。

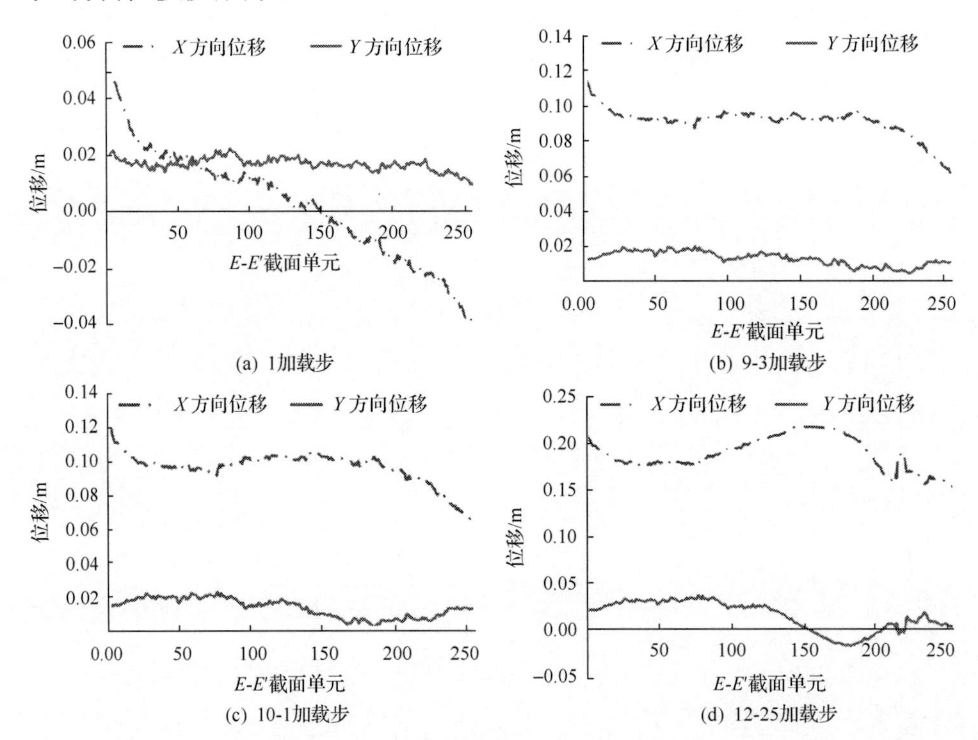

(a) 1加载步　(b) 9-3加载步

(c) 10-1加载步　(d) 12-25加载步

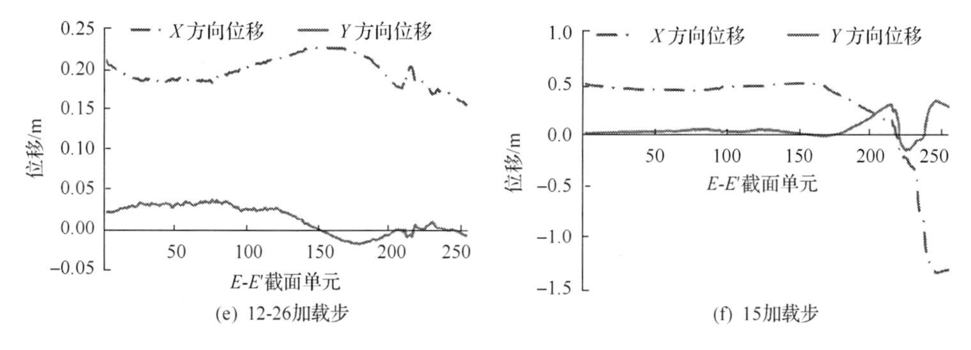

(e) 12-26加载步　　(f) 15加载步

图 10.21　*E-E′*截面单元*X-Y*方向位移曲线

从图 10.21(c)和(d)可以看出，揭煤对断层下盘 2 号煤层围岩位移影响不大，较揭煤时 *Y* 方向位移几乎没有增加，*X* 方向位移也基本无变化；图中各条曲线均比较平缓，说明在揭煤初始阶段，断层下盘 2 号煤层均未发生明显破坏。

由图 10.21(e)和(f)可知：断层活化发生滑移失稳前，断层下盘 2 号煤层最大位移集中区域在左侧靠近断层的部分截面单元，而随着煤与瓦斯突出，如图 10.21(e)所示，断层上盘 2 号煤层左侧位移增加，*X* 方向位移均值大于 0.18m，*Y* 方向位移极小；1 号煤层突出直接影响到下面煤层的稳定，进一步导致了其发生变形，如图 10.21(f)所示，*X* 方向位移均值急剧增加，且为拉变形，位移超过 0.48m，而 *Y* 方向位移变化不大，说明断层下盘 2 号煤层煤岩体的突出主要是在 *X* 方向出现的。

6. *F-F′*截面单元变形规律

图 10.22 为 2Fa5 断层上盘 1 号煤层中间截面(*F-F′*)*X-Y* 方向位移曲线。从图 10.22(a)和(b)可以看出，断层上盘 1 号煤层，在刚开始施加静载荷时，*X* 方向的拉变形强烈，截面单元平均位移大于 0.1m，而 *Y* 方向位移变化较小，截面单元为压变形，且变形量均小于 0.058m。而随着静载荷作用，截面单元 *X* 方向位移较加载初期明显减小且大部分单元仍为拉变形，位移均值减小约 65%，对 *Y* 方向位移影响不大。

从图 10.22(c)和(d)可以看出，揭煤对断层上盘 1 号煤层围岩位移影响不大，较揭煤时 *X* 方向位移稍有增加，最大值增加了约 12%，*Y* 方向位移基本无变化；图中各条曲线均比较平缓，说明在揭煤初始阶段，断层上盘 1 号煤层均未发生明显破坏。

从图 10.22(e)和(f)可以看出，断层活化发生滑移失稳前，上盘 2 号煤层最大位移集中区域在模型靠近右侧边界区域，而随着突出的发生，如图 10.22(e)所示，断层上盘 1 号煤层左侧截面单元位移增加，*X* 方向位移均值大于 0.25m，*Y* 方向位移均值大于 0.12m；断层下盘的突出直接影响到上盘的煤层，进一步导致了其突出，如图 10.20(f)所示，X方向位移均值稍有增加，且为拉变形，位移超过 0.3m，而 Y 方向位移变化不大，说明断层上盘 2 号煤层煤岩体的突出主要是在 X 方向上出现的。如图 10.22(f)所示，靠近数值模型右侧边界的截面单元的位移较远离边界的截面单元的位移差别比较大，这是由边界条件约束造成的，并不是开采扰动对断层上盘 1 号煤层的影响，在对比时应该将其中的差别忽略。

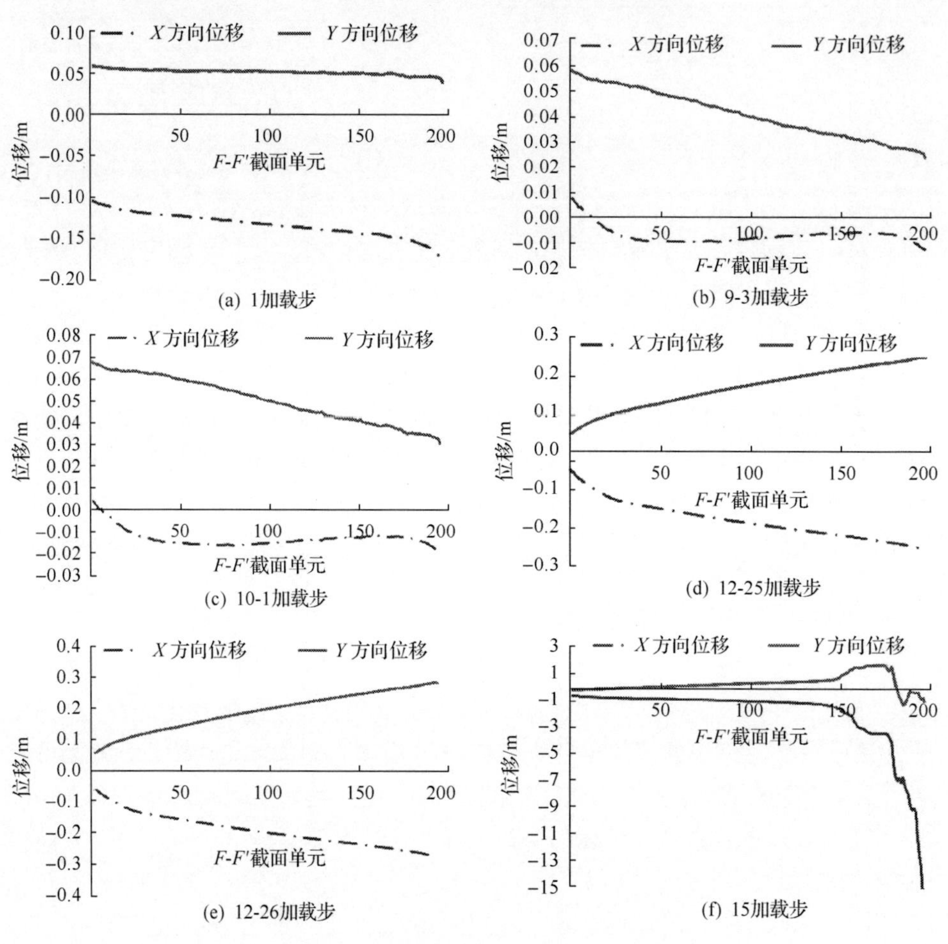

图 10.22　F-F'截面单元 X-Y 方向位移曲线

7. 本节小结

图 10.17～图 10.22 为石门揭煤影响下断层活化诱导煤与瓦斯突出过程中各重要截面单元 X-Y 方向位移，通过分析可知：

(1)各截面单元结果表明，在揭煤之前对煤岩体进行静载荷作用，截面单元受到一定程度的压缩作用，处于线性增长阶段，且单元 Y 方向压变形比 X 方向大。

(2) 静载荷作用结束后进行揭煤，受开采扰动的影响，与断层相邻近的煤层周边围岩位移较无工作面时有明显变化，变形破坏程度也显著增加。断层的存在，使得突出煤层各截面单元位移变化并不规则。

(3) 从变形程度来看，突出煤层及断层截面单元受到较大的压变形，并且在突出过程中表现得尤为明显，巷道底部的 *E-E′*截面单元变形不明显，而 *A-A′*、*C-C′*、*F-F′*截面单元变形则呈现出不规则情形，一般在靠近断层、工作面及边界部位的煤岩体单元变形比较严重。

(4) 静载荷作用下，断层的形成导致断层煤岩体产生损伤及微裂隙，揭煤后，受开采扰动作用断层出现活化，微裂隙开始相互影响、贯穿，形成瓦斯运移通道，造成围岩及煤岩体的失稳破坏直至发生突出。

(5) 揭煤过程中，由于开采扰动的影响应力重新分布，当这个影响传递至断层时，断层会出现较小的变形。随着开采扰动影响的进一步扩大，断层附近煤岩体内积聚了大量的弹性潜能和瓦斯内能，当达到临界平衡时，断层出现大规模活化，发生滑移，同时对工作面煤岩体造成冲击，引起工作面附近煤岩体的瞬时压出，形成突出灾害。

10.3　本 章 小 结

采动影响下断层活化诱导煤与瓦斯突出过程是一个复杂的多物理场耦合作用过程，本章结合含断层的复杂地质构造条件下石门揭煤的工程背景，通过瓦斯版 RFPA^{2D}-Gasflow 数值模拟软件分析，研究了揭煤过程中断层影响带内煤岩体的受力、变形情况及断层影响带内瓦斯压力和声发射的动态变化规律及分布特征，确定了开采扰动、断层活化、突出之间的因果关系，分析了采动影响对断层活化诱导煤与瓦斯突出的作用机理，得出如下结论：

(1) 通过对瓦斯压力分布演化图、压力分布图和声发射分布图分析，整个模拟过程可以分为应力集中阶段、开采扰动诱发煤岩破裂阶段、瓦斯压力驱动裂隙扩展阶段和煤与断层活化诱导煤与瓦斯突生阶段 4 个阶段。

(2) 静载荷作用初期，断层的形成造成应力扰动，引起应力重新调整，所以在断层两侧，特别是断层附近的煤层出现小范围的剪应力集中；随着静载荷作用，集中应力逐渐增加，导致断层局部及附近的煤层出现压破坏，但总体来说断层的滑移量较小。

(3) 在揭煤后，受揭煤扰动影响，工作面附近断层主应力逐渐下降，剪应力上升，断层出现活化，断层上下盘沿断层面滑移，滑移量增加；而在进入瓦斯压力驱动裂隙扩展阶段，未破坏区域的煤岩体的应力分布进本无变化，裂隙带内的应力集中现象已经消除，此阶段裂隙的进一步发育是依靠瓦斯压力驱动的。

(4)对于煤与断层活化诱导煤与瓦斯突出阶段，瓦斯运移通道已经成形，暴露面处的气压较小，而裂隙带中充满瓦斯，两者之间存在很大的压力梯度，造成破碎煤岩体压出，形成突出；并且，随着突出的进行，新暴露面附近的煤岩体继续发生拉裂及应力释放，应力集中区域不断向煤层深部推进并继续破坏煤岩体，在瓦斯压力作用下，裂隙带的煤岩体不断向外压出，从而形成连续的突出现象。

(5)开采扰动应力、地应力(包括构造应力)和瓦斯压力是断层活化、瓦斯运移通道形成及突出发生的主要影响因素，在巷道掘进过程中，煤岩体破坏所形成的裂隙破坏带主要集中在工作面前方及断层内，这些区域瓦斯渗流速度较大，是形成瓦斯运移的主要通道，引起煤层内游离瓦斯不断向采掘空间释放，瓦斯压力梯度变化对煤岩体渗透性的影响也增加瓦斯运移演化的复杂性及突出的危险性。

(6)开采扰动、断层活化及突出之间既相互影响又相互作用，在时间上可视为顺序发生的过程。开采扰动作用引起构造应力场重新分布，造成断层活化，促使瓦斯运移通道形成，煤层瓦斯压力梯度随之变化，瓦斯流动结果又会对开采扰动应力场产生影响，相互影响的最终结果是突出的发生。

参考文献

[1] 胡千庭, 周世宁, 周心权. 煤与瓦斯突出过程的力学作用机理[J]. 煤炭学报, 2008, 33(12) :1368-1372

[2] 尹光志, 李铭辉, 李文璞. 瓦斯压力对卸荷原煤力学及渗透特性的影响[J]. 煤炭学报, 2012, 37(9): 1499-1504

[3] Ranjith P G, Jasinge D, Choi S K, et al. The effect of CO_2 saturation on mechanical properties of Australian black coal using acoustic emission[J]. Fuel, 2010, 89(3): 2110-2117

[4] Jiang C B, Yina G J, Li W P, et al. Experimental of mechanical properties and gas flow of containing-gas coal under different unloading speeds of confining pressure[J]. Procedia Engineering, 2011, 26(3): 1380-1384

[5] 王登科, 魏建平, 尹光志. 复杂应力路径下含瓦斯煤渗透性变化规律研究[J]. 岩石力学与工程学报, 2012, 31(2): 303-310

[6] 郭德勇, 李佳乃, 王彦凯. 基于黏滑失稳与突变理论的煤与瓦斯突出预警模型[J]. 北京科技大学学报, 2013, 35(11): 1407-1412

[7] 潘岳, 张勇, 王志强. 煤与瓦斯突出中单个煤壳解体突出的突变理论分析[J]. 岩土力学, 2009, 30(3): 595-602, 612

[8] Sobczyk J. A comparison of the influence of adsorbed gases on gas stresses leading to coal and gas outburst[J]. Fuel, 2014, 115(2): 288-294.

[9] An F H, Cheng Y P, Wang L, et al. A numerical model for outburst including the effect of adsorbed gas on coal deformation and mechanical properties[J]. Computers and Geotechnics, 2013, 54(10): 222-231

[10] Peng S J, Xu J, Yang H W, et al. Experimental study on the influence mechanism of gas seepage on coal and gas outburst disaster[J]. Safety Science, 2012, 50(4): 816-821

[11] Yang W, Lin B Q, Zhai C, et al. How in situ stresses and the driving cycle footage affect the gas outburst risk of driving coal mine roadway[J]. Tunnelling and Underground Space Technology, 2012, 31: 139-148

[12] Yang H M, Huo X Y, Zhang S J. Study on difference of outburst elimination effect between sub-layers of soft coal and hard coal under the condition of gas per-drainage[J]. Safety Science, 2012, 50(4): 768-772

[13] Wang L, Cheng Y P, Ge C G, et al. Safety technologies for the excavation of coal and gas outburst-prone coal seams in deep shafts[J]. International Journal of Rock Mechanics and Mining Sciences, 2013, 57(57): 24-33

[14] Ou J C, Liu M J, Zhang C R, et al. Determination of indices and critical values of gas parameters of the first gas outburst in a coal seam of the Xieqiao Mine[J]. International Journal of Mining Science and Technology, 2012, 22(1): 89-93

[15] 金洪伟. 煤与瓦斯突出发展过程的实验与机理分析[J]. 煤炭学报, 2012, 37(S1): 98-103

[16] 徐则民, 黄润秋, 罗杏春, 等. 静荷载理论在岩爆研究中的局限性及岩爆岩石动力学机理的初步分析[J]. 岩石力学与工程学报, 2003, 22(8): 1255-1262

[17] 宫凤强, 李夕兵, 刘希灵, 等. 一维动静组合加载下砂岩动力学特性的试验研究[J]. 岩石力学与工程学报, 2010, 29(10): 2076-2085

[18] 李夕兵, 尹土兵, 周子龙, 等. 温压耦合作用下的粉砂岩动态力学特性试验研究[J]. 岩石力学与工程学报, 2010, 29(12): 2377-2384

[19] Li X B, Zuo Y J, Wang W H, et al. Constitutive model of rock under static-dynamic coupling loading and experimental investigation[J]. Transations of Nonferrous Metals Society of China, 2016, 16(3): 714-722

[20] 左宇军, 李术才, 秦泗凤, 等. 动力扰动诱发承压水底板关键层失稳的突变理论研究[J]. 岩土力学, 2010, 31(8): 2361-2366

[21] Nie B S, Li X C. Mechanism research on coal and gas outburst during vibration blasting[J]. Safety Science, 2012, 50(4): 741-744

[22] 谢雄刚, 冯涛, 杨军伟, 等. 爆破地震效应激发煤与瓦斯突出的监测分析[J]. 煤炭学报, 2010, 35(2): 255-259

[23] 徐涛, 唐春安, 杨天鸿, 等. 煤层上山掘进诱发煤与瓦斯突出数值模拟[C]. 中国岩石力学与工程学会. 第九届全国岩石力学与工程学术大会论文集. 沈阳, 2006

[24] 蔡成功, 王佑安. 煤与瓦斯突出一般规律定性定量分析研究[J]. 中国安全科学学报, 2004, 14(6): 109-112

[25] 潘超. 采动影响下断层活化诱导煤与瓦斯突出机理研究[D]. 贵阳: 贵州大学, 2015

第11章　结论和展望

11.1　基本结论

本书采用基于细观损伤力学基础上开发的动态版和瓦斯版 $RFPA^{2D}$ 数值模拟软件，对动载荷、静载荷和静动载荷作用下岩石破坏过程进行了数值模拟，分析了岩石细观结构特性变化及外载荷，特别是动载荷的变化对宏观力学行为的影响，并对静动载荷作用下岩石破裂机制进行了初步研究。研究表明，利用动态版 $RFPA^{2D}$ 数值模拟软件进行模拟，能逼真地再现动载荷在岩石或岩体中传播的波动现象及岩石或岩体的破坏过程，并利用动态版 $RFPA^{2D}$ 数值模拟软件对卸压孔与锚杆联合支护的巷道围岩在应力波作用下的力学响应进行数值模拟，深入分析围岩损伤特征与巷道埋深、应力波强度及时间历程特性的关系，进而探讨深埋巷道卸压孔与锚杆联合支护的动态响应规律。基于细观损伤力学基础上开发的瓦斯版 $RFPA^{2D}$-Gasflow 数值模拟软件，有助于进一步了解和研究岩石的破坏特性及开采扰动下断层活化诱导煤与瓦斯突出的机理研究。运用上述数值模拟软件对具有工程背景的一些破坏实例进行了数值模拟分析，表现出了良好的应用前景。得到了以下几点结论。

1) 动载荷作用下岩石破坏过程的影响因素分析

动载荷作用下，应力波延续时间、应力波峰值和围压等因素对数值试样破坏过程的影响较大：应力波延续时间较短，尾随应力波波前的高应力区范围较窄，应力波衰减较快；相反，应力波延续时间较长，尾随应力波波前的高应力区范围较大，岩石处于破坏状态的时间延长，岩石的破碎程度加大。此外，存在一个合适的应力波延续时间，过分地加大应力波延续时间，反而不利于岩石裂隙的发育。动载荷应力波峰值越大，数值试样的破坏程度越大，当应力波峰值达到一定值时，数值试样顶部呈现粉碎状，数值试样从上到下的破坏程度逐渐减弱。在冲击载荷作用下的岩石随着围压的增加更难破碎，但当围压增大到一定程度，在侧向无约束的情况下，岩石会突然失稳破坏。

2) 非均匀性介质中应力波反射诱发层裂过程分析

(1) 应力波延续时间较短时，层裂破坏更明显，表现为层裂区较长，张开程度较大；对于确定尺寸的数值试样，加大应力波延续时间，层裂破坏现象会越来越不明显甚至消失；应力波延续时间较短时，数值试样不会发生整体失稳破坏；加大应力波延续时间，数值试样发生整体失稳破坏所需时间有减小的趋势。

(2) 应力波峰值较低时，层裂区的岩石破坏程度减弱，表现为层裂区的微裂隙有的没有完全贯通；应力波峰值较大时，层裂区的岩石破坏程度增大，表现为层裂区的微裂隙完全贯通，层裂区鼓起程度加大；应力波峰值变化时，尽管层裂区的破坏程度有变化，但层裂区的厚度和长度变化不大；此外，应力波峰值较大时，在数值试样冲击部位和层裂区以外区域，微破裂增加。

(3) 不同形状的应力波实际上在相同时段内具有不同的应力波峰值和不同的应力加载速率，不同形状的应力波对介质的作用结果是这些因素同时作用的综合反映；应力波反射诱发层裂过程的发生，是各个时刻不同加载条件(包括不同波形)下微破裂累积的宏观体现。

(4) 均质度较低时，应力波传播过程中其应力波峰值衰减幅度和弥散程度较大，结果层裂现象相对不显著；而均质度较大时，应力波峰值衰减幅度相对较小，应力波的弥散程度较小，结果出现较明显的层裂现象。

(5) 压拉比越大，应力波反射越容易诱发层裂。

(6) 应力波反射诱发层裂破坏，不仅与应力波峰值、延续时间和波形有关，还与应力波传播方向有关，即如果相同应力波竖直入射至自由面比斜入射至自由面更容易诱发层裂破坏。

(7) 两个垂直自由面的应力波反射导致应力波在角平分线附近叠加，容易诱发层裂破坏的发生。

(8) 随着围压的增加，层裂破坏区的微破裂有一定程度的减少；尽管围压的作用可能使层裂破坏现象得不到宏观展示，但应力波反射已诱发微破裂产生，而微破裂未张开；层裂区的裂缝有时张开有时又闭合，可能是应力波在数值试样内来回传播形成压、拉交替应力加上围压共同作用的综合结果。

3) 非均匀性介质 SHPB 试验数值分析

大直径 SHPB 弥散效应对试验结果的影响很大，选择合适的加载波形可以减小 SHPB 装置中应力波的弥散效应，得到较准确的试验结果，其中三角形波加载可以有效降低大直径 SHPB 动态测试中的应力波弥散，是岩石混凝土等非均匀性材料 SHPB 动态测试较理想的加载波形；岩石的均质度对应力波的弥散影响不大；非均匀性岩石的试验结果曲线比理想弹性岩石出现较大的振荡，这主要是由不同均质度的岩石本身造成的，不是由应力波的弥散效应造成的。

4) 对不同围岩中巷道动力响应的数值分析

(1) 横观各向同性围岩中的巷道。组成层状岩体的材料力学性质的差异，是波阵面不规则的主要原因；从破坏模式来看，组成层状岩体的材料力学性质差异大到一定程度时可看到破坏带与周围的岩层呈明显的层状分布；组成层状岩体的材料力学性质差异对巷道的稳定性影响较大，即组成层状岩体的材料力学性质相差较大时，从整体来看，巷道稳定性减弱。此外，组成层状岩体的材料均质度系数对层状岩体在动载荷作用下的破坏模式影响较大，岩石越均匀，层状岩体的破裂面都沿着岩层的界面方向扩展，从整体上削弱了巷道的稳定性，此时巷道的层裂破坏有减弱的迹象。

(2) 巷道围岩中含不连续面时。巷道围岩中含不连续面时，不连续面对应力波的传播、巷道结构的应力分布、位移的时间历程等都有一定的影响：①不连续面对应力波传播的衰减作用比较明显，较小岩体不连续面可以削弱巷道壁的层裂破坏，较大岩体不连续面可以有效抑制巷道层裂破坏的发生。②不连续面的存在，会导致巷道壁相应测点的最大主应力峰值大幅度衰减；在巷道壁较开阔自由面处会导致最小主应力峰值的绝对值衰减，而在角点处有时会使最小主应力峰值的绝对值衰减，有时又会使之增大。③不连续面的存在会导致巷道围岩位移峰值大幅度衰减，并且巷道围岩位移会产生滞后现象。④应力波在巷道壁产生的最大主应力与最小主应力随传播距离的增加而衰减，但如果遇到拐弯等情况时可能有放大现象；最小主应力的大小受制于边界的形状，巷道顶板的破坏是由最小主应力的大小决定的。

(3) 巷道被加固时。从巷道围岩破坏过程来看，对巷道加固可以转移巷道围岩破坏的部位，巷道围岩破坏引起的落石和塌方会被加固体抑制；此外，对巷道加固还可以降低巷道顶板中心点的最大主应力、最小主应力和最大剪应力峰值的绝对值，减少巷道顶板的位移，从而增加巷道的稳定性。

(4) 深部岩巷。对于不同埋深的巷道，所受的应力状态不同，则所处的稳定状态也不同。当巷道埋深较浅时，处于较稳定状态；当巷道埋深较大时，越来越接近临界稳定状态，较小的扰动便可以导致微裂纹的大规模瞬时动力扩展，诱发巷道失稳破坏，并伴随着应变能的高速释放。结果表明，深部巷道所受静载荷作用较大，在动力扰动下比浅部巷道更易发生失稳破坏。

5) 动载荷对泄压孔与锚杆联合支护影响的数值模拟

应力波延续时间较短时，冲击应力造成的岩石粉碎圈相对较大，破碎圈内微裂纹相对更加发育，层裂破坏更明显；应力波峰值较大时，冲击部位附近和层裂区的岩石破坏程度增大，表现为粉碎圈较大，破碎圈相对较小，但破碎圈内沿水平径向的裂纹较多较长，层裂区的微裂纹完全贯通，层裂区鼓起程度加大；均质度较低时，层裂现象相对不明显，而均质度较大时，出现相对明显的层裂现象；压拉比越大，应力波反射越容易诱发层裂；两个垂直自由面的反射应力波在角平分线附近叠加，容易诱发层裂破坏；随着围压的增加，冲击应力波造成的粉碎圈和破碎圈有减少的趋势，在层裂破坏区的微破裂也有一定程度的减少。尽管围压的作用可能使层裂破坏现象得不到宏观展示，但并不是说层裂破坏区应力波反射没有诱发微破裂的产生。层裂区的微裂纹有时张开有时又闭合，可能是应力波在数值试样内来回传播有时为压应力波有时为拉应力波形成压、拉交替应力加上围压共同作用的综合结果。

6）采动影响下断层活化诱导煤与瓦斯突出的数值分析

开采影响下断层活化诱导煤与瓦斯突出过程是一个复杂的多物理场耦合作用过程，通过对瓦斯压力演化图、压力分布图和声发射分布图的分析可知，整个模拟过程可以分为应力集中阶段、开采扰动诱发煤岩破裂阶段、瓦斯压力驱动裂隙扩展阶段和煤与断层活化诱导煤与瓦斯突出阶段 4 个阶段；静载荷作用初期，断层形成造成应力扰动，引起应力重新调整，所以在断层两侧，特别是断层附近的煤层出现小范围的剪应力集中；随着静载荷的进一步加载，集中应力逐渐增加，导致断层局部及断层附近的煤层出现压破坏，但总体来说断层的滑移量较小；开采扰动应力、地应力(包括构造应力)和瓦斯压力是断层活化、瓦斯运移通道形成及突出发生的主要影响因素，在巷道掘进过程中，煤岩体破坏所形成的裂隙破坏带主要集中在工作面前方及断层内，这些区域瓦斯渗流速度较大，是形成瓦斯运移的主要通道，引起煤层内游离瓦斯不断向采掘空间释放，瓦斯压力梯度变化对煤岩体渗透性的影响也增加了瓦斯运移演化的复杂性及突出的危险性；开采扰动、断层活化及突出之间既相互影响又相互作用，在时间上可视为顺序发生的过程。开采扰动作用引起构造应力场重新分布，造成断层活化，促使瓦斯运移通道形成，煤层瓦斯压力梯度随之变化，瓦斯流动结果又会对开采扰动应力场产生影响，相互影响的最终结果是突出的发生。

11.2　展　　望

由于静动载荷作用下岩石破坏特性和破坏过程与单纯的静载荷作用或单纯的动载荷作用下的情形具有较大的差别，在室内试验、数值模型及程序的实施上都有很大的难度，因此，静动载荷作用下岩石破坏过程的研究工作不是原来 RFPA 数值模拟理论及程序的简单扩展。在理论上，应寻找新的突破点，真正实现静动载荷作用分析；在试验研究上，应建立切实可行的检测系统对静动载荷作用下岩石破裂过程进行检测；在系统编制上，应考虑在不同边界条件下不同静动载荷作用下的不同加载方法的实现；在工程应用上，可依托深部开采工程，采用微震检测、并行计算科学技术手段等，将静动载荷作用理论应用于实践中。通过系统研究，在深层次上对静动载荷作用下岩石破坏过程特征和并行静动载荷数值仿真结果进行综合反演，通过应力场、损伤场、速度与位移场的演化和岩石微破裂演化过程的自组织临界现象、突变信息来解读静动载荷作用下岩石破坏过程的内涵，阐明静动载荷作用下岩石破裂与失稳的机理，可能是静动载荷研究的可行方向。通过静动载荷研究，将为寻求我国深部开采工程稳定和破碎的新理论和新方法提供科学的分析手段，也为岩体工程的抗裂设计、控制爆破技术、石材加工技术和地震工程等提供新的理论指导。